区块链：以太坊 App 钱包开发实战

谢跃书　郑敦庄　编著

北京航空航天大学出版社

内容简介

本书分为基础篇、安卓篇和苹果篇。基础部分讲解开发以太坊钱包 App 所涉及的技术理论基础知识；区块链概念及其关键技术，包括分布式数据存储、点对点传输、共识机制、密码学、分布式账本等；数字钱包理论原理与技术发展；DApp 与数字钱包的关系。安卓篇讲解 Android Studio 开发工具，Java 原生 App 开发技术，常用 Java 开源库 OkHttp、Retrofit、RxJava 和 Dagger，Java 密码学框架 JCA/JCE 的使用方法，以太坊 Java 开源库 Web3j 的使用，以及对 Trust Wallet 钱包 Android 版 App 项目架构及核心功能代码进行全面分析等。苹果篇讲解 Xcode 开发工具，Swift 原生 App 开发技术，常用 iOS 开源库 BigInt、APIKit、Moya、R. swift、CryptoSwift 和 JSONRPCKit，iOS 加密库 Common Crypto 和 Security 库的使用方法，基于 JSONRPC 方式的 Web3 开发，以及对 Trust Wallet 钱包 iOS 版 App 项目架构及核心功能代码进行全面分析等。

本书适合所有软件开发者及技术管理人员阅读，特别是对区块链或数字货币技术感兴趣、准备开发数字钱包的技术人员；尤其适合准备开展以太坊钱包开发工作的技术人员阅读。

图书在版编目(CIP)数据

区块链：以太坊 App 钱包开发实战 / 谢跃书，郑敦庄编著． -- 北京 ：北京航空航天大学出版社，2019.12
ISBN 978 - 7 - 5124 - 3194 - 2

Ⅰ.①区… Ⅱ.①谢… ②郑… Ⅲ.①电子商务－支付方式－研究 Ⅳ.①F713.361.3

中国版本图书馆 CIP 数据核字(2019)第 279968 号

版权所有，侵权必究。

区块链：以太坊 App 钱包开发实战
谢跃书　郑敦庄　编著
责任编辑　剧艳婕

*

北京航空航天大学出版社出版发行

北京市海淀区学院路 37 号(邮编 100191)　http://www.buaapress.com.cn
发行部电话：(010)82317024　传真：(010)82328026
读者信箱：copyrights@buaacm.com.cn　邮购电话：(010)82316936
三河市华骏印务包装有限公司印装　各地书店经销

*

开本：710×1 000　1/16　印张：25.5　字数：543 千字
2020 年 1 月第 1 版　2020 年 1 月第 1 次印刷　印数：3 000 册
ISBN 978 - 7 - 5124 - 3194 - 2　定价：89.00 元

若本书有倒页、脱页、缺页等印装质量问题，请与本社发行部联系调换。联系电话：(010)82317024

自 序

你是一个投资者,听说数字货币不错,比特币从几分钱涨到几万块,以太币从1.8元涨到9 000多元;听说EOS更牛,但却不知道如何下手,眼看着别人随手投个几万元,转眼变成几千万元,心里很着急,却不知道该怎么办……数字货币到底是什么,它到底放在哪里?

你是一个公司老板,市场上大家都用起了区块链的名字,大家都在链改,或者正在上链。听说有用主链的、有用侧链的、有用代币的、还有用超级账本的甚至还有用空气币的,到底哪家好,琢磨了很长时间,还是不知道如何选择。

你是一个公司的技术总监或者高层,本想守着各种传统开发技术,如Java、Python、JavaScript、Nodejs、前端后端、大数据、云计算或人工智能等,拿着高薪过几年安稳生活。突然有一天老板发微信给你,说要搞链改,说超级账本好像不错,是个大趋势,还要能够发币,必须覆盖智慧城市、物流溯源,要求赶紧给出方案,尽快开发出来,你顿时感觉刚刚安稳几天的好日子貌似又要结束了。

你是一个程序员,听说区块链堪比蒸汽机革命,好比当时发明电的影响力,又胜过互联网的产生,甚至要颠覆现有的互联网;区块链工资高福利棒,想学习区块链技术。于是你逛遍各技术论坛和微信群,一会儿区块链1.0,一会儿区块链2.0,一会儿认为数字货币存在于电脑上别人偷不走,一会儿又认为数字货币存在共享账本中大家可以一起修改,最后还是没搞清楚什么叫数字钱包。

事实上,目前对于一个对数字货币或区块链一无所知的人,想要进入所谓的"币圈"或者"链圈"并非易事。就算是从事计算机网络软件技术相关的工作人员,也很难掌握相应的工具概念等知识,更别说非技术人员了。这主要是因为数字货币及区块链技术所使用的底层技术,包括分布式存储、P2P通信、共识机制、密码学,甚至是智能合约虚拟机,都是很复杂的软件工程技术。

对于很多已经进入该圈的人,他本身对这个圈子的相关技术工具或概念也只是一知半解,想依靠熟人带着进入这个圈子,也不是很靠谱。所以也有圈内人士提出,要想进入"币圈"或者"链圈",就多参加大会,多加微信群,多参与活动。这样可以通过多渠道对相应的概念及工具进行相互验证，就算错了，也是大家一起错。

最开始接触数字货币的人，可能会先从私募开始，大家说这个链很好，那个币很好，涨个100倍都不是事。所谓的资金盘，往往买了什么币都不知道，被骗了才知道空气币和正宗的数字货币是不一样的。

虽然听说过交易所，但是据说需要翻墙，连App都不知道到哪里去下载，就是交易所也要经过层层关卡才能够接触到；最后好不容易从交易所购买了一些数字货币，例如比特币、以太币或EOS柚子等，看着数字货币大幅度地涨跌，行情好的话账面上能赚一点差价，行情不好的话账面是亏损状态。如果投入太多，承担不了风险，还需要考虑卖出数字货币；如果一不小心数字货币所在的交易所跑路了，网站也停了，App也用不了了，投入的钱就会化为乌有。

经过多次实战的惨痛教训，终于知道了数字钱包，还知道了如何分辨钱包地址，可以把交易所的数字货币提出来存到钱包里去，防止交易所跑路；于是下载了一个数字钱包，把自己在交易所买的数字货币提现到自己的数字钱包里。但是，有一天手机坏了，于是在新买的手机重新安装数字钱包，这时可怕的事情发生了，数字钱包的数字货币不见了！啊，原来没有进行钱包备份，天啊，钱包是需要备份的！

看到这里，您是否觉得需要一本专业而且实用的技术参考书，来帮您理清众多的问题，并找到正确的答案和方向？

通过阅读本书，大家可以了解以太坊App钱包相关的技术问题。包括数字钱包是什么，区块链为什么必须要用到数字钱包？区块链是什么，它是怎么产生的，解决了什么问题，它的技术原理是什么？为什么有了比特币，还会出现以太币，以太币解决了什么问题？以太坊的数字钱包有什么特别；DApp又是什么，数字钱包是一个DApp吗？DApp必须要用到数字钱包吗？

最后本书将直接通过实战开发Android和iOS钱包App，进一步让大家对数字钱包增进了解，从技术层面有更深的理解。

本书希望能说明两个问题：

① 对于最终用户来说，数字钱包在区块链中其实是最重要的一个工具；

② 对于技术开发人员来说，数字钱包是贯穿所有开发过程的一个极其重要的技术功能。

谢跃书

2019年10月

前　言

本书特色

2004 年，我负责开发一个密码学相关的软件项目，该项目涉及密码学相关技术的应用，包括对称密钥、非对称密钥、数字证书和数字签名等技术的应用。另外我从 2015 年开始接触数字货币及区块链的技术，由于在工作项目中需要开发一个数字货币钱包，于是我对数字钱包有了更深入的理解。

最近对市面关于区块链方面的书籍进行了一些调研，发现并没有太多关于数字钱包开发的书；但其实数字钱包在数字货币或区块链中的地位是极其重要的，所以决定写一本专门针对以太坊 App 数字钱包开发实战的书籍。希望能够帮助想要了解数字钱包技术的用户或者开发者，能够较全面深入地了解以太坊数字钱包，并可以快速开展以太坊数字钱包 App 的开发工作。

本书主要介绍了跟数字钱包有关的区块链基础概念及技术原理，主要目的是帮助读者更好更深入地理解钱包的技术原理及概念。

本书涉及的以太坊内容主要以官方文档 Homestead 版本为主要参考标准，同时加入了很多个人的理解和经验说明。

读者对象

本书适合对数字货币及区块链感兴趣的技术人员，尤其是想进一步开展以太坊数字 App 钱包开发工作的技术人员阅读。

本书的读者需了解计算机编程语言的初级知识，需要了解 Java、Swift 开发语言的基本知识，需要具备使用开发环境及编译工具。

本书主要适合以下人员阅读：
- 区块链 App 钱包开发者；
- 区块链 DApp 应用开发者；
- 区块链技术从业者；

- 对区块链技术感兴趣的读者。

本书内容

本书分 3 大部分：
- 基础篇；
- 安卓篇；
- 苹果篇。

建议先学习区块链基本原理，如果这部分知识已经掌握，可以略过该部分。然后根据需要学习安卓或苹果 App 开发钱包的知识。

读者也可以根据自身知识的掌握程度，自行选择相应的章节进行阅读。

本书主要目录思维导图如下。

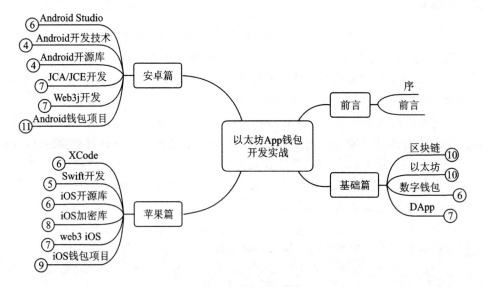

图 1　主要目录思维导图

源码下载

为方便大家学习，本书把 Android 及 iOS 基础技术开发代码、区块链常用开源库及密码学技术开发的演示例子做成了开源项目，相应的源代码已经上传至 Github，欢迎大家前往以下链接下载学习。

- Android 开发和区块链常用开源库技术演示源代码下载地址：
  https://github.com/xieyueshu/my-first-app-android
- iOS 开发和区块链常用开源库技术演示源代码下载地址：
  https://github.com/xieyueshu/hello-world-ios

另外根据学习内容的需要,我在 Trust Wallet 开源项目 Android 及 iOS 版本基础上进行了升级,相应的源代码也已上传至 Github,欢迎大家前往以下链接下载学习。

- Android 钱包项目源代码下载地址:

  https://github.com/xieyueshu/trust-wallet-android

- iOS 钱包项目源代码下载地址:

  https://github.com/xieyueshu/trust-wallet-ios

本书的面世,离不开很多人的帮助。

感谢王彦兵帮助验证安卓篇中的大部分代码演示范例及资料勘对;

感谢谭永明帮助验证苹果篇中的大部分代码演示范例及资料勘对;

感谢王维理老师的帮助与支持,帮助指出了基础篇的一些错误,同时给本书提了许多改进建议;

感谢北京航空航天大学出版社的编辑,他们对书稿做了专业、细致的审校工作。

目 录

基础篇

第1章 区块链 ··· 2
- 1.1 区块链简介 ··· 2
- 1.2 比特币的背景与起源 ··· 2
- 1.3 比特币的诞生与发展 ··· 2
- 1.4 区块链的发展 ··· 3
- 1.5 区块链定义 ··· 4
- 1.6 分布式数据存储 ··· 4
- 1.7 点对点传输 ··· 5
- 1.8 密码学 ··· 6
- 1.9 共识机制 ··· 15
- 1.10 分布式账本 ··· 17

第2章 以太坊 ··· 24
- 2.1 简 介 ··· 24
- 2.2 诞生历史 ··· 26
- 2.3 发展计划 ··· 27
- 2.4 客户端 ··· 29
- 2.5 Web3 API ··· 30
- 2.6 账 户 ··· 45
- 2.7 交 易 ··· 48
- 2.8 区 块 ··· 51
- 2.9 智能合约 ··· 53
- 2.10 代 币 ··· 55

第3章 数字钱包 ··· 57
- 3.1 钱包简介 ··· 57
- 3.2 钱包分类 ··· 57

3.3 轻钱包的兴起 59
  3.4 钱包基本原理 60
  3.5 钱包技术发展 61
  3.6 以太坊钱包 App 66

第 4 章　DApp 72
  4.1 DApp 简介 72
  4.2 DApp 轻钱包 73
  4.3 DApp 发展现况 74
  4.4 DApp 生态系统 76
  4.5 DApp 开发技术 78
  4.6 DApp 功能结构 82
  4.7 DApp 与 App 82

安 卓 篇

第 5 章　Android Studio 86
  5.1 Android 简介 86
  5.2 Android Studio 89
  5.3 Android SDK 92
  5.4 第一个 App 94
  5.5 项目结构 97
  5.6 打包与发布 101

第 6 章　Android 开发技术 105
  6.1 开发技术简介 105
  6.2 应用架构 106
  6.3 Java 开发语言 108
  6.4 其他开发语言 119

第 7 章　Android 开源库 121
  7.1 OkHttp 121
  7.2 Retrofit 123
  7.3 RxJava 127
  7.4 Dagger 133

第 8 章　JCA/JCE 开发 135
  8.1 技术简介 135
  8.2 对称加密 138
  8.3 MD 消息摘要 140
  8.4 MAC 消息认证 141
  8.5 非对称加密 143
  8.6 数字签名 147

8.7 密钥生成 153

第 9 章 Web3j 开发 156

9.1 Web3j 简介 156
9.2 Android 适用性 157
9.3 账　户 160
9.4 交　易 163
9.5 智能合约 170
9.6 代　币 174
9.7 区　块 180

第 10 章 Android 钱包项目 184

10.1 开源软件介绍 184
10.2 钱包开源项目 185
10.3 项目概况 186
10.4 功能架构 191
10.5 导入钱包 199
10.6 导出钱包 209
10.7 创建钱包 211
10.8 发起交易 215
10.9 交易记录 222
10.10 账户查询 227
10.11 DApp 浏览器 230

苹果篇

第 11 章 Xcode 238

11.1 IDE 简介 238
11.2 版本特性 238
11.3 安装与配置 240
11.4 开发介绍 242
11.5 创建 iOS 项目 247
11.6 打包与上架 249

第 12 章 iOS 开发 252

12.1 Swift 简介 252
12.2 开发文档 254
12.3 基本数据类型 258
12.4 特殊数据类型 259
12.5 其他开发语言 261

第 13 章 iOS 开源库 264

13.1 BigInt 264

13.2　APIKit …… 268
　　13.3　Moya …… 271
　　13.4　R.swift …… 274
　　13.5　CryptoSwift …… 277
　　13.6　JSONRPCKit …… 283

第 14 章　iOS 加密库 …… 290

　　14.1　加密库介绍 …… 290
　　14.2　接口简介 …… 290
　　14.3　对称加密 …… 293
　　14.4　MD 消息摘要 …… 300
　　14.5　MAC 消息认证 …… 301
　　14.6　非对称加密 …… 303
　　14.7　数字签名 …… 308
　　14.8　密钥生成 …… 309

第 15 章　Web3 iOS …… 312

　　15.1　Web3 简介 …… 312
　　15.2　Web3 接口 …… 312
　　15.3　账　户 …… 320
　　15.4　交　易 …… 322
　　15.5　智能合约 …… 325
　　15.6　代　币 …… 327
　　15.7　区　块 …… 331

第 16 章　iOS 钱包项目 …… 334

　　16.1　项目概况 …… 334
　　16.2　功能架构 …… 340
　　16.3　创建钱包 …… 360
　　16.4　导入钱包 …… 364
　　16.5　导出钱包 …… 368
　　16.6　发起交易 …… 371
　　16.7　交易记录 …… 374
　　16.8　账户查询 …… 375
　　16.9　DApp 浏览器 …… 381

第 17 章　附　录 …… 384

　　17.1　Android 国内各大应用商店 …… 384
　　17.2　ERC20 标准智能合约 …… 388

参考文献 …… 396

基础篇

- 区块链
- 以太坊
- 数字钱包
- DApp

第 1 章

区块链

1.1 区块链简介

说到区块链,很多人想到的就是比特币。没错,比特币的底层技术是使用区块链技术来实现的,但是比特币不等于区块链,目前来看比特币可以说是区块链技术最成功的应用。

1.2 比特币的背景与起源

进入 21 世纪后,由于华尔街的金融衍生品泛滥,同时房地产催生的泡沫等诸多因素引发了美国次贷危机,最终导致 2008 年的金融危机爆发,比特币就是在这个时代背景下诞生的。比特币的"去中心化"思想以及虚拟货币的特性,可以说比特币是抗议滥发钞票造成通胀问题而出现的。

很多人认为,比特币是个将现存的理论及技术融合在一起的区块链技术。1976年著名经济学家哈耶克出版的《货币的非国家化》中提出的非主权货币和竞争发行货币的理念,为比特币的诞生提供了理论基础;1990 年,密码朋克的"主教级"人物大卫·乔姆发明了密码学匿名现金系统 ecash;1997 年,亚当·贝可发明了哈希现金(Hashcash),其中用到了工作量证明系统(PoW);同年,哈伯和斯托尼塔提出了一个用时间戳的方法保证数学文件安全的协议,这个协议也成为比特币区块链协议的原型之一;1998 年,戴伟发明了 B-money,强调点对点交易和交易记录不可更改,可追踪交易;2004 年,芬尼发明了"加密现金",采用了可重复使用的工作量证明机制(RPoW)。这些理念与技术都为比特币的产生提供了理论基础。

1.3 比特币的诞生与发展

比特币的诞生可以说是很神秘的。2008 年 10 月 31 号,化名为"中本聪"的神秘人士在论坛中发表了一篇论文名叫《比特币:一种点对点的电子现金系统》,在这篇论文中,首次提出了区块链的最初概念。

2009年1月3日，据说中本聪是在芬兰的一个小型服务器上，创立及启动比特币网络并开发出第一个"创世区块"。据说中本聪大约挖了100万个比特币，然后在SourceForge网站发布了比特币的开源软件。

一周后，中本聪发送了10个比特币给密码学专家哈尔·芬尼，这也成为比特币史上的第一笔交易。之后的比特币价格一直是0，很少人参与挖比特币，没有任何的交易。

2010年5月22日，美国佛罗里达州的一个程序员成功地用10 000个比特币换取了2块披萨，这被大家认为是用比特币进行的首笔交易，比特币第一次在全球有了价格。

2014年2月，当时世界最大的比特币交易商MT.Gox宣称遭到了黑客入侵，导致丢失总计744 000个比特币，同时申请破产。

2017年是比特币疯狂的一年。同年12月18日，比特币价格最高突破19 000多美元，达到历史最高点。

1.4 区块链的发展

虽然说比特币的底层技术是使用区块链技术来实现的，但是比特币并非等同于区块链的全部。伴随着比特币的发展，有关区块链技术的开发也开始飞速增长。

可以粗略地将区块链技术的发展分为3个阶段。

第一阶段：数字货币

以比特币为首的众多"山寨"数字货币，它们以交易为直接目的，应用范围完全聚集在数字货币上。在这一阶段，区块链构建了一种全新的、去中心化的数字支付系统，一种随时随地进行货币交易、毫无障碍地跨国支付以及低成本运营的体系。这种新兴数字货币的出现，强烈地冲击了传统的中心化金融体系。

第二阶段：可编程金融

在这个阶段，以"以太坊"为主的区块链技术，将"智能合约"的理念加入区块链中，形成了可编程金融。有了区块链技术可编程的特点，有了合约系统的支撑，区块链的应用范围开始从单一的货币领域扩大到涉及合约功能的其他金融领域，包括股票、清算和私募股权等众多金融领域崭露头角。目前，许多金融机构都开始研究区块链技术，并尝试将其运用于现实，现有的传统金融体系正在被颠覆。

第三阶段：可编程社会

随着区块链技术的进一步发展，以"超级账本"为代表的开源项目，其"去中心化"功能及"数据防伪"功能开始在非金融的其他领域尝试应用。各行各业以及各个国家都积极投入区块链应用的研究。本阶段的区块链应用已经不仅局限在金融领域，还可以扩展到任何有需求的领域中去。在此阶段区域链已具备满足企业级的特性，以及满足各国地区不同的行政政策要求。非金融区块链应用包括公证、仲裁、审计、域名、物流、医疗、邮件、鉴证和投票等领域,应用范围扩大到了整个社会。在这一应用阶段,人们试图将区块链技术应用到物联网中,结合大数据和人工智能等技术,让整个社会进入智能互联网时代,形成一个可编程的社会。

2015年12月,Linux基金会宣布了Hyperledger项目的启动,项目中文名叫超级账本,现在已有全球众多科技界大佬站队,国内的有BAT、华为、联想,还有新锐小米、京东等,国外的有IBM、Intel等。

"超级账本"项目的目标是区块链及分布式记账系统的跨行业发展与协作,并着重发展性能和可靠性(相对于类似的数字货币的设计)使之可以支持主要的技术、金融和供应链公司中的全球商业交易。该项目将通过框架方法和专用模块,包括各区块链的共识机制和存储方式,以及身份服务、访问控制和智能合约,来继承独立的开放协议和标准。

1.5 区块链定义

从底层技术来看区块链,区块链是分布式数据存储、点对点传输、共识机制、加密算法等计算机技术的创新应用的模式。

从上层技术来看区块链,区块链是一个分布式账本,它通过密码学的非对称加密和授权技术,来保证数据的安全和个人的隐私。

从应用需求层面来看,区块链是一个去中心化的平台,它的系统是开放的,它的信息不可篡改,它主要解决交易的信任和安全问题。

狭义来讲,区块链是一种按照时间顺序将数据区块以顺序相连的方式组合成的链式数据结构,并以密码学方式保证的不可篡改和不可伪造的分布式账本。

广义来讲,区块链技术是利用块链式数据结构来验证与存储数据、利用分布式节点共识算法来生成和更新数据、利用密码学的方式保证数据传输和访问的安全、利用由自动化脚本代码组成的智能合约来编程和操作数据的一种全新的分布式基础架构与计算方式。

接下来简单了解分布式数据存储、点对点传输、加密算法和共识机制及分布式账本等技术。

1.6 分布式数据存储

分布式数据存储是一种成熟的数据存储技术,它通过网络管理分布在不同地域或者是独立计算机上的磁盘存储空间,将这些分散的存储资源构成一个虚拟的存储设备,用户信息数据将会分散地存储在网络中的各个角落。

传统的分布式存储技术并不是在每台计算机都存放完整的数据,而是把数据切割后存放在不同的计算机存储空间里,并根据这些分散的存储资源的可靠性,和用户信息数据安全的要求等级,来设定存储冗余的程度。

跟传统的分布式存储有所不同,区块链的分布式存储的独特性主要体现在两个方面:一是区块链每个节点都按照块链式结构存储完整的数据,传统分布式存储一般是将数据按照一定的规则分成多份分开存储。二是区块链每个节点存储都是独立的、地位等同的,依靠共识机制保证存储的一致性,而传统分布式存储一般是通过中心节点往其他备份节点同步数据。

在区块链技术应用中,区块链分布式数据存储是指区块链的交易记录等信息数据的存储不依赖于某个中心化的计算机节点,首先这些交易记录不只存在一台计算机里面,由于部分计算机节点需要快速运算及检索,往往会把所有交易记录信息全部完整地存放在一起,称这种区块链计算机节点为全节点。区块链这种存储方式可以说非常的简单粗暴。

简单来说,比特币存储系统由普通文件和KV数据库(levelDB)组成。普通文件用于存储区块链数据,KV数据库用于存储区块链元数据包括所有当前未花费的交易输出(UTXO)。用于存储区块链数据的普通文件以 blk00000.dat 和 blk00001.dat 文件名格式命名。

为了快速检索,区块数据每个文件的大小均为 128 MB,每个区块的数据(区块头和区块里的所有交易)都会序列化成字节码的形式写入 DAT 文件中。在序列化的过程中,如果检测到当前写入文件尺寸加上区块尺寸大于 128 MB,则会重新生成一个 DAT 文件。具体的序列化过程如下所述:

① 获取当前 DAT 文件大小 npos,并将区块大小追加写入到 DAT 文件中;

② 序列化区块数据和区块中的交易数据,并将序列化的数据追加至 DAT 文件中;

③ 在写入数据的过程中,会生成区块和交易相关的元数据。

区块的元数据格式为 <blockHash, xxxxx+npos>,其中 xxxxx 为 dat 文件序号,npos 为区块写入 dat 文件的起始位置。交易的元数据格式为 <txHash, xxxxx+npos+nTxOffset>,其中 xxxxx、npos 和上面的描述一致,nTxOffset 为写入 dat 文件的起始位置(基于 npos 位置)。

以太坊的区块主要由区块头和交易组成,区块在存储的过程中分别将区块头和交易体经过 RLP 编码后存入 KV 数据当中。以太坊在数据存储的过程中,每个 value 对应的 key 都有相对应的前缀,不同类型的 value 对应不同的前缀。

1.7 点对点传输

点对点(P2P)传输主要有四种不同的网络模型,也代表着 P2P 技术的四个发展阶段:集中式、纯分布式、混合式和结构化模型。不过需要指出的是,这里所说的网络模型主要是指路由查询结构,即不同节点之间如何建立连接通道,两个节点之间一旦建立连接,具体传输什么数据则是两个节点之间的事情。

比特币网络中的节点主要有四大功能:钱包、挖矿、区块链数据库和网络路由。每个节点都具备路由功能,比特币网络的结构属于纯分布式,明显容易理解,实现起来也相对容易得多。

以太坊的节点也具备钱包、挖矿、区块链数据库和网络路由四大功能,同样也存在很多不同类型的节点,除了主网络之外也同样存在很多扩展网络。以太坊的 P2P 网络主要采用了 Kademlia(简称 Kad)算法实现,属于结构化 P2P 网络,结构上复杂不少,但在节点路由上的确会比比特币快很多。

1.8 密码学

在深入学习区块链时,学习密码学不可避免。区块链算是对密码学的一次整合运用,虽然并无太多创新的密码算法,但也值得深入了解一下。

密码学,最初的目的是用于对信息加密,计算机领域的密码技术种类繁多。但随着密码学的运用,密码还被用于身份认证和防止否认等功能上。虽然加密功能并不是区域链的重要组成部分,但是密码的身份认证、数据完整性及真实性功能却是区域链的重要部分并被广泛应用。

密码学最基本的功能是信息加解密,分为对称加密(Sysmmetric Cryptography)和非对称加密(Public-Key Cryptography,Asymmetric Cryptography),这两者的区别是是否使用了相同的密钥。

除了信息的加解密,密码学还用于确认数据完整性(Integrity)的单向散列(One-Way Hash Function)技术,单向散列技术又称密码检验(Cryptographic Checksum),也称为指纹(Fingerprint)或消息摘要(Message Digest)。

信息的加解密与信息的单向散列的区别是,对称与非对称加密是可以通过密钥解出明文,而单向散列是不可逆的。信息的加解密,密文必定是不定长的,而单向散列的密文可以是定长的。

结合密码学的加解密技术和单向散列技术,又有了用于防止篡改的消息认证码技术,防止伪装的数字签名技术以及认证证书。

1. 对称加密

对称加密最为常用,效率高。对称加密可以很好地实现信息的加解密,但如何将密钥顺利安全地通过网络传递给对方却是一个棘手的问题,直接通过网络传输面临着网络窃听,是不安全的。

市面较为常见的几种对称密码算法包括:DES、三重 DES 和 AES。

(1) DES

DES(Data Encryption Standard)算法是以 64 bits 明文为一个单位(每隔 7 bits 会有一个 checksum bits,因此实际有效为 56 bits),分组对明文进行加密的是一种分组密码(Block Cipher)算法。DES 算法是通过一个 Feistel 网络,并经过 N 轮轮函数的计算实现的。

DES 于 1977 年公布,现已被破解。

(2) 三重 DES

三重 DES 又称 TDEA(Triple Data Encryption Algorithm)或 3DES。

3DES 是在 DES 基础算法上的改良,采用 3 组 56 bits,即共 168 bits 的密钥对明文数据进行 3 次"DES 加密—解密—加密"操作。可见,若 3 组密码均一样,则 3DES==DES。因此该算法可向下兼容 DES 加密算法。

3DES 考虑了兼容性,但计算性能不高,暂时还未被破解。

(3) AES

AES(Advanced Encryption Standard)是于 2000 年被采用的最新的对称加密标准,其采用了 Rijndael 算法。

Rijndael 算法也是一种分组算法,密钥长度规定为 128 bits、192 bits 和 256 bits 三种规格。与 DES 不同,Rijndael 算法没有采用 Feistel 网络,而是采用 SPN 结构,并通过多个轮函数实现。

SPN 结构和轮函数此处不再展开,简单的说,就是对明文数据分组,然后轮函数进行一系列的平移、翻转和位之间的交换等操作。具体可以参考 Advanced Encryption Standard 和 Wikipedia。Rijindael 算法,可免费使用、安全、快速,暂未被破解,推荐使用。

2. 非对称密码

非对称加密可以用于解决密钥配送问题。

相对于对称密码加解密采用相同的密码,非对称密码加解密采用的是不同的密钥,公钥和私钥成对,公钥加密的信息,只有相应的私钥才可解密。

对称加密好比大家都用相同的锁对信息加密,加解密双方拥有相同的钥匙,钥匙(密钥)丢了,锁(明文信息)就开了。

非对称加密则是向大家派发锁(公钥),大家可以通过锁,对信息加密。锁是公开的,丢了也无所谓。但钥匙(私钥)只有一把,归信息的接收者所有。

非对称加密大概操作流程如下:

① 接收方生成公私钥对,私钥由接收方保管;
② 接收方将公钥发送给发送方;
③ 发送方通过公钥对明文加密,得到密文;
④ 发送方向接收方发送密文;
⑤ 接收方通过私钥解密密文,得到明文。

但是存在无法解决公钥认证的问题,可能被中间人伪造公钥。市面上常见的几种非对称密码算法包括:RSA 和 ECC。

(1) RSA

RSA(Rivest - Shamir - Adleman)是非对称加密中最著名的加密算法,于1978年由Ron Rivest、Adi Shamir和Reonard Adleman三人共同发明。

RSA生成公私钥对的方法,是基于椭圆数学公式。RSA的安全性,是基于现阶段对大整数的质因数分解未发现高效的算法。一旦发现,则RSA就能够破译。

默认的RSA密码强度长度为2 048 bits。

RSA存在的问题:① 效率慢。因此在工业场景下,往往是通过非对称加密配送密钥,对称算法来加密明文的混合加密方式,最著名的如SSL。② 公钥认证问题难。消息发送方无法确认公钥的身份问题,有时应该收到甲的公钥,却收到了乙的。③ 无法避免中间人攻击。可能被人在中间劫持后,发送一个伪造的公钥,此公钥加密后的密文,可以被劫持者解密,之后所有的密文都将对劫持者透明。

选择密文攻击,即通过不断地发送请求,分析请求的反馈,猜测密钥和明文。有改良算法RSA - OAEP(Optimal Asymmetric Encryption Padding)最优非对称加密填充,该算法在明文前加入认证信息头,若信息头校验失败,则拒绝请求。

密码劣化,即随着算力的提升,密码的安全性下降。

(2) ECC

椭圆曲线密码学(Elliptic curve cryptography,ECC),是一种建立公开密钥加密的算法,基于椭圆曲线数学。椭圆曲线在密码学中的使用是在1985年由Neal Koblitz和Victor Miller分别独立提出的。

ECC的主要优势是在某些情况下比其他的方法使用更小的密钥(比如RSA加密算法)提供相当的或更高等级的安全。其缺点是同长度密钥下加密和解密操作的实现比其他方法花费的时间更长,但由于可以使用更短的密钥达到同级的安全程度,所以同级安全程度下速度相对更快。一般认为160 bits的椭圆曲线密钥提供的安全强度与1024 bits RSA密钥相当。

ECC被广泛认为是在给定密钥长度的情况下最强大的非对称算法,因此在对带宽要求十分紧凑的网络连接中比较常用。

3. 混合密码系统

混合加密就是对称加密与非对称加密的结合。由于对称加密算法速度快、强度高,而非对称加密算法效率低,但能解决密钥配送问题,因此可以通过非对称加密配送对称密钥,再采用对称密钥来加密的方式,实现网络的密钥配送与通信加密。

一般实践中,公钥通过证书认证配送,而对称加密用的密钥是每次随机产生的,因此公钥密码的强度应该高于对称密码。因为对称密码只对当前一条信息负责,而非对称密码会影响整个通信过程。

4. 工作模式

加密模式是针对密码分组或流加密所采用的迭代模式。

分组密码：Block Cipher，每次只能处理特定长度数据的密码算法。

流密码：对数据流进行连续处理的一类密码算法，需要保持内部状态。

在密码学中，块密码的工作模式允许使用同一个块密码密钥对多于一块的数据进行加密，并保证其安全性。块密码自身只能加密长度等于密码块长度的单块数据，若要加密变长数据，则数据必须先被划分为一些单独的密码块。通常来说，最后一块数据也需要使用合适的填充方式将数据扩展到符合密码块大小的长度。

虽然工作模式通常应用于对称加密，它亦可以应用于公钥加密，例如在原理上对 RSA 进行处理，但在实际运用中，公钥密码学通常不用于加密较长的信息，而是使用混合加密方案。

ECB 模式：Electronic CodeBlock mode（电子密码本模式）。将明文分组加密后的结果，直接成为密文分组最为简单直接，但有安全漏洞。因为分组规律简单，因此可以直接操作密文的分组后的顺序来修改明文的顺序，实现明文内容的修改。

CBC 模式：Cipher Block Chaining mode（密码分组链接模式）。首先将明文分组与前一个密文分组进行 XOR 异或运算，然后加密。由于第一个分组不存在前一个密文，因此需要提供一个分组长度的序列，称为初始化向量 Initialization Vector，缩写为 IV。

CTS 模式：Cipher Text Stealing mode。

CFB 模式：Cipher FeedBack mode（密文反馈模式）。前一组密文被送回密码算法的输入端。

OFB 模式：Output FeedBack mode（输出反馈模式）。密码算法的输出会反馈到密码算法的输入中的流密码。

CTR 模式：CountTeR mode（计数器模式）。CTR 模式通过将逐次累加的计数器进行加密来生成密钥流的流密码。

5. 单向散列

单向散列技术是一项为了保证信息的完整性，防止信息被篡改的技术。其主要特点有：

① 无论消息长度是多少，计算出的长度永远不变。

② 快速计算。

③ 消息不同，散列值不同，需要具有抗碰撞性（Collision Resistance）：

i. 弱抗碰撞性：给定散列值，找到和该消息具有相同散列值的另一条消息是困难的；

ii. 强抗碰撞性：任意散列值，找到散列值相同的两条不同的消息是困难的。

④ 具有单向性（one - way）：不可由散列值推出原消息。

常见的单向散列算法包括：MD 和 SHA。

(1) MD

MD（Message Digest）散列算法分为 MD4 和 MD5 两套算法，都可计算出 128

bits 的散列。MD 系列算法已经被中国科学家王小云破解(可于有限时间内找出碰撞)。

(2) SHA

SHA(Secure Hash Algorithm)是单向散列算法的一个标准的统称,又分为 SHA-1、SHA-2 和 SHA-3 三套算法。

SHA-1 可生成 160 bits 散列值,已被攻破(由王小云和姚期智联手破解),不推荐使用。

SHA-2 可生成不同长度的散列,如 256 bits(SHA-256)、384 bits(SHA-384)和 512 bits(SHA-512),同时对输入的消息长度存在一定限制,SHA-256 上限接近于"$2^{64}-1$"比特,SHA-384、SHA-512 则接近于"$2^{128}-1$"比特。

SHA-3 是 2012 年被采用的最新标准,采用了 Keccak 算法。

Keccak 算法的优点:

① 采用与 SHA-2 完全不同的结构;

② 结构清晰,易于分析;

③ 适用于各种硬件,性能优越;

④ 可生成任意长度;

⑤ 对消息长度无限制;

⑥ 可采用双工结构,输入的同时输出,提升效率。

单项散列算法,如 MD4、MD5、SHA-1 和 SHA-2 都是通过循环执行压缩函数的方式来生成散列值,这种方式称为 MD 结构(Merkle-Damgard construction),而 SHA-3 则采用海绵结构。

对单向散列的常见攻击方法包括暴力破解和生日攻击:

① 暴力破解,利用消息的冗余性,生成具有相同散列值的另一个消息,这就是一种针对单向散列函数"弱抗碰撞性"的攻击。

② 生日攻击,该方法所进行的攻击不是寻找特定相同散列值的消息,而是找到散列值相同的两条消息,其中散列值可以是任意的,这是一种试图破解单向散列函数"强抗碰撞性"的攻击。

6. 消息认证码

单向散列可以解决篡改的问题,但判断消息来自可信一方还是伪装者。伪装者完全可以发送有害的信息和该信息的散列,而接收者却无法分辨。消息认证码技术可以解决此类问题。

消息认证码(Message Authentication Code),简写为 MAC。通过发送方与接收方共享密钥,并通过该共享密钥对计算 MAC 值。

(1) MAC 使用步骤

消息认证码使用步骤:

① 发送方 A 与接收方 B 共享密钥;

② 发送方 A 使用密钥对消息明文计算获得认证码：MAC1；
③ 发送方 A 发送原消息明文和认证码：MAC1；
④ 接收方 B 对原消息明文使用密钥计算获得认证码：MAC2；
⑤ 接收方 B 比较 MAC1 与 MAC2，若一致则成功。

（2）MAC 实现方法

MAC 实现的关键，是获得一串需要与共享密钥相关而且有足够区分度的串。一般可以通过多种方式获得 MAC 值，如单向散列、分组密码截取最后一组作为 MAC 值、流密码和非对称加密等。

（3）MAC 存在的问题

① 密钥配送的问题，因为 MAC 需要发送者与接收者使用相同的密钥。

② 重放攻击，窃取某一次通信中正确的 MAC，然后攻击者重复多次发送相同的信息。由于信息与 MAC 可以匹配，在不知道密钥的情况下，攻击者就可以完成攻击。以下方法可以避免：

 i. 序号，约定信息中带上递增序号，MAC 值为加上序号的 MAC；

 ii. 时间戳，约定信息中带上时间戳；

 iii. 随机数 nonce，每次传递前，先发送随机数 nonce，通信时带上 nonce。

③ 暴力破解。

④ 无法防止伪造、否认或者抵赖，因为密钥是共享的，接收者可以伪造对发送者不利的信息，相应地发送者也可以抵赖说自己没发过。

MAC 算法结合了 MD5 和 SHA 算法的优势，并加入密钥的支持，是一种更为安全的消息摘要算法。MAC 是含有密钥的散列函数算法，兼容了 MD 和 SHA 算法的特性，并在此基础上加入了密钥，所以也常把 MAC 称为 HMAC（keyed‐Hash Message Authentication Code）。

MAC 算法主要集合了 MD 和 SHA 两大系列消息摘要算法。MD 系列的算法有 HmacMD2、HmacMD4 和 HmacMD5 三种算法；SHA 系列的算法有 HmacSHA1、HmacSHA224、HmacSHA256、HmacSHA384 和 HmacSHA512 五种算法。

经过 MAC 算法得到的摘要值也可以使用十六进制编码表示，其摘要值长度与参与实现的摘要值长度相同。例如，HmacSHA1 算法得到的摘要长度就是 SHA1 算法得到的摘要长度，都是 160 位二进制码换算成 40 位十六进制编码。

7. 数字签名

MAC 解决了可验证，却无法解决不可伪造，以及不可抵赖的问题，由于 MAC 无法解决伪造及抵赖的问题是由于采用相同的密钥，那么采用公私钥对就可以解决此问题。采用非对称加密的消息认证码的技术，就是数字签名。与加密应用对比：

① 在非对称加密中：私钥用来解密，公钥用来加密；

② 在数字签名技术中：私钥用来加密，公钥用来解密。

签名认证是对非对称加密技术与数字摘要技术的综合运用，指的是将通信内容的摘要信息使用发送者的私钥进行加密,然后将密文与原文一起传输给信息的接收者,接收者通过发送者的公钥信息来解密被加密的摘要信息,然后使用与发送者相同的摘要算法,对接收到的内容采用相同的方式产生摘要串,与解密的摘要串进行对比,如果相同则说明接收到的内容是完整的,在传输过程中没有被第三方篡改,否则说明通信内容已被第三方修改。

我们知道每个人都有其特有的私钥,且都对外界保密,而通过私钥加密的信息,只能通过其对应的公钥来进行解密。因此,私钥可以代表私钥持有者的身份,通过私钥对应的公钥来对私钥拥有者的身份进行校验。通过数字签名,能够确认消息是消息发送方签名并发送过来的,其他人根本假冒不了消息发送方的签名,因为他们没有消息发送者的私钥。而不同的内容,摘要信息千差万别,通过数字摘要算法,可以确保传输内容的完整性,如果传输内容在中途被篡改了,对应的数字签名的值也将发生改变。

(1) 数字签名步骤

① 签名方 A 生成非对称公私钥密钥对 public-key 和 private-key;

② A 向消息接收方 B 发送公钥 publi-key;

③ A 采用 private-key 加密生成数字签名,一般是对消息的散列值进行加密操作从而得出;

④ A 将消息与数字签名发往 B;

⑤ B 采用 public-key 解密数字签名;

⑥ B 验证数字签名,解密的数字签名与来自 A 的数字签名是否一致。

由于用于解密的公钥是公开的,因此任何人都可以验证数字签名。

(2) 数字签名实现

数字签名的核心,就是非对称加密,在前文已经介绍了一些非对称加密算法,均可用于数字签名之中。常见的非对称加密算法有:RSA、ElGamal、DSA、ECDSA(Elliptic Curve Signature Algorithm)、结合椭圆曲线算法的数字签名技术和 Rabin。

(3) 数字签名的问题

数字签名由于采用了非对称加密,因此可以防止伪造和防止抵赖。但发送方怎么能知道所收到的公钥就是接收方私钥所对应的公钥呢?如果不小心采用了攻击者的公钥,然后又接收了攻击者私钥签名的信息,公私钥完全匹配,于是信息就被接受了,那么问题就来了。因此,业界推出了证书。由权威机构颁布,认证公钥的合法性。

8. 证 书

对数字签名所发布的公钥进行权威的认证,便是证书。证书可以有效地避免中间人攻击的问题。数字证书所涉及的主要概念列举如下:

- PKC:Public-Key Certificate,公钥证书,简称证书。
- CA:Certification Authority,认证机构。对证书进行管理,负责:

① 生成密钥对;

② 注册公钥时对身份进行认证；

③ 颁发证书；

④ 废除证书。

RA：Registration Authority，注册机构，是数字证书认证中心的证书发放、管理的延伸；主要负责证书申请者的信息录入、审核以及证书发放等工作，同时对发放的证书完成相应的管理功能。RA 系统是整个 CA 中心得以正常运营不可缺少的一部分。

- PKI：Public－Key Infrastructure，公钥基础设施，是为了更高效地运用公钥而制定的一系列规范和规格的总称。比较著名的有 PKCS（Public－Key Cryptography Standards，由 RSA 公司制定的公钥密码标准）和 X.509 等。PKI 由使用者、认证机构 CA 和仓库（保存证书的数据库）组成。
- CRL：Certificate Revocation List，证书作废清单，是 CA 宣布作废的证书一览表，会带有 CA 的数字签名。一般由处理证书的软件更新 CRL 表，并查询证书是否有效。

(1) 证书的层级

对于认证机构的公钥，可以由其他的认证机构施加数字签名，从而对认证机构的公钥进行验证，即生成一张认证机构的公钥证书，这样的关系可以迭代好几层，一直到最高一层的认证机构时该认证机构就称为根 CA，根 CA 对自己的公钥进行的数字签名叫自签名。

(2) 针对证书的问题

① 公钥注册前进行攻击；

② 注册相似信息进行攻击，例如 Bob 和 BOB，一旦没认证清楚，就会以为是同一个证书，把机密的资料发给对方就会泄露信息；

③ 窃取 CA 的私钥进行攻击，CA 的私钥一旦被泄露，需要及时通过 CRL 通知客户，同时相应的证书已经失效，应使用新的安全证书；

④ 伪装成 CA 进行攻击，一般证书处理软件只采纳有限的根 CA；

⑤ 利用 CRL 发布时间差，私钥被盗→通知 CA→发布 CRL，均存在时间差，攻击者可以利用此时间差进行攻击；

⑥ 利用 CRL 发布时间差否认信息，发布有害信息→通知 CA 作废证书→发布 CRL，由于存在时间差，恶意消息的发布者完全可以否认恶意消息是由其发出的。

The Public－Key Cryptography Standards（PKCS）是由美国 RSA 数据安全公司及其合作伙伴制定的一组公钥密码学标准，其中包括证书申请、证书更新、证书作废表发布、扩展证书内容以及数字签名和数字信封的格式等方面的一系列相关协议。RSA 信息安全公司旗下的 RSA 实验室为了发扬公开密钥技术的使用，便发展了一系列的公开密钥密码编译标准。虽然该标准具有相当大的象征性，却也被信息界的产业所认同；如果 RSA 公司认为有必要的话，这些标准的内容仍然可能会更改，但是

9. 密钥输出

Keystore 的格式遵循密钥导出函数(Key Derivation Function, KDF), 也称增强式密码算法。简单来说, KDF 用于从密码经过一系列运算, 创建导出密钥的方法, 所创建的密钥可以用来加密私钥。

密码一般不能直接用来加密, 主要是由于密码的长度跟加密的数据块可能不一致(不同的算法有不同规定); 另外如果直接用密码加密重要数据, 可以知道用户产生密码的可能个数是有限的, 攻击者只需要做简单暴力字典攻击很容易破解密码, 从而破解被加密保存的内容。

KDF 就是考虑到这样的场景而产生的, 它通过将密钥导出方法搞得很复杂并且很耗时, 例如从一个密码导出一个密钥需要 10 s, 那么黑客如果要尝试 1 亿个可能的密码, 他要穷尽所有可能的密码, 大概需要 1 万年以上, 从而达到阻止对密码或密码输入值的暴力攻击或字典攻击。

密码导出函数可表示为: DK = KDF(Key, Salt, Iterations), 其中 DK 是派生密钥, KDF 是密钥导出函数, Key 是原始密钥或密码, Salt 是作为密码盐的随机数, Iterations 是指子功能的迭代次数。使用派生密钥代替原始密钥或密码作为系统的密钥。盐的值和迭代次数(如果不固定)与散列密码一起存储或以加密消息的明文形式发送。

暴力攻击的难度随着迭代次数的增加而增加。迭代计数的实际限制是用户不愿容忍登录计算机或看到解密消息的可察觉延迟。使用 Salt 可以防止攻击者预先计算派生密钥的字典。

(1) PBKDF2

PBKDF2(Password-Based Key Derivation Function)简单而言就是将 salted hash 进行多次重复计算, 这个次数是可选择的。如果计算一次所需要的时间是 1 μs, 那么计算 1 百万次就需要 1 s。假如攻击一个密码所需的彩虹表有 1 千万条, 建立所对应的 rainbow table 所需要的时间就是 115 天。这个代价足以让大部分的攻击者望而生畏。

其密钥导出函数可表示为: DK = PBKDF2(P, S, c, dkLen)

P: 口令, 一字节串;

S: 盐值, 字节串;

c: 迭代次数, 正整数;

dkLen: 导出密钥的指定字节长度, 正整数, 最大约 $(2^{32}-1) \times$ hLen。

(2) 密钥强化

密钥强化(key strengthening)使用随机盐扩展键, 但是不像密钥延伸一样可以安全地删除 salt。这将强制攻击者和合法用户对 salt 值执行强力搜索。

可以通过哈希算法进行加密, 因为哈希算法是单向的, 可以将任何大小的数据转化为定长的"指纹",而且无法被反向计算。另外,即使数据源只改动了一丁点,哈希的结果也会完全不同。这样的特性使得它非常适合用于保存密码,因为我们需要加密后的密码无法被解密,同时也能保证正确地校验每个用户的密码。但是哈希加密可以通过字典攻击和暴力攻击破解。

密码加盐。盐是一个添加到用户的密码哈希过程中的一段随机序列。这个机制能够防止通过预先计算结果的彩虹表破解。每个用户都有自己的盐值,这样的结果就是即使用户的密码相同,通过加盐后哈希值也将不同。为了校验密码是否正确,需要储存盐值。通常和密码哈希值一起存放在账户数据库中,或者直接存为哈希字符串的一部分。

(3)Keystore 文件

使用 KDF 导出函数来加密私钥的数据,需要把相应的参数跟导出函数规范一起保存起来,用户需要解密私钥的时候,就可以根据用户输入的密码,根据同样的参数导出密钥,从而实现解密。

加密的私钥及相应的参数一般是用 JSON 格式进行保存,称为 Keystore 文件,JSON 文件内容示例参考如图 1-1 所示。

```
{
    "address":"613c023f95f8ddb694ae43ea989e9c82c0325d3a",
    "id":"11242b8e-489f-474c-892e-5529dfb721ff",
    "version":3,
    "crypto":{
        "cipher":"aes-128-ctr",
        "cipherparams": {
            "iv":"57500d9fa531f3a0503e17b6624cc423"
        },
        "ciphertext":"b2008ce4729e482b2b48edff45e12819821edef6ef58eb412b148eb36440f052",
        "kdf":"scrypt",
        "kdfparams":{
            "dklen":32,
            "n":262144,
            "p":1,
            "r":8,
            "salt":"248a90653ab0a491aba03ee6919d43a2049bc48ee22ca1d5ae4a5bb2066f665e"
        },
        "mac":"35d4bbb7e592c876ee59508ad47fa62faf2f059eadaa8569769362f690fd9e29"
    }
}
```

图 1-1 Keystore 文件 JSON 内容示例

1.9 共识机制

区块链可以简单地看作是由多个分布式服务器节点共同维护一个账本的点对点协作的网络系统。其中这个账本是一个分布的数据记录账本,这个账本只允许添加、不允许删除,它是一个公共、公开的数据库。在每一个服务器节点的本地存储磁盘空间里都有一份完整的数据备份,所有服务器节点的账本数据库内容必须完全一致,每个节点都可以在本地账本数据库查找交易记录,每个节点也可以在本地账本数据库添加交易记录,前提是必须按照约定的算法流程来更新账本数据库,并通过点对点网络来相互确认和验证同步数据。

由于区块链是一个点对点的协作网络,区块链服务器节点共同维护账本数据库,没有一个中心服务器节点来指挥和协调。要完成这个协作,区块链服务器节点之间就必须有一个共识机制,这个机制必须解决两个基本问题:

① 哪个节点可以写入交易记录数据,或者说哪个节点写入的交易记录数据才是有效且唯一的,一次只有一个节点成功在账本中记账;

② 其他节点如何同步最新有效的数据,从而保持所有账本的一致性。

由于各个节点都在自发地记账或者同步,在点对点相互通信的情况下存在较高的网络延迟,因此各个节点收到数据的先后顺序是不一致的。你记你的,我记我的,如何保证每个节点数据的一致性?

区块链的共识是:以最长链作为主链,即每个节点总是选择并尝试延长主链,也就是各节点都以区块最多的那条链作为自己添加、更新区块的选择,这样多节点就能同步一个权威的公共账本了。那么,区块链共识机制重点要解决第一个问题:谁有权写入数据?随着区块链的发展,已经有多种方法解决这个问题了。

(1) PoW

PoW(Proof of Work)(工作量证明),这里的工作量,指的是计算机计算随机数(nonce)的过程。每个节点都去计算一个随机数,一定时间段内,找到随机数的难度是一定的,这就意味着,得到这个随机数必然要经过一定的工作量。最先得到这个随机数的节点,将打包的交易区块添加到既有的区块链上,并向全网广播,其他节点验证、同步。

具体以比特币网络为例,来看其中如何使用了 PoW 技术。

首先,用户通过比特币客户端发起一项交易,消息广播到比特币网络中等待确认。网络中的节点会将收到的等待确认的交易请求打包在一起,并添加前一个区块头部的哈希值等信息,组成一个区块结构。然后,试图找到一个 nonce 串(随机串)放到区块里,使得其哈希结果满足一定条件(比如小于某个值)。这个计算 nonce 串的过程,即俗称的"挖矿"。nonce 串的查找需要花费一定的计算力。

一旦节点找到了满足条件的 nonce 串,这个区块在格式上就"合法"了,成为候选区块。节点将其在网络中广播出去。其他节点收到候选区块后进行验证,发现确实合法,就承认这个区块是一个新的合法区块,并添加到自己维护的本地区块链结构上。当大部分节点都接受了该区块后,意味着区块被网络接受,区块中所包括的交易也就得到了确认。

这里比较关键的步骤有两个,一个是完成对一批交易的共识(创建合法区块结构);一个是新的区块添加到链结构上,被网络认可,确保未来无法被篡改。当然,在实现上还有很多额外的细节。

比特币的这种基于算力(寻找 nonce 串)的共识机制被称为工作量证明。这是因为要让哈希结果满足一定条件,并无已知的快速启发式算法,只能对 nonce 值进行逐个尝试的蛮力计算。尝试的次数越多(工作量越大),算出来的概率越大。

(2) PoS

PoW 以计算随机数的工作量作为获得数据写入权的考量,而 PoS(Proof of Stake,权益证明),则是系统根据节点持有的代币(Token)数量及时间的乘积(币天数)分配相应的记账权,拥有的越多,获得记账权的概率越大。Token 就相当于区块链系统的权益(Stake),因此被称为基于权益的证明。

(3) DPoS

PoS 是拥有 Token 就拥有获得记账的权利,而 DPoS(Delegated Proof of Stake,权益授权证明),是指拥有 Token 的人投票给固定的节点,这些节点作为权益人的代理去行使记账的权利。这些获得投票认可的代表根据一定的算法依次获得记账权。不同于 PoW 和 PoS 理论上全网都可以参与的记账竞争,DPoS 的记账节点在一定时间段内是确定的。

区块链的共识机制具备"少数服从多数"以及"人人平等"的特点,其中"少数服从多数"并不完全指节点个数,也可以是计算能力、股权数或者其他的计算机可以比较的特征量。"人人平等"是当节点满足条件时,所有节点都有权优先提出共识结果、直接被其他节点认同后并最后有可能成为最终共识的结果。

以比特币为例,采用的是 PoW 工作量证明,只有在控制了全网超过 51% 的记账节点的情况下,才有可能伪造出一条不存在的记录。当加入区块链的节点足够多的时候,这基本上不可能,从而杜绝了造假的可能。

以太坊在最初的设定中,希望通过阶段性升级来最终实现由 PoW 向 PoS 过渡。以太坊第一个正式的产品发行版本 Homestead,属于 100% 采用 PoW 工作量证明,但是挖矿的难度除了因为算力增长而增加之外,还有一个额外的难度因子呈指数级增加,这就是难度炸弹(Difficulty Bomb)。"君士坦丁堡分叉"完成后,以太坊引入 PoW 和 PoS 的混合链模式,为完成以太坊从 PoW 向 PoS 的顺滑过渡跨出一步。在未来,当以太坊升级到 Serenity 版本时,PoS 系统将会完全在以太坊中运行,这是以太坊路线图的最后一个里程碑。

1.10 分布式账本

在现实经济中,每个人最基本的账户是银行账户,在这之上又衍生了诸如养老金账户、保险账户、证券账户,甚至包括互联网的钱包等账户,但这些都是基于银行的账户体系建立起来的。

一直以来,人类使用的是复式记账法的记账体系。区块链的出现,在数字世界重建了这样一个数字经济体时,我们需要有新的记账方法和新的账户体系,甚至是新的记账单位。区块链应用了一套新的记账方法,基于新的账户体系,出现了新的记账单位——数字货币、分布式账本和加密账户。

分布式账本是具有革命性的颠覆式账本,第一,分布式账本是基于分布式数据库建立的,记录的是数据包,而不是简单的一串数字;第二,记账方法属于第三方记账(而复式记账法是各自记各自的账);第三,共享记账,所有人在一个账本上各自记自己的账,并共享账目信息;第四,它是一个全信息的账本,不仅仅记录资金流,也记录了信息流,所有东西都可以共同记在一个账本上,记在一个数据库里面。

从区块链账本存储信息结构的角度来看,主要包括三个基本概念:

① 账户(Account):加密账户;

② 交易(Transaction):一次对账本的操作,导致账本状态的一次改变,如添加一条转账记录;

③ 区块(Block):记录一段时间内发生的所有交易和状态结果等,是对当前账本状态的一次共识;区块按照时间发生先后顺序串联而成,形成整个账本状态变化的日志记录,就组成了一条链(Chain)。

区块组成的链就是比特币网络的大账本,而每个区块相当于账本中的一页。那么"账本"内记载了哪些信息呢?目前比特币每个区块内主要记载了区块头验证信息、一个时间段内的多笔交易详情、该区块交易数量的计数器和区块大小等数据。

1. 账 户

区块链的账户(Account)和现有的银行账户体系有很大的不同,它的开户不再需要去银行柜台提供个人资料,接受银行的资料审核。在区块链上开账户不需要任何人的许可,只需要用非对称的加密算法生成一对密钥,含公钥和私钥,这个账户就开通完成了。唯一能够证明你持有加密货币的权属就是私钥,没有任何第三方中介机构来帮忙确认数字货币的权利,也就是我们的产权。

简单来说,数字货币地址的创建过程是这样的:当你创建新钱包时,先随机创建私钥,私钥就是一个随机选出的数字而已。然后通过椭圆曲线乘法可以从私钥计算得到公钥,最后公钥经过一系列运算得出相关字符串即账户地址。

(1) BTC 账户

以中本聪的钱包地址"1A1zP1eP5QGefi2DMPTfTL5SLmv7DivfNa"为例,比特币地址由 34 个字符组成,以 1 开头,数字、大小写字母搭配组合。

如图 1-2 所示,描述了如何从公钥生成比特币地址。

(2) ETH 账户

在以太坊中,有两种类型的账户:一种是外部账户(EOA,Externally Owned Accounts),一种是合约账户(Contracts Accounts)。当提到账户这个术语时,通常指的是外部账户(EOA),当提到合约账户时通常称其为"合约"。账户地址表示的是该账户公钥的后 20 字节(通常会以 0x 开头,例如 0x613c023f95f8ddb694ae43ea989e9c82c0325d3a,该地址使用的是十六进制表示法)。上述示例中的地址的字母全部是小写。在以太坊改进建议 EIP55 中引入了一种大小写混用的地址表示方法,通

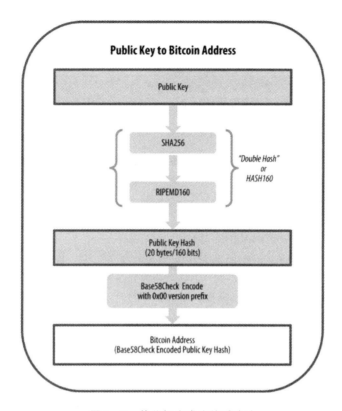

图 1-2 从公钥生成比特币地址

过这种表示方法进行表示的地址隐含了一个"校验和(checksum)"能够验证该地址的有效性。

以太坊账户地址是通过公钥经过 Keccak-256 单向散列函数变成了 256bits,然后取 160bits 作为地址。地址最前面加上 0x 表示十六进制字符。

(3) EOS 账户

EOS 区块链上的数字资产(EOS TOKEN)对应需要开个账户,这个账户名称也是唯一的(目前 EOS 账户名称注册和命名有限定,规定长度为 12 个字符,且只能由 26 个小写字母和数字 1~5 组成),同时账户需要设置密钥,想对 EOS 账户进行操作(转账,部署合约等),用私钥签名验证就可以。EOS 账号的创建需要保存在 EOS 主网中,需要占用区块链生产节点(BP)的内存资源,一般为 4KB 大小。以 EOS 主网内存资源价格 0.16EOS/KB 计算,需要消耗 0.64EOS,按照 6 美元/EOS 价格计算,内存就需要耗费 3.84 美元。而内存价格和 EOS 价格是随市场变动的,因此 EOS 主网账户注册价格也是变动的。

EOS 账号创建不像以太坊账号,EOS 账号不能自己生成,需要由 EOS 账号注册 EOS 账号。因此如果想要创建 EOS 账号,需要找到有 EOS 账号的朋友帮忙注册,通过支持 EOS 账号的钱包就可以进行注册。

通过以上说明可知,地址是账户在区块链系统中记录余额以及交易记录的身份对应信息。数字货币的所有权是通过数字密钥/私钥、账户地址和数字签名来确定的。

2. 交 易

区块里面的"交易记录详情"详细记载了每笔交易(Transaction)的转出方、收入方、金额及转出方的数字签名,在一个区块中可以包含或者说打包有 0 到多个交易记录详情,是每个区块内的主要内容。

区块链交易典型的五个处理流程如下:

第一步:交易的生成。当前所有者利用私钥对前一次交易和下一位所有者签署一个数字签名,并将这个签名附加在这枚货币的末尾,制作成交易单。一笔新交易产生时,会先被广播到区块链网络中的其他参与节点。

第二步:交易的传播。当前所有者将交易单广播至全网,每个节点会将数笔未验证的交易 Hash 值收集到区块中,每个区块可以包含数百笔或上千笔交易。最快完成 PoW 的节点,会将自己的区块传播给其他节点。

第三步:工作量证明。每个节点通过相当于解一道数学题的工作量证明机制,从而获得创建新区块的权力,并争取得到数字货币的奖励。各节点根据工作量证明的计算来决定谁可以验证交易,由最快算出结果的节点来验证交易,这就是取得共识的做法。

第四步:全节点验证。当一个节点找到解时,它就向全网广播该区块记录的所有盖时间戳的交易,并由全网其他节点核对,其他节点会确认这个区块所包含的交易是否有效,确认没被重复花费且具有有效数位签章后,接受该区块,此时区块才正式接上区块链,无法再篡改资料。

第五步:区块链记录。全网其他节点核对该区块记账的正确性,没有错误后他们将在该合法区块之后竞争下一个区块,这样就形成了一个合法记账的区块。所有节点一旦接受该区块后,先前没算完 PoW 工作的区块会失效,各节点会重新建立一个区块,继续下一回 PoW 计算工作。每个区块的创建时间大约在 10 min,随着全网算力的不断变化,每个区块的产生时间会随算力增强而缩短,随算力减弱而延长。

3. 区 块

每个区块(Block)相当于账本中的一页,目前比特币每个区块内主要记载了区块头、交易详情、交易计数器和区块大小等数据。"区块头"内包含了除交易信息以外的所有信息,主要包括:上一"区块头"哈希值——用于保证区块按顺序串连;时间戳——记录该区块的生成时间;随机数——全网矿工一起 PK 的算术题答案;难度目标——该算术题的难度系数打分。

如果把区块链系统作为一个状态机,则每次交易意味着一次状态改变;生成的区块,就是参与者对其中交易导致状态改变结果的共识。

区块链的目标是实现一个分布的数据记录账本,这个账本只允许添加,不允许删除。账本底层的基本结构是一个线性的链表,链表由一个个"区块"串联组成,后继区块中记录前导区块的哈希(Hash)值。某个区块(以及块里的交易)是否合法,可通过计算哈希值的方式进行快速检验。网络中节点可以提议添加一个新的区块,但必须经过共识机制来对区块达成确认。

区块上包含了这个区块本身的一些特征信息,可以类比一页上的"页码",只不过这个"页码"比较复杂。"页码"中最重要的就是"哈希值",它是理解区块链可靠性的关键。

所谓哈希值,可以理解为数据的一个"指纹"。我们签合同有时会摁手印,以后只要把自己的指纹和合同上的指纹对比一下,就可以证明合同是自己签的。

不同的数据,算出来的哈希值一般来说是不同的。如果已知数据 A 的哈希值是 H,想伪造另一个数据 B,使它的哈希值也是 H,这是极其困难的。也就是说,哈希值具有不可伪造性,起到了"指纹"的作用。

一个区块中包含了两种哈希值:"上一个区块的哈希值"和"本区块的哈希值"。因为每个区块都包含了上一个区块的哈希值,所有的区块就依次连成一条(逻辑上的)链。"上一个区块的哈希值"就起到了"页码"的作用:给页排序。

4. 记账模式

区块链去中心化分布式账本中,除了账户地址、交易记录和区块数据等重要信息,另外一个重要的存储数据就是账户状态,它包括该账户地址拥有的数字货币数量(某个时间点的当前状态)、账户地址类型和账户地址所拥有的运算及寄存空间。

随着区块链技术的演化,从比特币区块链面向转账场景,支持简单的脚本计算,到引入更多复杂的计算逻辑,将能支持更多应用场景,也就是智能合约(Smart Contract)。智能合约可以提供除了货币交易功能外更灵活的合约功能,执行更为复杂的操作。

引入智能合约后的区块链,已经超越了单纯数据记录功能,实际上带点"智能计算"的意味了;更进一步地,还可以为区块链加入权限管理、高级编程语言支持等,实现更强大的、支持更多商用场景的分布式账本系统。

区块链网络中有两种记账模式:UTXO 模式和账户余额(Account Based)模式(也叫账户余额模型)称为普通账户模型,前者在比特币系的数字货币中被广泛使用,后者更多是用在智能合约型的区块链上。

采用基于账户的方案,需要一个数据库。采用 UTXO 方案也需要一个数据库,这个 UTXO 数据库记录着当前系统里每一笔"没有花出去的交易输出",也就是比特币。当节点接收到一笔新的交易时,它需要去 UTXO 数据库里查,看看这笔交易所引用的 UTXO 是否存在,该笔 UTXO 的收款人是不是当前新交易的付款者。一旦新的交易成功后,UTXO 数据库需要做相应的更新。长期来看,普通账户数据库会无限膨胀,UTXO 数据库体积相对会小很多。

不管是普通账户模型还是UTXO模型，都需要保证其各节点数据的一致性，只不过UTXO常用于数字货币，通过区块链共识机制来保证一致性。而普通账户模型不一定用于区块链，此时就要自行设计分布式事务，而若用于区块链中，依然依靠共识机制来保证一致性。两者差距并非通过分布式事务或共识机制来体现，主要还是体现在数据模型上。

(1) UTXO模型

UTXO全称是Unspent Transaction Output，指的是未花费的交易输出，这里面三个单词分别表示"未花费的""交易""输出"。接下来详细讲解一下UTXO的含义。

UTXO的核心设计思路是无状态，它记录的是交易事件，而不记录最终状态，也就是说只记录变更事件，用户需要根据历史记录自行计算余额。

例如要记录余额100万元的账户A转10万元给账户B的交易，那么除了要构造一笔转出的交易，也就是账户A转账10万元给B，同时也要构造一笔转给A自己的交易，也就是账户A转账90万元给账户A。那么接下来就可以通过未花费的交易输出查到，账户A至少还有余额90万元；账户B至少还有余额10万元。

从另一个角度看，这里其实有三条子记录，一条输入，两条输出：

① 从A账户输入100万元；

② 输出10万元到B账户；

③ 输出90万元到A账户；

输入和输出组成了交易，输入和输出需要满足一些约束条件：

① 任意一笔交易必须至少有一个输入、一个输出；

② 输入必须包括账户的全部数量，不能只使用部分，所以才产生了第二个输出指向A自己；

③ 输入金额＝输出金额之和＋交易手续费，这里必须是等式。

对于A来说，首先构造交易的输入输出满足上述条件，然后广播到全网，接收方自行判断交易是否属于自己。这里满足约束条件构成的交易模型，例如A记录的三条转账事件就是UTXO模型。

(2) UTXO与普通账户模型的区别

存储空间：UTXO占用空间比普通账户模型高，因为普通账户模型只记录最终状态；

易用性：UTXO比较难处理，账户模型简单且容易理解。例如UTXO在使用上，还需要配合高效的UTXO组装算法，这个算法要求尽可能降低输入输出的个数，还要让"零钱"归整，算法的复杂度相比账户余额无疑要高。

安全性：UTXO比账户模型要高，UTXO本身具备ACID的记账机制，每个操作都是原子的，而账户模型需要自行处理，例如重放攻击。

而普通账户模型具有较高的自由度，可以让智能合约有更好的发挥空间，并且避免了 UTXO 的复杂组装逻辑，精度控制上也更为得心应手。

UTXO 似乎天然是为数字货币设计的，具有较高频次跨账户转移场景的，使用 UTXO 会比较好，考虑到智能合约的普适性，UTXO 与智能合约并不能很好地兼容，但是这也对开发者的自身水平提出了更高的要求。

(3) UTXO 的优缺点

从计算的角度来说，UTXO 具有非常好的并行支付能力，也就是前面所说的，如果没有尺寸限制，一笔交易可以包含任意笔输入输出，同时也没有次序要求，在一笔交易中哪一个 UTXO 在前，哪一个在后面不影响最终结果。

从存储的角度来说，UTXO 具有较好的可裁剪特性，可裁剪性指的是 UTXO 类型的交易，如果从最老的那一笔 UTXO 开始截断数据库，那么之前的数据可以删除。如果想进一步压缩数据尺寸，可以在任意位置截断，记录 UTXO 对应的交易哈希即可，然后从其他节点获取并校验 UTXO，这也是 SPV 轻钱包工作的基础之一。

以太坊中并没有使用比特币的这种 UTXO 设计，这与以太坊的宗旨有关，以太坊的目标是构建通用计算，而比特币是数字货币。以太坊创始人 V 神指出了 UTXO 的缺陷，一共有三类：

(1) 可表达的状态少

UTXO 只能是已花费或者未花费的状态，这就没有给需要任何其他内部状态的多阶段合约或者脚本留出生存空间，这也意味着 UTXO 只能用于建立简单的、一次性的合约，UTXO 更像是一种二进制控制位。

(2) 区块链盲点(Blockchain – blindness)

UTXO 脚本只能看到自己的这条历史轨迹，无法看到区块链数据的全貌，这导致了功能性扩展受到了限制，我们在花费比特币的过程中需要小心翼翼地组合 UTXO，这也导致了系统状态逻辑复杂，不适合设计成智能合约的基础结构(Fabric 和 Ethereum 都是普通账户模型)。

(3) 价值盲点(Value – blindness)

UTXO 脚本不能提供非常精细的金额控制，基于账户模型的余额在花费过程中可以任意按值存取，它仅取决于程序能表示的最小精度。而 UTXO 要求必须全部移动，如果要满足一个目标值金额，对组合 UTXO 算法的要求会比较高，采用许多有不同面值的 UTXO，一方面要求尽可能地精确，另一方面又要求输入输出的数量尽可能的少。

UTXO 是比特币上的原生设计，在区块链以前没有这种逻辑数据结构，UTXO 的出现给了人们看待数据转移的不同视角，但 UTXO 不是所有区块链所必需的，公链开发的过程中是否选用 UTXO 模型可以根据业务场景进行判断。

第 2 章

以太坊

2.1 简 介

以太坊(Ethereum)是一个全新开放的区块链平台(相对比特币来说),号称区块链 2.0(比特币是区块链 1.0),它允许任何人在以太坊平台中建立和使用通过区块链技术运行的去中心化应用。

就像比特币一样,以太坊不受任何人控制,也不归任何人所有,它是一个开放源代码项目,由全球范围内的很多人共同创建。和比特币协议不同的是,以太坊的设计十分灵活,具有很好的扩展性及适应性。在以太坊平台上建立去中心化应用是一件十分简单的事情,尤其是随着 Homestead 版本的发布,以太坊整个社群的开发文档及配套开发工具也相对完善,任何人都可以方便地在以太坊上开发去中心化应用,或使用运行在以太坊上去中心化的应用。

访问以太坊官网 https://www.ethereum.org,可以获取最新的以太坊信息。

(1) 以太币 ETH

以太币(Ether)是以太坊内置的数字资产,也称主币。以太币自身有一定的价值,可以进行交易买卖以太币;以太币还有另外一个重要的作用,就是在以太坊中,如果某个账户地址要对区块链账本执行更新或运算操作,那么该账户地址就需要有充足的以太币,每一个更新或运算操作需要消耗一定的以太币,简单地说就是把以太币当作 Gas,就像平时开车时需要用到的汽油一样。从另外一个角度来讲,消耗 Gas 的机制能够保护以太坊区块链免遭恶意的攻击,从而确保整个以太坊区块链的安全。

(2) 智能合约

以太坊是一个开源的有智能合约(Smart Contract)功能的公共区块链平台,通过其专用加密货币以太币及其去中心化的以太虚拟机 EVM(Ethereum Virtual Machine)来处理智能合约程序的执行。这个去中心化的以太虚拟机 EVM 就像是一个容器,类似 Web 服务器容器,更像 Java 的虚拟机 JVM。

以太坊通过一套图灵完备的脚本语言(Ethereum Virtual Machinecode,简称 EVM 语言)来建立应用,它类似于汇编语言。因为直接用汇编语言编程是非常痛苦的,所以以太坊里的编程并不需要直接使用 EVM 语言,而是类似 Java、C/C++、

JavaScript 和 Python 等高级语言,再通过编译器转成 EVM 语言。编写智能合约的编程语言主要是 Solidity。

智能合约所能提供的业务能力,理论上来说几乎是无限的,因为图灵完备的语言提供了完整的开发自由度,让用户创建各种强大的应用功能,从而实现去中心化应用。

(3) 代币/通证

在以太坊,任何人都可以在上面发行代币(Token)。Token 最初是权益证明的代表,Token 是在跟区块链结合后,才被翻译为"通证",全称叫"可流通的数字权益证明",而代币是一种功能和价值体现。在以太坊中,Token、通证和代币可以看作是指向同一个事情,只是它们表达的重点不同。

以太坊的代币实现其实就是一个标准的智能合约,由于其重要性,将其形成一个标准公开发行的智能合约代码,并且命名为 ERC20。

(4) 以太坊 VS 比特币

以太坊管理更严格。和比特币一样,以太坊是协会制、非盈利。但是和比特币相比它的管理更加严格,并且提供支付以太币给系统开发者和系统升级者。它还会奖励以太币给那些帮以太坊系统找到 Bug 的人。

以太坊联盟(Enterprise Ethereum Alliance,简称 EEA)更强大。以太坊联盟的成员既有美国康奈尔大学在内的学校,又有像 ConsenSys 这样著名的区块链应用开发者,还有很多大型公司包括微软、英特尔、三星、丰田、JP 摩根和埃森哲等。这些大企业都是以太坊应用的积极引入者,它们借助以太坊来开发应用,为自己的企业客户提供服务,能更大地保证以太坊的开放和标准化。

以太坊是平台,比特币只是单一币种。企业可以在以太坊平台上创建自己的虚拟货币——代币并且发行出去,通过卖自己的虚拟货币来实现融资。比特币虽然也支持脚本,但是功能非常有限。

(5) 以太坊基金会、社区以及贡献者

以太坊基金会是在瑞士注册的非营利性机构,旨在管理以太币销售中筹措的基金,以及更好地为以太坊和去中心化技术生态系统服务。

以太坊基金会于 2014 年 6 月在瑞士创建,它的使命是促进新技术和应用的开发,尤其是在新开放的、去中心化的软件架构领域。它的目标是开发、培育、促进和维护去中心化、开放的技术。它主要但并非唯一的重心是促进以太坊协议和相关技术的开发,以及扶持使用以太坊技术及协议的应用。此外以太坊基金会还会通过各种方式支持去中心化的因特网。

以太坊基金会面向社区的门户:Homestead 官方网站,其是以太坊的主要入口。在以太坊官方网站,可以看到最新的以太坊技术等相关的最权威的说明。以太坊官方文档对以太坊是什么、发展历史、社区基金会及贡献者有详细的介绍,包括以太坊客户端的选择与安装,以太坊账户管理,创建安全多签名钱包及相关的设置。

以太坊 Reddit 分论坛是最全面的以太坊论坛,这里是大部分社区讨论发生的地方和核心开发者最活跃的地方。如果你想对新闻、媒体、报道、公告和头脑风暴进行一般的讨论,选这个论坛就对了。一般来讲,这里有与更广泛社区相关的以太坊事件,讨论完全不收费。

(6) 以太坊改进协议

以太坊改进协议(EIPs)旨在成为协调协议改进的框架和非正式商业流程。人们会先向以太坊改进协议资源库提出想法作为一个问题或 pull 请求。经过基本的过滤,提议会收到一个数字并以草稿的形式发布。必须经过社区一致同意,以太坊改进协议才能变成活跃状态。提出的改变应该考虑到最终的同意取决于以太坊用户的共识。对于以太坊改进协议的讨论,可进入 gitter 关于以太坊改进协议的频道。

可以在以下地址查询到当前所有的 EIPs:

https://eips.ethereum.org/all;

https://github.com/ethereum/EIPs/tree/master/EIPS。

(7) 以太坊意见征求稿 ERC

以太坊意见征求稿 ERC(Ethereum Request For Comment)是用来记录以太坊上应用级的各种开发标准和协议的,如著名的代币 Token 标准(ERC20、ERC721)。ERC 协议标准是影响以太坊发展的重要因素,像 ERC20、ERC223、ERC721、ERC777 等都对以太坊生态产生了很大的影响。

2.2 诞生历史

比特币诞生于 2009 年,2013 年开始在国内变得非常热门。在比特币中,分布式数据库被设想为一个账户余额表,一个总账,交易就是通过比特币的转移以实现个体之间无需信任基础的金融活动。但是随着比特币吸引了越来越多开发者和技术专家的注意,新的项目开始将比特币网络用于有价代币转移之外的其他用途。其中很多都采用了"代币"的形式——以原始比特币协议为基础,增加了新的特征或功能,采用各自加密货币的独立区块链。

有人觉得这样一个一个地创造数字资产太麻烦了。一方面每一次代码得重新写一套,比特币所有的 Bug 和更新需要在新的区块链基础上进行新的更新。另一方面,新的区块链也不能用原来区块链的算力,在区块链的安全上也得不到有效保障。那能不能在区块链的基础之上,方便地创造出各色各样的数字资产呢?数字资产的参数和特性,是不是可以通过编码进行设置呢?如果把比特币的区块链当作是一种数字资产的协议技术,以太坊的区块链则是这个数字资产协议的协议,这可能是以太坊创始人创造以太坊的一个诱因。

以太坊的概念首次在 2013 至 2014 年间由程序员 Vitalik Buterin 受比特币启发后提出,大意为"下一代加密货币与去中心化应用平台"。

一直强调以太坊是一个智能合约系统。2013年年末,以太坊创始人Vitalik Buterin发布了以太坊初版白皮书并启动了项目。2014年7月至8月,Vitalik Buterin团队面向公众销售了以太坊系统的货币——以太币(ETH)。2014年7月24日起,以太坊进行了为期42天的以太币预售。

该项团队首先自己开始风风火火地挖起了"矿",挖出了大量以太币后公开销售,用户也可以使用比特币购买以太币,最后一共销售了1190万枚以太币(占总数的13%)。以太坊还是全球首个采用以发行自己虚拟货币的方式来融资的案例。

2015年7月30日,以太坊正式上线。2016年初,以太坊的技术得到市场认可,价格开始暴涨,吸引了大量开发者以外的人进入以太坊的世界。中国三大比特币交易所之一的火币网及OKCoin币都于2017年5月31日正式上线以太坊。

2016年以来,那些密切关注数字货币产业的人都急切地观察着第二代加密货币平台以太坊的发展动向。作为一种比较新的利用比特币技术的开发项目,以太坊致力于实施全球去中心化且无所有权的数字技术计算机来执行点对点合约。简单来说就是,以太坊是一个你无法关闭的世界计算机。加密架构与图灵完整性的创新型结合可以促进大量的新产业出现。反过来,传统行业的创新压力越来越大,甚至面临淘汰的风险。

比特币网络事实上是一套分布式的数据库,而以太坊则更进一步,可以把它看作是一台分布式的计算机:区块链是计算机的ROM,合约是程序,而以太坊的"矿工"则负责计算,担任CPU的角色。这台计算机不是也不可能是免费使用的,不然任何人都可以往里面存储各种垃圾信息和执行各种鸡毛蒜皮的计算,使用它至少需要支付计算费和存储费,当然还有一些其他费用。

最为知名的是2017年初以摩根大通、芝加哥交易所集团、纽约梅隆银行、汤森路透、微软、英特尔和埃森哲等20多家全球顶尖金融机构和科技公司成立的企业以太坊联盟。而以太坊催生的加密货币以太币近期又成了继比特币之后受追捧的资产。

截至2018年2月,以太币是市值第二高的加密货币,仅次于比特币。

2.3 发展计划

在最早发布的发展计划中,以太坊有四个里程碑阶段。这四个阶段分别是Frontier(前沿)、Homestead(家园)、Metropolis(大都会)和Serenity(宁静)。截止2019年5月,以太坊目前处于第三阶段——Metropolis的Constantinople(君士坦丁堡)版本。

根据以太坊的发展路线,每个发展阶段都会增加新的特征、提高可用性和网络安全性,从而不断提高以太坊的扩展性。

(1) Frontier

Frontier是2015年7月以太坊发行初期的试验阶段,这是以太坊网络第一次上线,那个时候的软件还不太成熟,但是可以进行基本的挖矿、学习和试验。开发者可以在上面挖以太币,并开始开发 DApp 和各种工具。系统运行后,吸引了更多的人关注并参与到开发中来。

以太坊作为一个应用平台,需要更多的人去开发自己的去中心化应用来实现以太坊本身的价值。随着人气渐旺,以太坊的价值也水涨船高。

(2) Homestead

Homestead 是以太坊第一个正式的产品发行版本,于 2016 年 3 月发布。100% 采用 PoW 挖矿,但是挖矿的难度除了因为算力增长而增加之外,还有一个额外的难度因子呈指数级增加,这就是难度炸弹(Difficulty Bomb)。对协议进行了优化,为之后的升级奠定了基础,并加快了交易速度。

(3) Metropolis

Metropolis 又被分成了两个阶段:分两次上线,分别是拜占庭(Byzantium,2017 年 10 月)和君士坦丁堡(Constantinople,2019 年 1 月),这个阶段让以太坊变得更轻量、更快速、更安全。

其中值得关注的是,引入 PoW 和 PoS 混合链模式是"君士坦丁堡"硬分叉的主要目标之一。君士坦丁堡分叉,是以太坊社区一次几乎没有争议的硬分叉升级,目的是改善以太坊网络。此次分叉是以太坊"大都会"发展阶段的最后一步。

(4) Serenity

当以太坊升级到 Serenity 时,PoS 系统将会完全在以太坊中运行,这是以太坊路线图最后一个里程碑。

在 Serenity 阶段,以太坊区块链将拥有一个巨大的商业场景,这一场景中有内置的图灵完备的编程语言,其他开发人员、公司和实体可以使用它来创建契约、应用程序和系统。所有这些更新都将有助于以太坊扩展、提高以太坊的交易速度、降低交易费用。

现阶段以太坊网络已经进入第三阶段大都会(Metropolis),并且已经升级第二版本"君士坦丁堡"硬分叉。

从每个阶段的主要特性来看:

(1) Frontier

2015 年 7 月以太坊发行初期实验版本,只有命令行界面,开发者可以在上面编写智能合约和去中心化应用(DApp)。区块奖励为 5ETH。

(2) Homestead

2016 年 3 月 14 日发布,提供了图形界面的钱包,易用性得到改善,用户可以更方便地使用以太坊。

(3) Metropolis

目前正处于 Metropolis 阶段,它分 Byzantium 和 Constantinople 两个阶段。2017 年 10 月 16 日完成 Byzantium 硬分叉,Byzantium 加入了 EVM 指令,方便开发

者编写智能合约。区块奖励从 5ETH 变成 3ETH。

Constantinople 的主要特性是引入 PoW 和 PoS 的混合链模式，完成 PoW 向 PoS 的顺滑过渡。挖矿奖励减少到 2ETH。

（4）Serenity

此阶段将从 PoW 转换到完全使用 PoS，使用 Casper 算法解决 PoW 对计算、能源的浪费，转变到 PoS 后停止挖矿，发行的以太币数量将大幅减少。

2.4 客户端

以太坊客户端是以太坊网络系统的一个核心技术部分，它涵盖了以太坊区块链相关技术的主要核心架构及功能服务。它是一个区块链节点运行服务器，是区块链分布式账本，其实现分布式存储、P2P点对点传输、共识机制算法和加密算法等功能。

以太坊客户端可以是一个挖矿节点，它参与记账、验证等功能；以太坊客户端可以是一个可以执行智能合约的虚拟机；以太坊客户端可以保存账户状态、区块和交易信息。

以太坊客户端提供 Web3 开发接口，为开发人员方便开发接入区块链节点实现对接功能，例如发起创建账户地址，发起交易，获得区块和交易信息，获得账户地址余额等。以太坊客户端还能够创建一个全新的测试链，它跟以太坊是完全一样的技术路线。

对从事以太坊技术开发的工程师来说，掌握以太坊客户端，就可以掌握大部分的技能，以太坊主要的工具是客户端。以太坊客户端是开源的，提供了不同开发语言的实现版本，包括 Go、C++ 和 Java 等开发语言的实现。

2016 年进入 Homestead 阶段以后，Go 客户端占据了主导地位，但情况并不一直是这样的，将来也并不必然如此。客户端都有 Homestead 兼容的版本。下表列举了相应的版本信息，该版本并不一定是最新的，可以到 https://github.com/ethereum 获取最新的源代码。

客户端	语言	开发者	最新版本
go-ethereum	Go	以太坊基金会	go-ethereum-v1.4.9
Parity	Rust	Ethcore	Parity-v1.2.1
cpp-ethereum	C++	以太坊基金会	cpp-ethereum-v1.2.9
pyethapp	Python	以太坊基金会	pyethapp-v1.2.3
ethereumjs-lib	Javascript	以太坊基金会	ethereumjs-lib-v3.0.0
Ethereum(J)	Java		ethereumJ-v1.3.0-RC3-daoRescue2
ruby-ethereum	Ruby	Jan Xie	ruby-ethereum-v0.9.3
ethereumH	Haskell	BlockApps	尚无 Homestead 版本

很多"官方"客户端的开发都由以太坊基金会管理的资源资助,还有一些其他的客户端由社群或其他商业实体建立。

2.5　Web3 API

以太坊客户端的 API 是一组远程过程调用(RPC)命令,并采用 JSON 格式编码来传递消息,所以被称为 JSON-RPC API。以太坊客户端通过 JSON-RPC 公开了许多方法,以便在应用程序中与它们进行交互,包括查询节点信息、账户余额和代币余额,创建钱包,发起交易,发起与智能合约互动的交易,查询交易信息,查询交易收据和查询区块信息等。

以下列出 JSON RPCAPI 常用的方法:

web3_clientVersion:返回当前客户端版本信息;

web3_sha3:返回给定数据的 Keccak-256(不是标准化的 SHA3-256);

net_version:返回当前网络 id(每个测试网络的 id 都不一样);

net_listening:如果客户端正在主动侦听网络连接返回 true;

eth_protocolVersion:返回当前以太坊协议的版本号;

eth_syncing:当前连接的客户端是否正在同步最新区块数据;

eth_coinbase:返回客户端的 conbase 地址,是该节点挖矿默认地址;

eth_mining:返回客户端是否正在挖矿;

eth_hashrate:节点挖矿每秒的哈希数量;

eth_gasPrice:返回每个 Gas 油耗的当前价格,单位是 wei;

eth_accounts:返回客户端持有的地址列表;

eth_blockNumber:返回当前最后一个区块号,也称当前区块高度;

eth_getBalance:返回给定地址的账号的以太币余额;

eth_getStorageAt:返回指定地址存储位置的值;

eth_getTransactionCount:返回给定地址发出的已经挖矿的交易数量;

eth_getBlockTransactionCountByHash:返回指定块内的交易数量,使用哈希来指定块;

eth_getBlockTransactionCountByNumber:返回指定块内的交易数量,使用块编号指定块;

eth_getUncleCountByBlockHash:返回指定块的叔伯数量,使用哈希指定块;

eth_getUncleCountByBlockNumber:返回指定块的叔伯数量,使用块编号指定块;

eth_sign:计算以太坊签名;

eth_sendTransaction:发起一个新的交易、转账、合约创建或合约调用等;

eth_sendRawTransaction:发起一个新的交易,参数已经在本地完成签名;

eth_call:发起一个查询区块链信息的消息,它不是交易无需 Gas 油耗;

eth_estimateGas:返回如果要完成给定的交易需要的 Gas 油耗估算值;

eth_getBlockByHash:返回指定区块哈希的区块信息;

eth_getBlockByNumber:返回指定区块号的区块信息;

eth_getTransactionByHash:返回指定交易哈希的交易信息;

eth_getTransactionByBlockHashAndIndex:返回指定区块哈希的第几个交易;

eth_getTransactionByBlockNumberAndIndex:返回指定区块号的第几个交易;

eth_getTransactionReceipt:返回指定交易哈希的交易收据,没挖矿则为空;

eth_pendingTransactions:返回当前处于等待状态没有被挖矿的交易清单;

eth_getUncleByBlockHashAndIndex:返回具有指定哈希的块具有指定索引位置的叔伯;

eth_getUncleByBlockNumberAndIndex:返回具有指定编号的块内具有指定索引序号的叔伯;

eth_newFilter:创建一个过滤器对象,接收状态变化时的通知;

eth_newBlockFilter:在节点中创建一个过滤器,当新块生成时进行通知;

eth_newPendingTransactionFilter:在节点中创建一个过滤器,以便当产生挂起交易时进行通知;

eth_uninstallFilter:卸载指定编号的过滤器;

eth_getFilterChanges:轮询指定的过滤器,并返回自上次轮询之后新生成的日志数组;

eth_getFilterLogs:返回指定编号过滤器中的全部日志;

eth_getLogs:返回指定过滤器中的所有日志。

2.5.1 常用的 JSON RPC 方法及其 curl 命令的示例

接下来看 JSON RPCAPI 常用的开发接口功能相应的请求参数格式及响应对象格式,并给出 curl 命令的实际代码示例以供学习。

1. web3_sha3

返回给定数据的 Keccak - 256(不是标准化的 SHA3 - 256)。在这个方法里,参数就是一个准备转换成哈希的十六进制字符;返回值是一个生成哈希的十六进制字符。

接下来我们希望通过字符串"balanceOf(address)"生成 Keccak - 256 哈希值,首先将 balanceOf(address)转成十六进制字符串,转换成十六进制字符串的结果是: 0x62616c616e63654f662861646472657373329,这个可以通过很多工具及开发语言来实现。

然后用 curl 命令发出以下 JSON RPC 对 eth_sha3 方法的请求:

```
curl -X POST https://mainnet.infura.io/v3/1f77b2f5344c42238d190c21869681b7 -H "Content-Type: application/json" --data '{"id":1,"jsonrpc":"2.0","method":"web3_sha3","params":["0x62616c616e63654f662861646472657373729"]}'
```

将得到响应数据如下:

```
{"jsonrpc":"2.0","id":1,"result":"0x70a08231b98ef4ca268c9cc3f6b4590e4bfec28280db06bb5d45e689f2a360be"}
```

2. eth_estimateGas

生成并返回允许交易完成所需的天然气估算值。该交易不会被添加到区块链中。请注意,由于各种原因(包括 EVM 机制和节点性能),估计值可能远远超过交易实际使用的天然气量。

请求参数,是一个包含交易信息的对象,具体栏位说明如下:
from:发起交易的地址(可选);
to:交易目标地址;
gas:交易最大可用 Gas 量,GasLimit(可选);
gasPrice:单位 Gas 的价格(可选);
value:交易支付的以太币数量(可选);
data:方法签名和编码参数的哈希(可选)。

返回值说明如下:
返回 Gas 用量估算值。

例如用 curl 命令发出以下 JSON RPC 对 eth_estimateGas 方法的请求:

```
curl -X POST https://mainnet.infura.io/v3/1f77b2f5344c42238d190c21869681b7 -H "Content-Type: application/json" --data '{"id":1,"jsonrpc":"2.0","method":"eth_estimateGas","params":[{"data":"0x70a0823100000000000000000000000000613c023f95f8ddb694ae43ea989e9c82c0325d3a","from":"0x613c023f95f8ddb694ae43ea989e9c82c0325d3a","to":"0xB8c77482e45F1F44dE1745F52C74426C631bDD52","gas":"0x23280","gasPrice":"0x2540BE400","value":"0x16345785D8A0000","data":"","nonce":"0x1"}]}'
```

将会得到响应数据如下:

```
{"jsonrpc":"2.0","id":1,"result":"0x5b3b"}
```

表示大概需要消耗 23355 个 Gas。

3. eth_gasPrice

返回当前的 Gas 价格,单位:wei。在这个方法里,参数是没有的;返回值是一个十六进制字符,它表示以 wei 为单位当前 Gas 的价格。

例如用 curl 命令发出以下 JSON RPC 对 eth_gasPrice 方法的请求:

```
curl -X POST https://mainnet.infura.io/v3/1f77b2f5344c42238d190c21869681b7 -H "
```

Content-Type: application/json" --data '{"id":1,"jsonrpc":"2.0","method":"eth_gasPrice","params":[]}'

将会得到如下的响应数据：

{"jsonrpc":"2.0","id":1,"result":"0x4190ab00"}

其数字表示1个Gas价格为1100000000wei。

4. eth_getBalance

返回指定地址账户的余额。该方法的参数是，提供一个以太坊地址来统计该地址对应账号的余额；区块号指定 latest 时表示获取账号截止至当前最新区块时账户的余额。

返回值是一个十六进制字符，它表示以 wei 为单位的当前地址所对应账号的以太币余额。

例如用 curl 命令发出以下 JSON RPC 对 eth_getBalance 方法的请求：

curl -X POST https://mainnet.infura.io/v3/1f77b2f5344c42238d190c21869681b7 -H "Content-Type: application/json" --data '{"jsonrpc":"2.0","method":"eth_getBalance","params":["0x613C023F95f8DDB694AE43Ea989E9C82c0325D3A","latest"],"id":1}'

将会得到响应数据如下：

{"jsonrpc":"2.0","id":1,"result":"0x8a7d33cf880901d"}

其数字表示该账户当前最新余额为：623699332234776605 wei。

5. eth_getTransactionCount

返回指定地址发生的交易数量。该方法的参数是，提供一个以太坊地址来统计该地址所发起并且已经被挖矿打包记账的交易数量；区块号指定 latest 时表示获取账号截止至当前最新区块时账户的余额。

需要注意的是，如果有发起交易还没有被打包，或者在 pending 的状态，又或者发起了多个重复 nonce 值的交易等，这些交易不会被统计。如果是别人往该地址发起的交易，不管交易是否挖矿打包记账，都是不算在 transactionCount 数量统计中的。

返回值是一个十六进制字符，它表示数量。

例如用 curl 命令发出 JSON RPC 对 eth_getTransactionCount 方法的请求：

curl -X POST https://mainnet.infura.io/v3/1f77b2f5344c42238d190c21869681b7 -H "Content-Type: application/json" --data '{"jsonrpc":"2.0","method":"eth_getTransactionCount","params":["0x613C023F95f8DDB694AE43Ea989E9C82c0325D3A","latest"],"id":1}'

将会得到响应数据如下：

{"jsonrpc":"2.0","id":1,"result":"0x4be"}

其中数字表示该账户发起的并且已经被挖矿记账的交易统计数量为:1214。

一般发起交易前,是通过 eth_getTransactionCount 获得当前账号的交易数量,交易数量可直接作为下一个交易的 nonce 参数值,nonce 值是从 0 开始计算的。例如在本例子中,当前账号如果发起下一个交易,那么它的 nonce 值为 1214。

6. eth_sendTransaction

创建一个新的消息调用交易,如果要创建一个合约,则数据字段中应该包含创建智能合约编译后的代码,如果是调用智能合约的方法,则数据字段中应该包含智能合约方法的哈希编码及方法的参数。

请求参数是一个交易对象,由于交易对象比较复杂,此处详细说明。

请求参数,是一个包含交易信息的对象,具体栏位说明如下:

from:发起交易的地址(可选);

to:交易目标地址,当创建新合约时可选;

gas:交易最大可用 Gas 量,GasLimit(可选)默认值 90000,未用的 Gas 将会返还;

gasPrice:单位 Gas 的价格(可选)未指定时使用系统当前默认值;

value:交易支付的以太币数量(可选);

data:合约的创建编码,被调用方法签名和编码参数(可选);

nonc:可以使用同一个 nonce 来实现挂起的交易的重写。

交易对象例子如下:

```
params: [{
  "from": "0x613C023F95f8DDB694AE43Ea989E9C82c0325D3A",
  "to": "0x405a35e1444299943667d47b2bab7787cbeb61fd",
  "gas": "0x23280", //144000
  "gasPrice": "0x2540BE400", // 10000000000
  "value": "0x16345785D8A0000", // 100000000000000000
  "data": "",
  "nonce": "0x1" // 1
}]
```

返回值:

DATA,32 字节-交易哈希。

需要注意的是,执行本方法的前提是发起交易的账号密钥必须是在当前的客户端,以及客户端启动的时候开启了账号管理功能 personal;另外本地程序有该账号的密码,并且在发起交易之前,确保已经调用 personal_unlockAccount 方法将账号处于可以签名交易的状态。

例如用 curl 命令发出 JSON RPC 对 eth_sendTransaction 方法的请求:

curl - X POST https://mainnet.infura.io/v3/1f77b2f5344c42238d190c21869681b7 - H

"Content-Type: application/json" --data '{"jsonrpc":"2.0","method":"eth_sendTransaction","params":[{"from": "0x613C023F95f8DDB694AE43Ea989E9C82c0325D3A","to": "0x405a35e1444299943667d47b2bab7787cbeb61fd","gas": "0x23280","gasPrice": "0x2540BE400","value": "0x16345785D8A0000","data": "","nonce": "0x1"}],"id":1}'

将会得到响应数据如下：

{"jsonrpc":"2.0","id":1,"result":"0x8595abd24f1f8590681064e3718fd559db3f50e0342e75b3382a3ec1cc57ce25"}

需要注意的是，发送交易对象后，会立刻返回一个交易哈希，但是并不代表该交易已经成功了，而只是表示该交易已经提交给客户端节点。

交易是否生效并且有结果，只能够使用 eth_getTransactionReceipt 调用获取交易凭据，然后根据交易凭据信息才能够判断交易是否被挖矿以及交易是否成功，如果是调用智能合约，还需要根据输出的日志来判断是否执行成功。

7. eth_sendRawTransaction

为签名交易创建一个新的消息调用交易或合约。本方法跟 eth_sendTransaction 的不同之处是，把请求对象用本地私钥签名，然后把签名数据作为唯一请求参数通过本方法发出请求。

本方法返回值也是一个十六进制的字符，一个交易哈希。

首先签名以下交易对象，具体签名的方法请参考密码学算法。由于签名的数据可以计算出签名的公钥，从而得知地址及账户，所以请求对象里面不需要携带 from 发起地址的参数：

```
params:[{
    "to": "0x405a35e1444299943667d47b2bab7787cbeb61fd",
    "gas": "0x23280", //144000
    "gasPrice": "0x2540BE400", // 10000000000
    "value": "0x16345785D8A0000", // 100000000000000000
    "data": "",
    "nonce": "0x1" // 1
}]
```

使用"from = "0x613C023F95f8DDB694AE43Ea989E9C82c0325D3A"地址密钥的私钥来签名，私钥是不可以对外公开的，所以这里就不给大家显示该地址的私钥了，签名交易对象的结果数据为：

0xf86d018502540be4008302328094405a35e1444299943667d47b2bab7787cbeb61fd8801634578 5d8a0000801ca0961ef9784a087ccbd0bb61ccbdcd1ce214db1a045555f70b0ae6d1ad441a76faa07fe4c3 cb63c730965a7a642c152f8b13b893a6c58f1cdf82f04af285043f180b

例如用 curl 命令发出 JSON RPC 对 eth_sendRawTransaction 方法的请求：

```
curl - X POST https://mainnet.infura.io/v3/1f77b2f5344c42238d190c21869681b7 - H "
Content-Type: application/json" --data '{"jsonrpc":"2.0","method":"eth_sendRawTransac
tion","params":["0xf86d018502540be4008302328094405a35e1444299943667d47b2bab7787cbeb6
1fd88016345785d8a0000801ca0961ef9784a087ccbd0bb61ccbdcd1ce214db1a045555f70b0ae6d1ad441
a76faa07fe4c3cb63c730965a7a642c152f8b13b893a6c58f1cdf82f04af285043f180b"],"id":1}'
```

将会得到如下响应数据,此处仅为演示,使用了同一个交易哈希:

{"jsonrpc":"2.0","id":1,"result":"0x8595abd24f1f8590681064e3718fd559db3f50e0342e75b3382a3ec1cc57ce25"}

由于以上示例已经被成功执行过,因此如果再次把以上 curl 命令复制到控制台的话,将会得到以下响应,表示 nonce 值已经被用过了:

{"jsonrpc":"2.0","id":1,"error":{"code":-32000,"message":"nonce too low"}}

需要注意的是,跟 sendTransaction 方法一样,发送交易对象后,会立刻返回一个交易哈希,但是并不代表该交易已经成功了,而只是表示该交易已经提交给客户端节点。

交易是否生效并且有结果,只能够使用 eth_getTransactionReceipt 调用获取交易凭据,然后根据交易凭据信息才能够判断交易是否被挖矿以及交易是否成功,如果是调用智能合约,还需要根据输出的日志来判断是否执行成功。

8. eth_call

立刻执行一个新的消息调用,用于查询客户端节点的状态,不会改变区块的状态,一般用于查询智能合约公共变量的信息,或者调用只读方法,无需在区块链上创建交易,所以也无需消耗 Gas 油耗。

请求参数,是一个包含交易信息的对象,具体栏位说明如下:

from:发起交易的地址(可选);

to:交易目标地址;

gas:交易最大可用 Gas 量,GasLimit(可选)eth_call 不消耗 Gas,但是某些执行环节需要这个参数;

gasPrice:单位 Gas 的价格(可选);

value:交易支付的以太币数量(可选);

data:方法签名和编码参数的哈希(可选)。

返回值说明如下:

返回整数块编号,或字符串"latest"、"earliest"或"pending"

其中最主要的参数是 to 和 data。to 表示调用的智能合约地址,data 表示调用智能合约的方法及智能合约方法的参数。data 的组合是有一定规则的,它是一个十六进制字符,加上目标方法名称的 Keccak-256 值的前 4 个字节,也就是十六进制的前 8 个字符,再加上方法的参数,每个参数都是 32 个字节组成的,参数值长度不够 32

个字节的用0来补充,如果是数字则在前面补0,如果是字符串,则在后面补0。

接下来先给几个data的范例,其中Keccak-256可以直接用web3_sha3方法来计算获得。

Data示例一:ERC20中查询某个地址的代币余额。

balanceOf(address)的Keccak-256值为:

0x70a08231b98ef4ca268c9cc3f6b4590e4bfec28280db06bb5d45e689f2a360be

如果要查询地址0x613c023f95f8ddb694ae43ea989e9c82c0325d3a,则方法及参数所组成的data如下:

0x<u>70a08231</u>000000000000000000000000<u>613c023f95f8ddb694ae43ea989e9c82c0325d3a</u>

Data示例二:ERC20中查询某个地址的代币总的供应量。

totalSupply()的Keccak-256值为:

0x18160ddd7f15c72528c2f94fd8dfe3c8d5aa26e2c50c7d81f4bc7bee8d4b7932

由于该方法没有参数,所以组成data如下:

0x<u>18160ddd</u>

Data示例三:某个智能合约有一个公用的变量croupier。

croupier()的Keccak-256值为:

0x6b5c5f39b9e58365e86dffc321ea47e6c0cea5a5271677fbc53c090d83307d77

由于该方法没有参数,所以组成data如下:

0x<u>6b5c5f39</u>

我们注意到balanceOf在智能合约中其实是一个变量,由于它的声明为public,所以编译器自动为其产生一个名称跟变量一样的方法,如果找到某个符合ERC20的代币源代码,就可以看到balanceOf的定义:

mapping (address => uint256) public balanceOf;

所以系统自动为其生成一个公共方法,并且可用于计算Keccak-256的值:

balanceOf(address)

示例代码

接下来以几个代码请求例子来说明。

例如用curl命令发出JSON RPC对eth_call方法的请求:

(1) 请求及响应示例一

在代币BNB(0xB8c77482e45F1F44dE1745F52C74426C631bDD52)查询地址0x613c023f95f8ddb694ae43ea989e9c82c0325d3a的余额是多少,代币BNB是一个排

名市值很靠前、符合 ERC20 规范的代币。BNB 代币查询地址如下：

https://etherscan.io/token/0xB8c77482e45F1F44dE1745F52C74426C631bDD52#readContract

用 curl 命令发出 JSON RPC 对 eth_call 方法的请求：

curl -X POST https://mainnet.infura.io/v3/1f77b2f5344c42238d190c21869681b7 -H "Content-Type: application/json" --data '{"id":1,"jsonrpc":"2.0","method":"eth_call","params":[{"data":"0x70a08231000000000000000000000000613c023f95f8ddb694ae43ea989e9c82c0325d3a","from":"0x613c023f95f8ddb694ae43ea989e9c82c0325d3a","to":"0xB8c77482e45F1F44dE1745F52C74426C631bDD52"},"latest"]}'

响应对象信息如下：

{"jsonrpc":"2.0","id":1,"result":"0x0000000000000000000000000000000000000000000000000000000000000000"}

从返回结果可以看出，该地址持有 BNB 代币为 0 个。

现在在区块链浏览器中查询持有 BNB 比较靠前的一个地址，例如：0x030e37ddd7df1b43db172b23916d523f1599c6cb，它持有 4,500,000 ETH。下面对请求命令进行变更，把 data 查询持有的地址改一下。

用 curl 命令发出 JSON RPC 对 eth_call 方法的请求：

curl -X POST https://mainnet.infura.io/v3/1f77b2f5344c42238d190c21869681b7 -H "Content-Type: application/json" --data '{"id":1,"jsonrpc":"2.0","method":"eth_call","params":[{"data":"0x70a08231000000000000000000000000030e37ddd7df1b43db172b23916d523f1599c6cb","from":"0x613c023f95f8ddb694ae43ea989e9c82c0325d3a","to":"0xB8c77482e45F1F44dE1745F52C74426C631bDD52"},"latest"]}'

响应对象信息如下：

{"jsonrpc":"2.0","id":1,"result":"0x00000000000000000000000000000000000000000003b8e97d229a2d54800000"}

从返回结果可以看出，该地址持有 BNB 代币为 0x3b8e97d229a2d54800000wei，转化为单位 ETH，即 4,500,000 ETH。

(2) 请求及响应示例二

查询代币 BNB（0xB8c77482e45F1F44dE1745F52C74426C631bDD52）总的供应量。

用 curl 命令发出 JSON RPC 对 eth_call 方法的请求：

curl -X POST https://mainnet.infura.io/v3/1f77b2f5344c42238d190c21869681b7 -H "Content-Type: application/json" --data '{"id":1,"jsonrpc":"2.0","method":"eth_call","params":[{"data":"0x18160ddd","from":"0x613c023f95f8ddb694ae43ea989e9c82c0325d3a","to":"0xB8c77482e45F1F44dE1745F52C74426C631bDD52"},"latest"]}'

响应对象信息如下:

{"jsonrpc":"2.0","id":1,"result":"0x000000000000000000000000000000000000000000db6d96ba61ad264a100b9"}。

从返回结果可以看出,该地址持有 BNB 代币为 0x db6d96ba61ad264a100b9。

(3) 请求及响应示例三

查询一个智能合约(非 ERC20 规范的)的变量,变量名称为 croupier,它是保存地址的一个变量,这是一个掷骰子的智能合约,croupier 是一个负责开奖的账户。

用 curl 命令发出 JSON RPC 对 eth_call 方法的请求:

curl -X POST https://mainnet.infura.io/v3/1f77b2f5344c42238d190c21869681b7 -H "Content-Type:application/json" --data '{"id":1,"jsonrpc":"2.0","method":"eth_call","params":[{"data":"0x6b5c5f39","from":"0x613c023f95f8ddb694ae43ea989e9c82c0325d3a","to":"0xD1CEeeeee83F8bCF3BEDad437202b6154E9F5405"},"latest"]}'

响应对象信息如下:

{"jsonrpc":"2.0","id":1,"result":"0x000000000000000000000000000000000c0293c8ca34dac9bcc0f953532d34e4d"}

从返回结果可以看出,当前该智能合约负责开奖的账户地址,即 croupier 变量地址为:0x00000000c0293c8ca34dac9bcc0f953532d34e4d。

9. eth_blockNumber

返回客户端当前最新的区块号。该方法没有请求参数,返回就是一个区块号,十六进制的字符。

例如用 curl 命令发出 JSON RPC 对 eth_blockNumber 方法的请求:

curl -X POST https://mainnet.infura.io/v3/1f77b2f5344c42238d190c21869681b7 -H "Content-Type:application/json" --data '{"jsonrpc":"2.0","method":"eth_blockNumber","params":[],"id":1}'

响应对象信息如下:

{"jsonrpc":"2.0","id":1,"result":"0x7a5754"}

这里返回的是当前区块链最新的区块号。由于以太坊平均每十多秒就会产生一个区块,所以每次请求的区块号可能不一样,不断地在增长。

10. eth_getBlockByHash

返回具有指定哈希的区块信息。
该方法请求参数说明如下:

指定块的哈希

一个布尔型变量为 true 时,返回信息栏位 transactions 为完整的交易对象,否则 transactions 仅返回该区块里面包含的所有交易哈希。

请求参数例子如下:

```
params: [
0x8992e4a540f566480d301bff70eeb46a4e25731e2d959dd406a4fefc95c3ad04,
false
]
```

返回值详细说明

如果存在则返回匹配的块对象,该对象结构详细说明如下:

number:块编号,挂起块为 null;

hash:块哈希,挂起块为 null;

parentHash:父块的哈希;

nonce:生成的 PoW 哈希,挂起块为 null;

sha3Uncles:块中叔伯数据的 SHA3 哈希;

logsBloom:块日志的 bloom 过滤器,挂起块为 null;

transactionsRoot:块中的交易树根节点;

stateRoot:块最终状态树的根节点;

receiptsRoot:块交易收据树的根节点;

miner:挖矿奖励的接收账户;

difficulty:块难度,整数;

totalDifficulty:截止到本块的链上总难度;

extraData:块额外数据;

size:本块字节数;

gasLimit:本块允许的最大 Gas 用量;

gasUsed:本块中所有交易使用的总 Gas 用量;

timestamp:块时间戳;

transactions:交易对象数组,或 32 字节长的交易哈希数组;

uncles:叔伯哈希数组;

如果该方法未找到匹配的块则返回 null。

示例代码

例如用 curl 命令发出 JSON RPC 对 eth_getBlockByHash 方法的请求:

curl - X POST https://mainnet.infura.io/v3/1f77b2f5344c42238d190c21869681b7 - H "Content-Type: application/json" -- data '{"jsonrpc":"2.0","method":"eth_getBlockBy-Hash","params":["0x8992e4a540f566480d301bff70eeb46a4e25731e2d959dd406a4fefc95c3ad04", false],"id":1}'

为了不要显示太多数据,把第二个参数设置为 false。响应对象信息如下:

{"jsonrpc":"2.0","id":1,"result":{"difficulty":"0xa4a54c5c2e97a","extraData":"0xe4b883e5bda9e7a59ee4bb99e9b1bc","gasLimit":"0x7a1200","gasUsed":"0x79c632","hash":"0x8992e4a540f566480d301bff70eeb46a4e25731e2d959dd406a4fefc95c3ad04","logsBloom":"0x000801 90000"," miner ":" 0x829bd824b016326a401d083b33d092293333a830 ","mixHash":"0x87bdee1e978bb5697d9de987945ee310ffcf0fb085b54cc8af40afda37f33617","nonce":"0x6c13a9681d249e08","number":"0x656ce2","parentHash":"0xf8c450eca0fd54195583080976b6ad17e2f12fa0f3c74b645fc8fc64e593be72","receiptsRoot":"0x03708efb6384723894c48428c0f40a3a383553279f464848d084f697677794cf","sha3Uncles":"0x1dcc4de8dec75d7aab85b567b6ccd41ad312451b948a7413f0a142fd40d49347","size":"0x540d","stateRoot":"0x66fb7ac8c20717c4ddaa837337fa6ef6e591452e22731b931a8a3af78f9f27d3","timestamp":"0x5be0032f","totalDifficulty":"0x19dd26275e0a7843f3d","transactions":["0x5e9a44ba8c3a7dd6ad95c88588fddbff09e7b89d95a16efdb16f5133926bbf31",......," 0xc799b306df5a08d76c68d6065238d9d281c633133870c2a33515172580c32542"],"transactionsRoot":"0x8641554a8a70d3f68e1787d3d02fbcfed3d6e075222eb610380d4d128018cee3","uncles":[]}}

其中 logsBloom 及 transactions 数据量太大,所以做了很多精简,大家可以自行在控制台执行命令,查看对比返回的结果。

11．eth_getBlockByNumber

返回指定编号的区块信息。

参数详细说明

整数块编号或字符串"earliest"、"latest"或"pending",布尔型变量为 true 时,返回信息栏位 transactions 为完整的交易对象,否则 transactions 仅返回该区块里面包含的所有交易哈希。

```
params: [
'0x656CE2', // 6647010
false
]
```

返回值相关栏位的含义,跟 eth_getBlockByHash 的返回值栏位是一样的。

示例代码

例如用 curl 命令发出 JSON RPC 对 eth_getBlockByNumber 方法的请求:

curl - X POST https://mainnet.infura.io/v3/1f77b2f5344c42238d190c21869681b7 - H "Content-Type: application/json" --data '{"jsonrpc":"2.0","method":"eth_getBlockByNumber","params":["0x656CE2",false],"id":1}'

响应对象信息如下:

{"jsonrpc":"2.0","id":1,"result":{"difficulty":"0xa4a54c5c2e97a","extraData":

"0xe4b883e5bda9e7a59ee4bb99e9b1bc","gasLimit":"0x7a1200","gasUsed":"0x79c632","hash":"0x8992e4a540f566480d301bff70eeb46a4e25731e2d959dd406a4fefc95c3ad04","logsBloom":"0x000801 90000 ...","miner":"0x829bd824b016326a401d083b33d092293333a830","mixHash":"0x87bdee1e978bb5697d9de987945ee310ffcf0fb085b54cc8af40afda37f33617","nonce":"0x6c13a9681d249e08","number":"0x656ce2","parentHash":"0xf8c450eca0fd54195583080976b6ad17e2f12fa0f3c74b645fc8fc64e593be72","receiptsRoot":"0x03708efb6384723894c48428c0f40a3a383553279f464848d084f697677794cf","sha3Uncles":"0x1dcc4de8dec75d7aab85b567b6ccd41ad312451b948a7413f0a142fd40d49347","size":"0x540d","stateRoot":"0x66fb7ac8c20717c4ddaa837337fa6ef6e591452e22731b931a8a3af78f9f27d3","timestamp":"0x5be0032f","totalDifficulty":"0x19dd26275e0a7843f3d","transactions":["0x5e9a44ba8c3a7dd6ad95c88588fddbff09e7b89d95a16efdb16f5133926bbf31",......,"0xc799b306df5a08d76c68d6065238d9d281c633133870c2a33515172580c32542"],"transactionsRoot":"0x8641554a8a70d3f68e1787d3d02fbcfed3d6e075222eb610380d4d128018cee3","uncles":[]}}

其中 logsBloom 及 transactions 数据量太大，所以做了很多精简，由于本示例跟 eth_getBlockByHash 的示例所指向的是同一个区块，所以返回的数据是一模一样的。大家可以自行在控制台执行命令，查看对比返回的结果。

12. eth_getTransactionByHash

返回指定哈希对应的交易。本方法请求的参数就是一个交易哈希。具体实例如下：

```
params:[
    "0x8595abd24f1f8590681064e3718fd559db3f50e0342e75b3382a3ec1cc57ce25"
]
```

返回值详细说明

返回值是一个交易对象，如果没有找到匹配的交易则返回 null。其结构如下：
hash：交易哈希；
nonce：本次交易之前发送方已经生成的交易数量；
blockHash：交易所在块的哈希，对于挂起块，该值为 null；
blockNumber：交易所在块的编号，对于挂起块，该值为 null；
transactionIndex：交易在块中的索引位置，挂起块该值为 null；
from：交易发送方地址；
to：交易接收方地址，对于合约创建交易，该值为 null；
value：发送的以太数量，单位：wei；
gasPrice：发送方提供的 Gas 价格，单位：wei；
gas：发送方提供的 Gas 可用量；
input：随交易发送的数据。

示例代码

例如用 curl 命令发出 JSON RPC 对 eth_getTransactionByHash 方法的请求：

```
curl -X POST https://mainnet.infura.io/v3/1f77b2f5344c42238d190c21869681b7 -H
"Content-Type:application/json" --data '{"jsonrpc":"2.0","method":"eth_getTransac
tionByHash","params":["0x8595abd24f1f8590681064e3718fd559db3f50e0342e75b3382a3ec1cc
57ce25"],"id":1}'
```

响应对象信息如下：

```
{"jsonrpc":"2.0","id":1,"result":{"blockHash":"0x8992e4a540f566480d301bff70ee
b46a4e25731e2d959dd406a4fefc95c3ad04","blockNumber":"0x656ce2","from":"0x613c023f95f
8ddb694ae43ea989e9c82c0325d3a","gas":"0x23280","gasPrice":"0x2540be400","hash":"0x
8595abd24f1f8590681064e3718fd559db3f50e0342e75b3382a3ec1cc57ce25","input":"0x","non
ce":"0x1","r":"0xe1f862eb8a4175cd8494301564abfa5541972998ffa0e071f66942fcfe5d7837",
"s":"0x2fd325c2d99ba27c0281e616951d4f2f297625d22aea162f966857b948797a6d","to":"0x405
a35e1444299943667d47b2bab7787cbeb61fd","transactionIndex":"0x48","v":"0x26","value":
"0x16345785d8a0000"}}
```

从响应结果来看，该笔交易记录已被编号为 0x656ce2 的区块打包。其他信息如实际消耗的 Gas、交易 logs 等，可通过调用 eth_getTransactionReceipt 方法来获得。

13. eth_getTransactionReceipt

返回指定交易的收据，使用哈希指定交易。需要注意的是，挂起的交易其收据是无效的。本方法请求的参数就是一个交易哈希。具体实例如下：

```
params:[
    "0x8595abd24f1f8590681064e3718fd559db3f50e0342e75b3382a3ec1cc57ce25"
]
```

返回值栏位详细说明

该方法返回的是交易收据对象，如果收据不存在则为 null。交易对象的结构如下：

transactionHash：交易哈希；
transactionIndex：交易在块内的索引序号；
blockHash：交易所在块的哈希；
blockNumber：交易所在块的编号；
from：交易发送方地址；
to：交易接收方地址，对于合约创建交易该值为 null；
cumulativeGasUsed：交易所在块消耗的 Gas 总量；
gasUsed：该次交易消耗的 Gas 用量；
contractAddress：对于合约创建交易，该值为新创建的合约地址，否则为 null；
logs：本次交易生成的日志对象数组；
logsBloom：bloom 过滤器，轻客户端用来快速提取相关日志。

返回的结果对象中还包括下面二者之一：
root：DATA 32 字节，后交易状态根（pre Byzantium）；
status：QUANTITY，1（成功）或 0（失败）。

示例代码

例如用 curl 命令发出 JSON RPC 对 eth_getTransactionReceipt 方法的请求：

curl - X POST https://mainnet.infura.io/v3/1f77b2f5344c42238d190c21869681b7 - H "Content - Type: application/json" -- data '{"jsonrpc":"2.0","method":"eth_getTransactionReceipt","params":["0x8595abd24f1f8590681064e3718fd559db3f50e0342e75b3382a3ec1cc57ce25"],"id":1}'

响应对象信息如下：

{"jsonrpc":"2.0","id":1,"result":{"blockHash":"0x8992e4a540f566480d301bff70eeb46a4e25731e2d959dd406a4fefc95c3ad04","blockNumber":"0x656ce2","contractAddress":null,"cumulativeGasUsed":"0x40664a","from":"0x613c023f95f8ddb694ae43ea989e9c82c0325d3a","gasUsed":"0x5208","logs":[],"logsBloom":"0x00","status":"0x1","to":"0x405a35e1444299943667d47b2bab7787cbeb61fd","transactionHash":"0x8595abd24f1f8590681064e3718fd559db3f50e0342e75b3382a3ec1cc57ce25","transactionIndex":"0x48"}}

从响应结果来看，status 为 0x1 表示该笔交易已经成功，gasUsed 显示该笔交易实际消耗的 Gas 为 0x5208。对比实际发起的交易信息可以确认，最终消耗的 Gas 并没有超出发起该交易时设置的最大限制值 0x23280，logs 栏为空则表示此交易没有日志输出。

2.5.2 JSON - RPC 相关特性

通常情况下，正式的以太坊网络 RPC 接口使用 8545 端口，以 HTTP 协议的方式对外服务（Py 版本的是 4000）。

可以通过启动以太坊客户端的时候，指定参数来设置接口使用的端口，例如 go 版本以太坊客户端 geth 的启动命令，指定端口为 3000：

geth -- rpc -- rpccorsdomain "http://localhost:3000"

不同开发语言实现的以太坊客户端 API 所支持的 JSON - RPC 的相关特性有所差异，下表列出了重要区别。

	cpp-ethereum	go-ethereum	py-ethereum	parity	pantheon
JSON-RPC 1.0	√				
JSON-RPC 2.0	√	√	√	√	√
Batch requests	√	√	√	√	√
HTTP	√	√	√	√	√
IPC	√	√		√	
WS		√		√	√

2.6 账户

在以太坊系统中,状态是由被称为"账户"(每个账户由一个 20 字节的地址)的对象和在两个账户之间转移价值和信息的状态转换构成的。

以太坊账户的状态包含以下四个字段:

- nonce,随机数:这个值等于账户发出的交易数,包括这个账户发起的支付交易,创建的合约,对合约状态变更的调用等数量之和。
- balance,余额:表示这个账户拥有多少 wei。
- storeageRoot,存储根节点:存储该账户内容的 Merkle Patricia 默克尔树根节点的 256 位哈希值,编码到字典树中,作为从 256 位哈希(Keccak256 位哈希)到 256 位 RLP 编码映射。
- codeHash,代码哈希:该账户以太坊虚拟机代码哈希值,合约代码执行时,这个地址会收到相应消息的调用;该字段创建后不可更改。

在以太坊中,有两种类型的账户:一种是外部账户(EOAs,Externally Owned Accounts),一种是合约账户(Contracts Accounts)。当提到账户这个术语的时候,通常指的是外部账户(EOA),当提到合约账户的时候通常称其为合约。账户地址表示的是该账户公钥经散列后 20 字节(通常会以 0x 开头,例如,0x4e9ce36e442e55-ecd9025b9a6e0d88485d628a67,该地址使用的是十六进制表示法)。上述示例地址中的字母全部是小写。在 EIP55 中引入了一种大小写混用的地址表示方法,通过这种表示方法进行表示的地址隐含了一个校验(checksum)和能够验证该地址的有效性。

以太坊账户地址是通过公钥经过 Keccak-256 单向散列函数变成了 256 bit,然后取 160 bit 作为地址。地址最前面加上 0x 表示十六进制字符表示。

在以太坊网络中,账户的状态信息是全局的,这些状态会被一种特殊的数据结果(MPT:默克尔前缀树)保存到每一个区块中,比如账户 A 的地址、余额和交易的次数等,比如合约账户的地址、余额和合约代码等。

1. 普通账户

所谓的普通账户就是存放以太币的账户,可以随意生成,以太坊是一个 P2P 网络,任何人只要有一台可以联网的电脑,都可以参与到这个网络中。普通用户参与到以太坊网络中,最常见的目的就是进行以太币交易。

普通账户具有以下特性:

- 拥有以太币余额的 balance(以太币存放的地方,与比特币的 UTXO 模式不同);
- 用于确定每笔交易只能被处理一次的计数器(nonce);
- 发送交易(以太币转账、发布合约、调用智能合约);
- 通过私钥控制;
- 没有相关联的代码。

2. 合约账户

合约账户也是最激动人心的概念和底层代码实现,它是功能和数据的集合,存在于以太坊的特定地址(发布智能合约的地址上),拥有以下特性:

- 拥有以太币余额;
- 有相关联的代码;
- 通过交易或消息调用的方式触发并由以太坊虚拟机(EVM)解释执行。

当智能合约被执行时,可以提供以下功能特性:

- 运行的随机复杂度(图灵完备性);
- 只能操作其拥有的特定储存,例如可以拥有其永久 state;
- 可以 call 其他合约;
- 所有以太坊区块链上的操作都是由各账户发起的交易出发。智能合约账户收到一笔交易,交易所带的参数都会成为代码的入参。合约代码会被以太坊虚拟机(EVM)在每一个参与网络的节点上运行,以作为它们新区块的验证。

3. 私钥、公钥、地址、账户

每个账户都会由一对私钥和公钥组成。每个账户都有一个地址,而这个地址,就是交易时用的地址。地址就像银行卡号一样,可以告诉别人方便收款或者别人转账给你。

私钥、公钥和地址的关系是这样的:私钥经过一种哈希算法(椭圆曲线算法 ECDSA - secp256k1)计算生成公钥,然后取公钥最后的 160 位二进制(通常表现为 40 位的十六进制字符串)形成了地址。其中,公钥和地址都是可以公布的,而私钥则必须用最为安全的方式进行保存,因为如果私钥不小心不见了,或者私钥被别人掌握了,那么相对应的账号里面的数字货币资产也会跟着丢掉;或者被别人用你的私钥发起转账的交易,从而把数字货币资产转走。因此私钥的保存非常重要,而本书所讲的数字钱包的主要功能之一,也是关于如何安全地保存私钥,又可以方便的使用。

4. 查询所有普通账户及合约

我们可以访问当前业界比较流行的以太坊区块链浏览器,来快速便捷地获得账号的相关信息。例如可以通过访问 Etherscan(https://etherscan.io)来获得以太坊区块链上的所有账号信息。

在 Etherscan 可以用四种方法来查看以太坊账户:
- 查看以太坊中所有账户(包括普通账户及合约账户)的前 10000 个账户,排序是依照该账户持有以太币的数量递减的方式;
- 查看 Etherscan 官方已经验证合约代码的前 500 个最新的合约账户;
- 查看 Etherscan 官方前 10000 个市值最大的 ERC20 代币(ERC721 同);
- 直接输入该地址查看账户。

进入 Etherscan 官网首页就可以在右上角的功能菜单栏选择相应的查询方式,由于网站可能会升级更新,大家自行前往查看。

Etherscan 区块链浏览器首页 TopAccount 菜单如图 2-1 所示。

图 2-1 Etherscan 区块链浏览器首页 TopAccount 菜单

查看以太坊所有账户按持币数量递减方式前 10000 名,如图 2-2 所示。

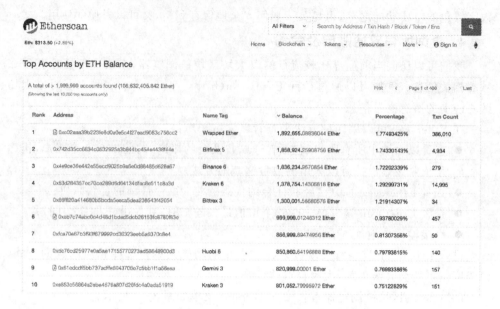

图 2-2 在 Etherscan 区块链浏览器查看所有账户

2.7 交易

交易（符号，T）是个单一的加密指令，通过以太坊系统之外的操作者创建。我们假设外部的操作者是人，软件工具用于创建和传播 1。这里的交易类型有两种：一种是消息调用，另一种通过代码创建新的账户（称为"合约创建"）。两种类型的交易都有的共同字段如下：

- nonce，随机数：T_n，账户发出的交易数量。
- gasPrice，燃料价格：T_p，为执行交易所需要的计算资源付的 Gas 价格，以 wei 为单位。
- gasLimit，燃料上限：T_g，用于执行交易的最大 Gas 数量；这个值须在交易前设置，且设定后不能再修改。
- to，接收者地址：消息调用接收者的 160 位地址；对于合约创建交易而言，无需接收者地址，使用 ∅ 表示，∅ 是 B0 的唯一成员。
- value，转账额度：T_v，转到接收者账户的额度，以 wei 为单位；对于合约创建而言，表示捐赠到合约地址的额度。
- v, r, s：T_w, T_r and T_s，和交易签名相关的变量，用于确定交易的发送者。

此外，合约创建还包含以下字段：

- init，初始化：T_i，一个不限制大小的字节数组，表示账户初始化程序的 EVM 代码。

- data,数据:Td,一个不限制大小的字节数组,表示消息调用的输入数据。

以太坊交易相对比特币的交易来说拥有更广泛的意义,在某种程度上它类似于消息。我们也可以认为以太坊的交易是通过消息来携带的。

以太坊的交易可以由外部实体或者合约创建;以太坊交易可以携带数据从而触发更多的功能;如果接收者是合约账户,可以有返回的结果,这意味着以太坊交易也包含函数概念。

以太坊中的"交易"是指存储从外部账户发出的消息的签名数据包。交易包含消息的接收者、用于确认发送者的签名、以太币账户余额、要发送的数据和两个被称为STARTGAS 和 GASPRICE 的数值。

为了防止代码的指数型爆炸和无限循环,每笔交易需要对执行代码所引发的计算步骤,包括初始消息和所有执行中引发的消息做出限制。STARTGAS 就是限制,GASPRICE 是每一计算步骤需要支付矿工的费用。如果执行交易的过程中"用完了瓦斯",所有的状态改变恢复原状态,但是已经支付的交易费用不可收回了。如果执行交易中止时还剩余瓦斯,那么这些瓦斯将退还给发送者。

创建合约有单独的交易类型和相应的消息类型;合约的地址是基于账号随机数和交易数据的哈希计算出来的。

接下来看下以太坊状态转换函数的定义流程,如图 2-3 所示。

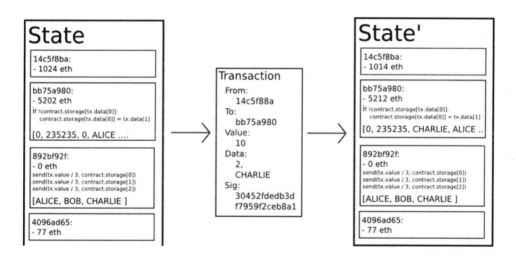

图 2-3　以太坊状态转换函数的定义流程

以太坊的状态转换函数:APPLY(S,TX) -> S',可以定义如下:

- 检查交易的格式是否正确(即有正确数值)、签名是否有效和随机数是否与发送者账户的随机数匹配。如否,返回错误。
- 计算交易费用:fee=STARTGAS * GASPRICE,并从签名中确定发送者的地址。从发送者的账户中减去交易费用和增加发送者的随机数。如果账户余额不足,返回错误。

- 设定初值 GAS=STARTGAS,并根据交易中的字节数减去一定量的瓦斯值。
- 从发送者的账户转移价值到接收者账户。如果接收账户还不存在,创建此账户。如果接收账户是一个合约,运行合约的代码,直到代码运行结束或者瓦斯用完。
- 如果因为发送者账户没有足够的钱或者代码执行耗尽瓦斯导致价值转移失败,恢复原来的状态,但是还需要支付交易费用,交易费用加至矿工账户。
- 否则,将所有剩余的瓦斯归还给发送者,消耗掉的瓦斯作为交易费用发送给矿工。

查询所有交易

可以通过以太坊区块链浏览器,快速便捷地获得当前最新交易的相关信息。例如可以通过访问 Etherscan(https://etherscan.io)来获得以太坊区块链上的最新交易信息。

在 Etherscan 官网可以查询到最新的 50 万笔交易信息,当然也可以通过指定具体的交易哈希来获得该交易的详细信息,如图 2-4 所示。

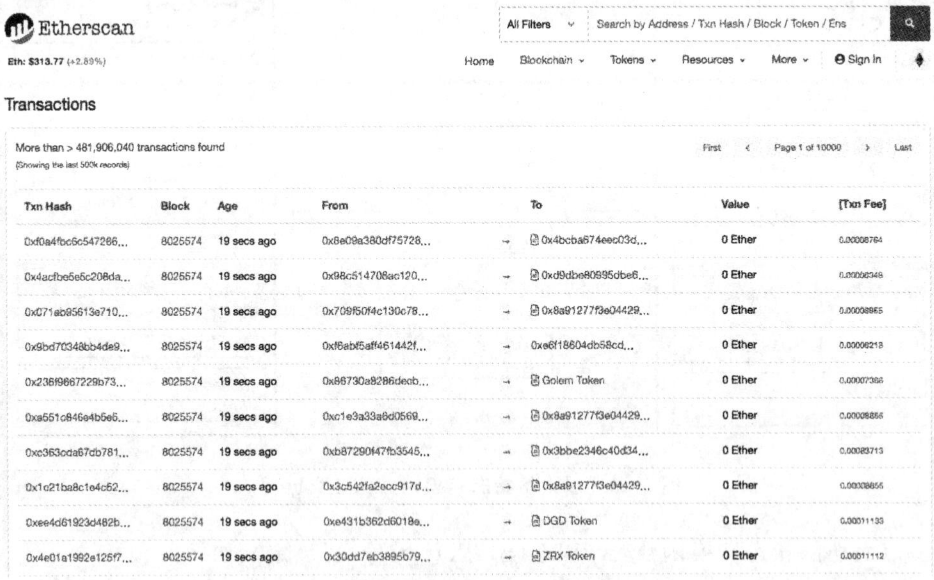

Txn Hash	Block	Age	From		To	Value	[Txn Fee]
0xf0a4fbc6c547266...	8025574	19 secs ago	0x8e09a380df75728...	→	0x4bcba674eec03d...	0 Ether	0.00006764
0x4acfbe5e5c208da...	8025574	19 secs ago	0x98c514706ac120...	→	0xd9dbe80995dbe6...	0 Ether	0.00006348
0x071ab95613e710...	8025574	19 secs ago	0x709f50f4c130c78...	→	0x8a91277f3e04429...	0 Ether	0.00008965
0x9bd70348bb4de9...	8025574	19 secs ago	0xf6abf5aff461442f...	→	0xe6f18604db58cd...	0 Ether	0.00006218
0x236f9667229b73...	8025574	19 secs ago	0x86730a8286decb...	→	Golem Token	0 Ether	0.00007366
0xa551c846e4b5e5...	8025574	19 secs ago	0xc1e3a33a6d0569...	→	0x8a91277f3e04429...	0 Ether	0.00008856
0xc363cda67db781...	8025574	19 secs ago	0xb87290f47fb3545...	→	0x3bbe2346c40d34...	0 Ether	0.00083713
0x1c21ba8c1e4c62...	8025574	19 secs ago	0x3c542fa2ecc917d...	→	0x8a91277f3e04429...	0 Ether	0.00008856
0xee4d61923d482b...	8025574	19 secs ago	0xe431b362d6018e...	→	DGD Token	0 Ether	0.00011133
0x4e01a1992e126f7...	8025574	19 secs ago	0x30dd7eb3895b79...	→	ZRX Token	0 Ether	0.00011112

图 2-4 在 Etherscan 区块链浏览器查看所有交易

2.8 区块

在以太坊中,区块(Block)是相关信息的集合。与区块头 H 相对应的交易信息为 T,其他区块头数据的集合 U 表示它的父级区块中有和当前区块的爷爷辈区块是相同的。区块头包含的信息如下:

parentHash,父块哈希:Hp,父区块头的 Keccak 256 位哈希;

ommersHash,叔链哈希:Ho,当前区块的叔链列表 Keccak 256 位哈希;

beneficiary,受益者地址:Hc,成功挖到这个区块的 160 位地址,这个区块中的所有交易费用都会转到这个地址;

stateRoot,状态字典树根节点哈希:状态字典树根节点的 Keccak 256 位哈希,交易打包到当前区块且区块定稿后可以生成这个值;

transactionsRoot,交易字典树根节点哈希:交易字典树根节点的 Keccak 256 位哈希,在交易字典树含有区块中的所有交易列表;

receiptsRoot,接收者字典树根节点哈希:接收者字典树根节点的 Keccak 256 位哈希,在接收者字典树含有区块中的所有交易信息中的接收者;

logsBloom,日志 Bloom:Hb,日记 Bloom 过滤器由可索引信息(日志地址和日志主题)组成,这个信息包含在每个日志入口,来自交易列表中的每个交易的接收者;

difficulty,难度:Hd,表示当前区块的难度水平,这个值根据前一个区块的难度水平和时间戳计算得到;

number,区块编号:Hi,等于当前区块的直系前辈区块数量,创始区块的区块编号为 0;

gasLimit,燃料限制:Hl,目前每个区块的燃料消耗上限;

gasUsed,燃料使用量:Hg,当前区块的所有交易使用燃料之和;

timestamp,时间戳:Hs,当前区块初始化时的 Unix 时间戳;

extraData,附加数据:Hx,32 字节以内的字节数组;

mixHash,混合哈希:Hm,一个与随机数(nonce)相关的 256 位哈希计算,用于证明针对当前区块已经完成了足够的计算;

nonce,随机数:Hn,一个 64 位哈希,和计算混合哈希相关,用于证明针对当前区块已经完成了足够的计算。

区块是以太坊的核心数据结构之一,Block 包含 Header 和 Body 两部分。区块的存储是由 leveldb 完成的,leveldb 的数据是以键值对存储的如图 2-5 所示。

以太坊的数据库体系 Merkle-Patricia Trie(MPT),是由一系列节点组成的二叉树,在树底包含了源数据的大量叶子节点,父节点是两个子节点的 Hash 值,一直到根节点。

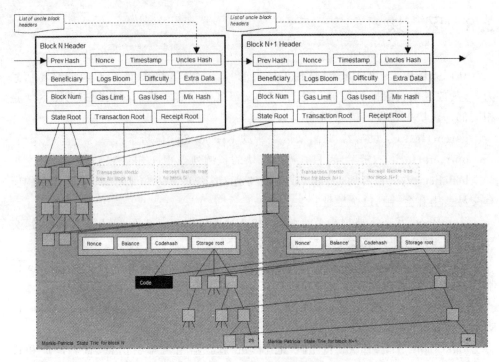

图 2-5 以太坊区块数据存储结构

Blockchain 和 HeaderChain，Blockchain 管理所有的 Block，让其组成一个单向链表。Headerchain 管理所有的 Header，也形成一个单向链表，Headerchain 是 Blockchain 的一部分。

Transaction 是 Body 的重要数据结构，一个交易就是被外部拥有账户生成的加密签名的一段指令序列化，然后提交给区块链。在这里保存区块信息时，key 一般与 hash 相关，value 所保存的数据结构是经过 RLP 编码的。

以太坊客户端节点服务器并没有提供对所有账户地址、区块数据和交易数据的检索查询功能，一般需要额外建立一个关系型数据库，及时将有效的账户地址信息、区块和交易等数据记录同步到关系型数据库中，然后就可以通过 SQL 进行查询。

查询所有区块

可以通过以太坊区块链浏览器，快速便捷地获得当前最新所有区块的相关信息。可以通过访问 Etherscan(https://etherscan.io)来获得以太坊区块链上最新的所有区块信息。

在 Etherscan 官网可以查询到最新所有的区块信息，当然也可以通过指定具体的区块哈希或者区块号来获得该区块的详细信息，如图 2-6 所示。

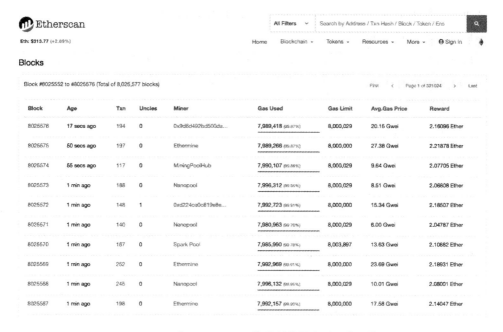

图 2-6 在 Etherscan 区块链浏览器查看所有区块

2.9 智能合约

以太坊除了具有以太币 Ether 数字货币功能，还被称为具有智能合约的新代区块链，也叫区块链 2.0 的代表，以太坊发行的代币就是标准合约 ERC20。

以太坊可以通过消耗以太币来创建一段运行在以太坊的虚拟机(EVM)小程序，这个虚拟机其实就是在以太坊客户端里挖矿节点执行的时候，根据程序指令来运行的一个容器。这个一小段程序就是大家说的智能合约。

以太坊虚拟机跟很多虚拟机有点相似，像 Java 虚拟机(JVM)可以让程序员一次编写的代码，在所有平台可以执行。以太坊虚拟机可以执行程序员用 Solidity 或其他智能合约开发语言生成的智能合约代码。

有人把智能合约称为区块链 2.0，它确实有别于以比特币为代表的数字货币。在以太坊中，智能合约由网络本身执行，具有诸多特性：网络共识不需要可信第三方、无人可以违反合约、无法伪造合约的执行、允许在区块链上达成永久的 P2P 共识。

智能合约有很多优点可以带来一些新的社会合作模式，但其实也存在很多问题，比如效率低(只能做高值低频工作)、法币支持困难、数模绑定难题、代码安全问题和隐私问题等。

而以太坊智能合约有四个目的：存储和维护数据、管理不可信用户之间的合约或关系、作为软件库为其他合约提供函、支持复杂权限管理。大家看其实很通用，并没有针对某些特定的应用做优化，并且以上特性可以组合使用。

1. 智能合约示例

俗话说得好，没有 hello world 程序，任何语言都是不完整的。在以太坊环境中操作，solidity 没有明显的"输出"字符串的方式。我们能做的、最接近的是使用日志事件将字符串放入区块链：

```solidity
pragma solidity ^0.5.1;

contract HelloWorld {

    event Print(string out);

    function() external {
        emit Print("Hello, World!");
    }

}
```

在 Remix 浏览器开发工具里直接执行的话可以获得 logs 输出：

```
[
    {
        "from": "0x692a70d2e424a56d2c6c27aa97d1a86395877b3a",
        "topic": "0x241ba3bafc919fb4308284ce03a8f4867a8ec2f0401445d3cf41a468e7db4ae0",
        "event": "Print",
        "args": {
            "0": "Hello, World!",
            "out": "Hello, World!",
            "length": 1
        }
    }
]
```

2. 查询所有智能合约

在账号章节就已知可以通过以太坊区块链浏览器，快速便捷地获得当前最新智能合约账户的相关信息。还可以在区块链浏览器查看已经验证智能合约的代码，也可以对智能合约进行读，甚至是写的操作。写操作由于需要发起交易，所以需要安装浏览器的钱包插件才能支持写的功能，例如需要安装 MetaMask，并且成功创建钱包账户。

可以通过访问 Etherscan (https://etherscan.io) 来获得以太坊区块链上一个已经被验证的智能合约信息，如图 2-7 所示。

图 2-7 在 Etherscan 区块链浏览器查看智能合约

该智能合约详细地址为：https://etherscan.io/address/0xD1CEeeeee83F8bCF3BEDad437202b6154E9F5405#code。

在 Etherscan 浏览器中，已验证的智能合约是指当用户在以太坊成功创建一个智能合约以后，在 Etherscan 提交源代码及相关的资料，官网经过严格审核验证，通过后就属于验证的智能合约。

由于智能合约能够在代码中执行支付转账，甚至是调用其他代币的功能，其所发生的交易记录也可以通过区块链浏览器 Internal Txns 的查询。

2.10 代 币

在以太坊中，代币其实就是一个智能合约，由于其应用广泛，并且与以太币或比特币同样具有支付功能，所以将其形成一个标准公开发行的智能合约代码，并且命名为 ERC20。

以太坊代币主要有以下功能：
① 初始化发行的数量、名称、简称和小数位信息；
② 转发代币给指定账户地址；
③ 查询指定账户地址拥有代币的数量；
④ 详细标准代币智能合约源代码请参考附录《ERC20 标准智能合约》。

查询全部代币

同样可以通过以太坊区块链浏览器来快速便捷地获得当前区块链中的代币，包括 ERC20 及 ERC721 代币。它是按照市值递减的方式来排序查询。

由于代币的转账属于智能合约调用，及智能合约内部账户状态的转移，从一般的交易方式是不方便查看其执行结果的。区块链浏览器提供对所有代币最新交易记录的查询。

可以通过访问 Etherscan(https://etherscan.io)来获得以太坊区块链上的市值最高的 1000 个代币清单。参考如图 2-8 在 Etherscan 区块链浏览器查看所有 ERC20 代币。

图 2-8　在 Etherscan 区块链浏览器查看所有 ERC20 代币

第 3 章

数字钱包

3.1 钱包简介

在传统生活中,钱包就是放钱的地方,保存现金的包、个人保险柜和个人银行保险柜等,都可以看成是钱包。

在数字货币的世界里,钱包虽然意义上也有类似的功能,但本质上数字钱包不是"放钱"的地方,而是管理密钥工具,它更像银行个人账户。简单来说,数字货币钱包是帮助我们保存、管理、支付、转账和收取数字货币的工具。数字货币钱包以保障资金安全,提供便捷性为主要目的。交易所的账号及其相应的安全验证和支付功能也可看作钱包。

为简单起见,后续章节涉及到数字钱包的部分,简称为钱包。

3.2 钱包分类

从数字货币钱包对设备依赖性的程度来看,数字钱包可分为:

- 脑钱包:脑钱包是通过散列密码生成一个私钥,相同的密码生成相同的私钥。只要记住了密码,就等于记住了私钥。
- 纸钱包:顾名思义就是把私钥公钥和账户地址记录到一张纸上面。需要注意的是,单是一张纸是无法产生有效私钥的,所以纸钱包需要搭配其他能够生成私钥的钱包配合使用。
- 网页端钱包:通常是以 Chrome 浏览器插件版方式发行,可以在浏览器中打开,并提供方便的接口让网页版的 DApp 来进行调用。
- 移动端钱包:通常是指运行在手机中的 App,具备数字钱包的功能。
- PC 端钱包:通常是指运行在 PC 电脑中的程序,包括 Windows、MacOS 台式机或者笔记本电脑。
- 硬件钱包:是指将私钥储存在一个芯片中,与互联网隔离,需要发起交易签名的时候即插即用。由于硬件钱包不接触网络,也叫硬件冷钱包。

以上提到部分钱包可以看成是功能不完全的钱包,例如脑钱包、纸钱包、硬件钱包,它们通常与网络隔离,所以真正使用的时候,需要搭配其他功能较全的钱包来配合操作,例如搭配网页端钱包、移动端钱包、PC端钱包等。

硬件冷钱包一般分硬件冷端及App联网端,冷端主要负责构造交易并对交易进行数字签名,App联网端负责广播发送交易,并提供查询地址余额信息。其核心原理是冷热端分离,利用二维码通信完成签名,避免私钥接触网络,最大程度地保证资产安全。

从使用时是否需在线联网来看,数字钱包可分为:

- 热钱包:是指需联网在线使用的钱包。该钱包便捷性高,用户可以随时发起支付转账交易,实时查询账户余额。
- 冷钱包:是指与网络隔绝的钱包。冷钱包由于不直接连接网络,需要通过搭配其他连接互联网的区块链钱包应用软件使用,一般在线钱包提前执行相关的操作,需要使用私钥签名验证支付时,才用到冷钱包。

由于冷钱包不直接与网络相连接,因而它具有较高的安全性,能够避免网络攻击带来的私钥泄露风险。

冷钱包的私钥保存和交易流程相对复杂,操作不够便捷,并且硬件冷钱包价格较为昂贵,便宜点的硬件钱包也需要数百到上千元购买。

冷钱包一般适合用于存储大金额数字资产并且不需要频繁交易的账户。尤其是中心化交易所和大额数字货币持有者的首选存储方式。冷钱包包括硬件钱包和纸钱包等。

从交易是否实时上区块链节点来看,可分为:

- On-Chain钱包,实时上链。
- Off-Chain钱包,依赖于第三方服务器。

从技术签名方式来看可分为:

- 单签名钱包:用户只需提供单个私钥签名即可完成交易。
- 多重签名钱包:需要多个密钥来授权一笔交易,这些参与方可以是人、机构或程序脚本。

从支持数字货币种类的角度来看,数字货币钱包包括:

- 单资产钱包:只支持一个币种,例如比特币。
- 单链钱包:只支持一个区块链,该区块链支持智能合约的其他代币。
- 多链钱包:支持多个区块链,例如同时支持以太坊和EOS的钱包。

另外从私钥管理方法,钱包所保存的密钥之间是否存在关联来看,可分为:

- 非确定性钱包:生成的私钥过程是独立互不相干的,每个账户地址私钥需要单独备份,过程繁琐,但是安全性高;
- 确定性钱包:又称为种子钱包,钱包里的所有私钥都来源于一个"种子"通过使用特定的算法生成的。创建确定性钱包时,通常会出现一大串被称之为助记词的英文单词,助记词是便于记忆的私钥形式,它可以生成种子从而生成私钥。
- 分层确定性钱包：HD(Hierarchical Deterministic Wallet)钱包是确定性钱包的加强版，从主私钥生成的私钥，就可以称为一把主私钥，并生成确定性钱包，且可以无限衍生。

从去中心化程度来看，数字钱包可分为：
- 中心化钱包：中心化钱包是指系统内交易不记录到区块链，而是记录在中心化服务器中，因此交易效率很高，基本可以实现实时到账。只有当用户需要把数字货币转到中心化之外的钱包时，才会将用户的数字资产通过区块链方式交易。例如中心化交易所就是中心化钱包，它集中储存了大量用户的数字资产，为用户提供了便捷的资产管理方式。
- 全节点钱包：可看作是最具区块链原生态的钱包形态。通常每一种区块链数字货币都提供对应的全节点钱包的客户端程序，例如比特币 BitcoinCore 钱包、以太坊 Mist 钱包都属于全节点钱包。全节点钱包包含了私钥和全部区块链账本等属性以及验证支付、查询信息及验证交易等功能。
- 轻钱包：SPV 是"Simplified Payment Verification(简单支付验证)"的缩写。程序不运行完全节点也可验证支付。用户虽然不能自己验证交易，但如果能够从区块链的某处验证交易，就可以知道区块链网络已经认可了这笔交易，并且得到了多少个高度确认。目前大部分手机端数字钱包主要为轻钱包；网页端钱包大部分也为轻钱包；部分 PC 端钱包也是以轻钱包方式运行的。

从以上分类的定义可以看出，全节点钱包和轻钱包是属于去中心化的钱包。交易所属于中心化钱包。

3.3 轻钱包的兴起

由于全节点钱包是区块链系统中最重要的一个功能，所以说可以将其看作是最具区块链原生态的钱包。

但是全节点钱包需要同步全部区块链账本数据，因此需要占用大量存储空间，高达上百 GB 的存储量。此外每次使用全节点钱包交易前都需要同步更新本地区块链数据账本到最新版本。它的优点是可以在本地验证交易，一旦更快地验证交易信息，钱包就具备更好的隐私性。

可以说全节点钱包对用户是极不方便的。因此，全节点的用户总量并不多。相对全节点来说，交易所、轻钱包和硬件钱包都试图为数字货币存储提供更高的便捷性，并逐渐发展成为当下主流的数字钱包。

通常中心化交易所内部发起的交易只需传送到中心服务器进行处理，并记录在私有的数据库账本上，属于链下交易；而中心化钱包与外部地址的交易将被记录在相应区块链公链账本上，属于链上交易。在私有账本内转账速度很快，并且中心化的维护方式不存在私钥丢失问题,就算密码丢失了也可以方便地找回。但是中心化方式存储巨大的金额会带来被黑客攻击的高风险,或者存在技术故障的高风险,以及平台关闭带来的客户资产丢失的风险。

由于中心化交易所拥有较低的使用门槛,是很多初级投资者存储数字资产钱包的首选,然而平台集中存储大额数字资产面临着极大的安全隐患。

尽管大部分交易所采用冷储存和分散式存储等方式降低资产被黑客攻击的风险,但还是存在被黑客攻击、技术故障和平台倒闭等高风险发生的可能,交易所的资金安全至今仍难以得到保障。

随着各国政府不断地对中心化交易所加强监管,甚至有些国家禁止法币通过中心化交易所直接交易,致使之前大量使用交易所钱包的用户开始转向轻钱包,通过轻钱包线下以 C2C 的方式进行交易。

轻钱包的出现解决了全节点钱包的使用不方便问题,以及中心化钱包的高风险问题,并且正在逐步成为大量用户的选择。轻钱包只同步与自己相关的账本,维护跟自己相关的交易数据,需依靠网络上其他节点来验证确认交易。好处是用户体验友好,操作简单,不占太多的存储空间。但是由于它属于热钱包的一种,与网络相连接,存在可能被黑客攻击的风险,转账速度相对中心化钱包来说较慢。

轻钱包通常在服务器上不会存储用户的私钥、助记词等核心重要的信息,其本地存储私钥的方式也是层层把关,通过加密技术来保证私钥本地的安全,就算用户的手机或者电脑被黑客入侵,也很难获得钱包里面的私钥。

另外轻钱包还可以通过在钱包中增加使用手册或者教学的方式提高用户使用过程中的安全习惯,甚至加入风险评测只有符合一定水平认知的才能使用轻钱包。部分轻钱包还会通过建立恶意钱包地址库、恶意网址库和风险合约库等,给用户风险提示,最大程度地保障账户私钥的安全。

轻钱包产品相对是比较安全好用的数字钱包。市面上常见的轻钱包包括可以运行在手机端的轻钱包、网页端钱包和部分 PC 端钱包。

由于手机端的轻钱包体验和交互比电脑和网页应用表现优异,加之当前全球手机庞大的 App 用户量,并且随着区块链的 DApp 的发展,手机端轻钱包逐渐又称为数字应用的入口,并且越来越受用户青睐。

3.4 钱包基本原理

我们知道密码学是构成区块链系统的最重要的技术之一,非对称密钥加密机制能够提供验证交易的完整性和真实性,同时允许交易保持公开,从而在彼此不了解或彼此不信任的用户之间构成信任体系,高效低成本地达成交易。

在非对称加密机制中,私钥和公钥成对出现,通过私钥可以算出公钥,通过公钥可以派生或者算出账户地址,不同的区块链计算方法不一样,因此私钥可以作为拥有相应区块链账户地址的凭证。

如果把区块链看作是一个大账本,那么区块链中的某个账户地址(例如比特币地址、以太币地址或者 EOS 的账户)就是大账本中的某个账号,而对应的私钥则是开启或使用这个账号的密码。

非对称密钥加密机制在区块链中使用则主要体现在以下方面:
- 私钥用于对支付/转账等交易进行数字签名;
- 公钥用于派生账户地址,区块链分布式账本中使用账户地址来记账;
- 公钥用于验证使用私钥生成的签名,从而证明相应账户地址的交易是有效和真实的。

因此掌握了私钥,就是对一个区块链账户地址拥有的资产有发起交易权限。每次交易的时候,发起方必须提供私钥,从而通过私钥产生签名,每次交易签名不同,但是由于是同一个私钥产生的,该签名是可以被账户地址相对应的公钥进行快速验证的。

一旦私钥被别人掌握,私钥对应在区块链账本中账户地址的资产就随时会被别人转走而无法追回。正因为私钥在区块链系统中是如此的重要,所以数字钱包应运而生。

数字钱包从技术的角度来看,是指用来存储和管理用户账号地址及私钥的应用程序,钱包的主要功能还包括跟账户地址有关的信息查询,如主币余额、代币余额、单价及资产价值;以及需要使用账户私钥签名才能执行的功能,比如支付签名、代币转账签名等;另外通过展示账户地址给客户或者发起支付者达到接收数字货币也称之为收款的功能,展示方式包括二维码或直接复制地址的字符串。

3.5　钱包技术发展

随着钱包技术的发展,在数字钱包中产生了很多新的技术应用,让数字货币的存储越来越安全;使用越来越灵活方便;也让钱包交互变的更友好。

1. 私钥、KeyStore 和助记词管理

密钥的存储最开始是直接保存私钥,虽然方法简单直接、容易理解,但由于其在记录、转移、传递的过程中都是明文方式,等于是将自己的电脑管理员密码直接写在纸上然后贴在显示屏左下角,非常不安全。另外由于私钥是一个数字,往往以十六进制来显示,这种方式对普通用户来说就显得很不友好,如果有真实需要抄写存储或传送的过程,也非常容易出错,从而造成不必要的困扰。

私钥的明文形式一般是在需要对发起的交易进行签名时,才用到;或者是在测试的时候,为了定位功能问题所在,直接用私钥调试功能。

一般在存储的时候,为了更好地保护私钥,以太坊钱包采用 Keystore 文件,一种(JSON)格式文件存储私钥,Keystore 的格式遵循 KDF(Key Derivation Function)密

钥导出函数,也称为增强式密码算法,可用于防止对加密文件的密码进行暴力、字典或攻击。其中私钥在 JSON 文件中并不是简单地被直接加密的,而是先将密码通过连续的哈希运算进行扩展,然后再进行加密运算。它使用用户自定义密码来对私钥进行增强式加密,从而在私钥存储甚至传送过程中得到一定程度的保护作用,保护的强度取决于用户用于加密该钱包的密码强度,一般需要设置 8 位字符以上,含大小写及数字。

Keystore 的方法能安全有效地备份和恢复私钥,通常用在数字钱包底层核心存储私钥功能的部分,包括手机端轻钱包、PC 端钱包、网页端钱包、硬件冷钱包、中心化交易所后端用户钱包及总钱包,它们的私钥存储形式都可以是 keystore 的 JSON 文件。

有时候确实需要直接把私钥通过一种明文的方式来存储或者传送,如果使用私钥十六进制字符本身,则会显得干涩而且难以记忆,甚至在抄写的时候有很高的出错概率。

助记词是当前受到大众喜欢的一种记忆或抄写私钥的方法,它使用一组有序的单词,只要可以将这些单词组成正确的顺序,就可以创建或者恢复唯一的私钥,助记词这个方法由 BIP-39 标准化(http://bit.ly/2OEMjUz),现在大部分流行的以太坊钱包,都支持通过助记词进行种子密钥的导入导出及备份和恢复的功能。

2. 单密钥到多密钥管理

从最开始只有单一私钥和对应的账户地址的钱包,虽然使用方便容易记忆,不会被多个账户地址搞混淆,但是在隐私上却成了大问题,因为别人很容易根据你的钱包地址来跟踪你的所有交易。如果每一笔交易都是用一个全新的私钥,对于保护隐私来说当然是最好的方式,但却会导致产生大量私钥、容易混淆而且难管理的问题。

当一个钱包应用程序支持多个私钥及其账户地址,并且里面每一个私钥都是通过不相干的随机数生成的,私钥之间没有任何联系,则称这类钱包为 JBOK(Just a Bunch Of Keys)非确定性钱包。

而确定性钱包,则是为了让钱包中多个私钥及其账户地址方便备份、管理和使用。确定性钱包中,所有密钥都是从一个称为"种子密钥"的主密钥衍生出来的。这类钱包中所有的密钥之间都存在关系,如果掌握了"种子密钥",则可以重新恢复所有的密钥,确定性钱包最常用的密钥衍生方法是使用一个类似树形的结构,称之为 HD(Hierarchical Deterministic)层级式确定性钱包。层级式确定性钱包是由比特币的 BIP-32 标准(http://bit.ly/2B2vQWs)定义的钱包。HD 钱包可以保存用树状结构推导的多个密钥,"种子密钥"可以推导出一系列的密钥,每一个子密钥又可以推导出一系列的孙密钥,如此推导至无穷层级的子密钥,如图 3-1 所示。

相对于非确定性钱包,HD 钱包好处很多。首先,树形结构可以很方便地用来表示分类,比如可以设定某一组密钥专门用于收款,另外一组用于付款,或者根据公司不同的业务部门对应不同的密钥分组。

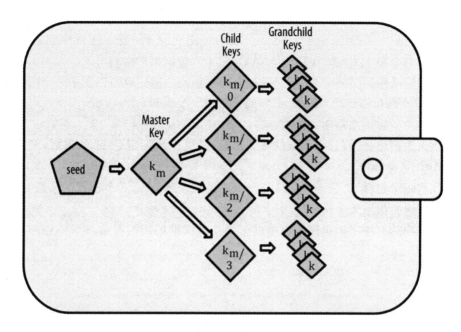

图 3-1　HD 钱包从一个种子密钥推导出一颗密钥树

另外,备份的时候只需要重点把种子密钥备份好,相应的子密钥则只需对其公开的账户地址进行分类管理即可。

3. 数字货币钱包技术标准

随着数字货币钱包技术的快速发展,很多相应的标准也在逐步完善并推动着钱包程序功能的提升,包括提供更好的交互,方便实用而且更安全。

数字钱包程序甚至支持从一个种子密钥就可以派生出可供多种数字货币使用的密钥及其账户地址。

① 基于 BIP-39 的助记词标准;
② 基于 BIP-32 的层级式确定性钱包标准;
③ 基于 BIP-43 的多用途层级式确定性钱包结构;
④ 基于 BIP-44 的多币种和多账户钱包。

目前这些标准是大多数数字钱包实现的主要参考标准。并且大部分的标准已经被大量的钱包应用所采用从而得到验证,这些钱包之间可以相互操作、导入导出。用户可以从其中一个钱包生成的助记词导出,然后将该项助记词导入到另外一个钱包当中,不同的钱包将会生成一样的密钥和地址。

4. 助记词和种子密钥

根据 BIP39 标准定义的钱包助记词和种子生成规则,通过九个步骤即可生成钱包助记词和种子,可分为两大部分:

- 步骤①~⑥生成助记词;

- 步骤⑦～⑨把前六步生成的助记词转化为 BIP32 种子。

① 生成一个长度为 128～256 位（bits）的随机序列（熵）；随机序列的长度为【128,160,192,224,256】（熵是 32 的倍数,是十六进制数的序列）；

② 取熵哈希后的前 n 位作为校验和（n＝熵长度/32），就可以创造一个随机序列的校验和；校验和的长度为【4,5,6,7,8】（熵/32＝校验和）；

③ 将校验和添加在随机序列（熵）的末尾；

④ 将序列化分为包含 11 位的不同部分；随机序列一定是 11 的倍数,平均划分为不同的 11 位倍数。

⑤ 将每个包含 11 位不同的值与一个已经预先定义 2048 个单词的字典对应；与 2048 个单词的预定义字典对应。

⑥ 生成的有顺序的单词组就是助记词。生成助记词的数量：(熵＋校验和)/11＝助记词的数量。

参考如图 3-2 生成助记词的流程。

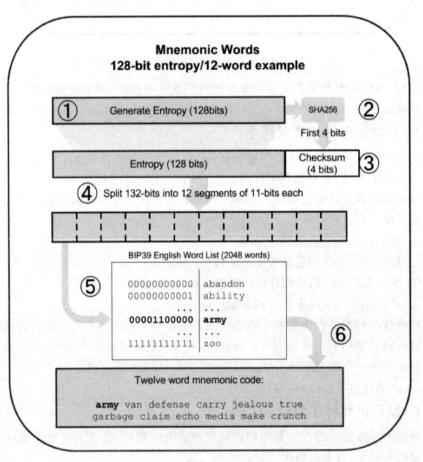

图 3-2　生成助记词流程图

在图3-2的例子中,我们选取了长度为128位的熵,生成了有12个单词的助记码。在实际的应用中,熵的长度越长,校验码的长度和助记词的长度也会相应的增长。下表列举了熵数据的大小和助记词长度之间的关系。

Entropy(bits)	Checksum(bits)	Entropy+checksum(bits)	Mnemonic length(words)
128	4	132	12
160	5	165	15
192	6	198	18
224	7	231	21
256	8	264	24

⑦ PBKDF 密钥延伸函数的第一个参数是从步骤⑥生成的助记词;

⑧ PBKDF2 密钥延伸函数的第二个参数是盐,由字符串常数"助记词"与可选的用户提供密码字符串连接组成。

⑨ PBKDF2 使用 HMAC-SHA512 算法,使用 2048 次哈希来延伸助记符和盐参数,产生一个 512 位的值作为其最终输出。这个 512 位的值就是种子。

参考如图3-3助记词转化为种子的流程。

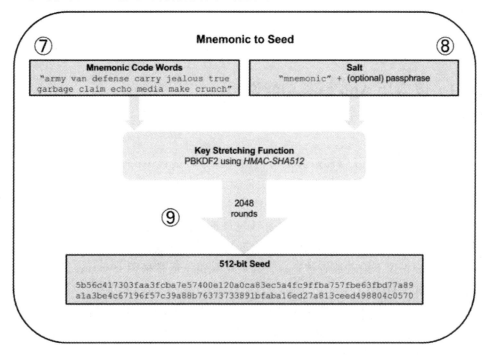

图3-3 助记词转化为种子流程

到目前为止,这种结合助记词生成标准以及种子密钥生成标准,可看作是钱包密钥存储、管理及使用的最佳方案。

简单的说，助记词中的单词及其顺序可以用来创建生成钱包的种子密钥，从而衍生、创建或者说恢复整个钱包中从该种子密钥派生出来的所有密钥。由于助记词以一般用户所熟悉的方式：12个或者24个"单词"甚至更多来进行表达，容易记忆抄写，也容易读取，不易出错。

结合种子密钥的衍生机制，用户只需要记住一个种子密钥对应的助记词，就等于其钱包里所有衍生的密钥被记住了，这种方式大大降低了用户记忆或者备份密钥的工作量，从而避免用户个人原因丢失密钥而导致数字资产丢失。

3.6　以太坊钱包 App

数字钱包种类繁多、琳琅满目，如何根据自己的功能需求选择一个合适的钱包来使用让很多人无从下手。如果我们需要为大众设计和开发一个通常用途的钱包，那就更是一件充满困难的工作。

随着中心化交易所风险被大家认知，以及各国地区及政府对中心化交易所模式存在的政策限制，轻钱包尤其是手机端轻钱包越来越受欢迎。它是在便利性与安全性之间进行权衡的，并能够为大众普及的一个钱包类型。

另外随着 DApp 的发展，由于钱包功能是 DApp 运行的基本必备支撑功能，例如发起交易验证，查询当前钱包账户地址的业务情况等，所以手机端轻钱包也有发展成为流量入口的大趋势。

3.6.1　以太坊 App 基本功能说明

接下来重点说明以太坊手机端轻钱包（简称以太坊 App 钱包），在功能设计和开发上面的内容。

以太坊钱包 App，从目前市面上流行的大部分轻钱包 App 来看，兼顾用户使用的功能需求的角度，一般具备以下几个关键核心功能组件：

① 账户：私钥及账户地址的存储与导入导出，KeyStore 和助记词等导入导出，支付签名验证使用。私钥存储管理组件是钱包最重要的核心技术组件，它的设计原则是必须最大可能地保证本地存储方式不会轻易地被黑客截获或破解。读取使用的过程中也不会轻易留下痕迹或者被追踪。在底层私钥一般是采用 keystore 文件 JSON 增强加密方式进行保存。

② 余额：当前账户地址的以太币 balance、代币 balance。由于 App 钱包属于轻钱包，本地不同步以太坊区块链节点账本的数据，所以一般通过以太坊全节点服务器来查询当前账户的余额。

③ 支付：发起主币以太币（ETH）转账给其他账户的地址，需要使用当前账户的私钥来对发起的交易记录进行签名。

④ 代币：把当前拥有的代币转发给其他账户的地址，需要使用当前账户的私钥

来对发起的交易记录进行签名,需要消耗主币作为油耗。

⑤ 交易:查询关于当前账户转入或转出主币的记录,查询关于当前账户转入或转出代币的记录。由于以太坊区块链的全节点账本信息不提供全部交易记录的排序查询,所以需要建立专门的关系型数据库服务器,并建立服务器守护进程及时从以太坊节点把区块、交易及地址数据同步到关系型数据库,然后中心服务器提供查询 RESTFul API,从而实现某个账户地址交易记录的高效快速的查询。

⑥ DApp:可以执行 DApp 应用,一般使用 H5 实现应用的 UI,通过钱包 WebView 的方式来加载,当钱包 App 截获到 H5 应用发起的支持请求时,就会提示用户使用当前账号地址的私钥来签名相应的交易。

⑦ 价格:查询主币或者代币的实时价格,并结合当前账户地址的余额来计算当前账户地址的总价值,显示给用户查看。一般来说价格是通过第三方价格提供商或者交易所,Ticker 获得价格。

3.6.2 以太坊钱包 App 扩展功能介绍

除上面列出的功能以外,还有很多提高便利性的功能:

① 账户管理:由于账户地址是一串数字字符串,难以分辨和记忆,所以对账户地址的分类及贴标签,例如编辑增加昵称备注等信息,能够帮助用户很好地管理钱包地址,避免人为的错误操作而产生重大的损失。

② 安全密码:由于手机存在遗失的风险,为了提高安全系数,App 可以额外提供一个安全使用密码,每当钱包需要使用私钥来发起验证交易转账,或者需要导出钱包里面的私钥、KeyStore 和助记词时,强制要求输入安全密码,安全密码一般是由用户第一次使用 App 钱包的时候设置的。

③ 安全知识测评:提供一些常见的关于数字钱包的基本安全知识问题,让用户进行测试,在用户正式使用 App 钱包之前,确保其理解并掌握数字钱包的基本安全知识。因为 App 钱包的功能设计跟其他 App 一样,都比较注重好的交互体验,所以用户比较容易上手使用。但是由于钱包相关的私钥、KeyStore、助记词和地址等技术概念原理比较复杂,大部分用户往往无法深入理解钱包功能的具体原理;例如私钥如果没有备份,那么一旦手机丢失或者手机重新安装后,将无法找回私钥,对应的地址上面的数字货币 ETH 以太币就永远都无法使用,就等于丢失了。

④ 支付检查:例如以太坊发起调用智能合约交易的时候,如果交易失败,也是会消耗一定的 ETH 以太币,所以在支付转账时,提供余额及 ETH 油费是否足够的检查,往往能够帮助用户避免不必要的损失。

⑤ 市场行情:数字货币的价格跟传统交易所的机制不大一样,数字货币的价格往往波动很大,并且交易所之间并没有直接的关系,另外还有很多线下交易的价格是双方谈好的。所以如果钱包能够把全球主要的数字货币交易所的价格显示出一个行情,并实时同步更新,对用户大概了解自己数字货币资产的价值也有一定的评估参考。

⑥ 货币资讯：如果能够在 App 钱包里面开一个栏目，搜罗市面上跟数字货币相关的资讯，并及时显示最新讯息给用户参考，也是一个不错的功能。

更多精彩的 App 钱包功能，这里不再一一列举，当然随着市场的变化、技术的发展和用户提出的需求等，钱包的功能将会层出不穷。

现有以太坊钱包 App 介绍

参考以太坊区块链浏览器相关资源页面上关于以太坊钱包的介绍，现列出市面上开源部分的 App 轻钱包包括：

imToken、AlphaWallet、TrustWallet 和 MyEtherWallet 等。

1. imToken(2.0.4.207)

由于钱包用户存在一定的地域倾向性，用户更多地会选择本土的钱包服务，根据 Cambridge 数据显示，70% 的 imToken 用户是中国人。

该钱包基本的核心功能都有，附加功能丰富，最新版本可实现一个助记词派生多币种种子密钥，例如相同的一个助记词可以分别产生比特币的地址和以太币的地址。有市场行情，支持 DApp 浏览使用。整合交易所部分功能，提供数字货币买卖。

2018 年 10 月 24 日，imToken 正式将 imToken 2.0 的核心代码公布到 Github，实现部分代码开源，如图 3-4 所示。

图 3-4 imToken 钱包 App 界面

2. MyEtherWallet / MEWconnect(1.0.12 19050102)

这个钱包号称是最安全的钱包,跟保险柜一样,不用硬件,但比硬件还安全。它使用 24 个助记词来保护私钥。

该钱包随时准备输入安全密码,一旦离开界面一会儿,可能就要求用户重新输入安全密码;没有市场行情,没有 DApp 发现,没有 DApp 运行环境支持功能;提供快速简单的交易功能,输入美金自动算出可以购买多少以太币,如图 3-5 所示。

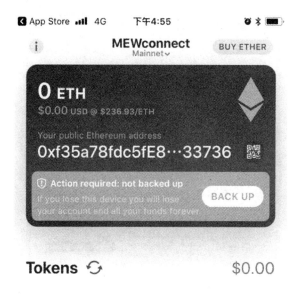

图 3-5 NEWconnnect 钱包 App 界面

3. AlphaWallet(1.60 268)

没有废话的以太坊钱包。只需轻点几下,即可使用用户最喜欢的以太坊应用程序,这是一个号称专注于 DApp 的以太坊钱包。

基本的核心功能都有,重点在 DApp 方面下了很大的功夫,发现的 DApp 页面中,有丰富的 DApp 分类,喜欢的 DApp 只要单击添加就可以放到"我的 DApp"栏目中,有点像收藏。还会帮用户记录浏览 DApp 的历史记录轨迹,如图 3-6 所示。

图 3-6 AlphaWallet 钱包 App 界面

4. Trust Wallet(1.72.0 260)

在开源界比较出名的一款以太坊钱包,开源代码大胆采用各类先进组件进行开发,支持以太坊、以太经典、POANetwork、Callisto 和 GoChain 主网,也支持各种以太坊测试网络,如 Kovan、Ropsten、Rinkeby 和 Sokol。

另外就像它的名字 Trust 一样,号称是最值得信赖、业界最安全的 App 钱包,也许是因为其本地存储私钥的方式比较复杂,组件调用比较复杂。Trust 对 DApp 支持也是很全面的,会自动推送新出的 DApp 清单,可以以浏览器的方式,输入 DApp 的地址直接进入 DApp。

Trust 开源项目里有很全面、独立的钱包组件开源库,例如支持注入 Web3 的 webview 项目,每个开源组件的标准化都比较好,代码风格清晰优良。Trust 更像是一个面向开发者社群、供大家研发的 App 钱包项目。

不过很可惜的是，安卓开源版本在2018年2月8日的时候，以无法掌控Android开源代码为由，停止了开源Android Trust Wallet项目。2018年8月1日，数字货币交易所币安——Binance宣布收购移动钱包Trust Wallet。其界面如图3-7所示。

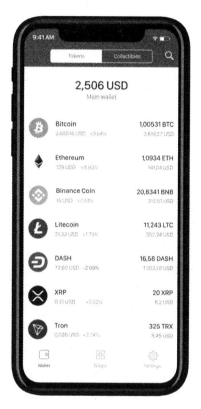

图3-7　TrustWallet钱包App界面

更多以太坊App钱包可直接到以太坊区块链浏览器资源介绍钱包相关链接进行了解，网络地址：https://etherscan.io/directory/Wallet，如有变更，请自行确认。当然也可以到以太坊官网网站：https://www.ethereum.org/use/#_3-what-is-a-wallet-and-which-one-should-i-use，查看钱包相关的更多信息。

第 4 章

DApp

4.1 DApp 简介

广义来看,传统的 App 是指客户端软件应用系统,是 Application 的简称,包括桌面电脑应用程序及手机端应用程序;由于手机的流行,手机客户端应用为更多人所熟知,因此一般大家提到 App 大部分是指手机端的应用软件。

DApp 就是 D+App,D 是英文单词 Decentralization 的首字母,直接翻译的中文意思:去中心化,即 DApp 为去中心化应用。

从字面上说 DApp 是去中心化应用,普通的 App 连接的服务器及存储系统是传统的中心化系统,当 App 将部分关键的业务数据或者全部业务数据都保存到区块链的分布式账本中,将业务规则的数据及执行动作写成智能合约,也就是区块链中的一段程序,这段代码一旦写好并部署完成,那么它的源代码就应该公之于众,由于已经部署的智能合约是无法更改的,当约定的条件发生如违约或合同到期,智能合约会自动触发。像这种将传统后端服务器核心业务逻辑运行在智能合约的应用称为去中心化应用,简单地说,App=前端+后端,DApp=前端+智能合约。

理论上来说,真正的 DApp 是整个系统的代码都需要放在区块链上,也就是说前端的代码也需要放到区块链上。由于区块链上存储数据是非常昂贵的,如果把一个 H5 制作的 App 前端全部存储到区块链中,可以说是一件很奢侈的事情,因为他可能会耗费掉相当多的数字货币作为油耗。最麻烦的是,前端代码版本不断更新,UI 界面色调布局、功能交互体验等会持续迭代更新,每一次更新都要付出极为昂贵的代价,这是很多个人或组织难以承受的。

当然现在已经发展出了一些相关的技术,虽然距离成熟应用可能还有一段很长的路要走,但是它们有望将 DApp 前后端整套系统以较低的成本都放到区块链上。例如 IPFS 技术,它号称将代替 HTTP 中心化的模式,并可以创建完全分布式的 Web 体验;IPFS 全名叫星际文件系统(InterPlanetary File System,缩写 IPFS),旨在创建持久且分布式存储和共享文件的网络传输协议。它是一种内容可寻址的超媒体分发协议,在 IPFS 网络中的节点将构成一个分布式的文件系统。

而在当前阶段,DApp 比较流行的实现方式是将前端放在中心化服务器,通过传统的 HTTP 进行下载使用，或者直接把前端 App 代码上传到 App Store 来进行分发。关键的去中心化数据结构及业务逻辑则以智能合约的方式部署到区块链中，大部分辅助的数据以结合传统中心化服务器及数据库存储的方式来实现，这个也许可以作为一个过渡时期的最佳 DApp 实现方案。所以也可以说，DApp 是以"智能合约"为核心业务的应用程序。

值得注意的是，以太坊数字货币钱包其实就是一款 DApp，数字货币就是保存在区块链分布式账本中，ERC20 代币就是一个智能合约，而我们把以太币或代币的发起支付转账也在区块链上直接执行，相关的行为其实就是一个去中心化的系统行为。

4.2 DApp 轻钱包

首先，以太坊轻钱包应用本身就是一个 DApp，它提供对账户地址及其私钥的存储保密、读取使用，尤其是控制私钥的使用，签名发起支付、转正等交易。以太坊数字钱包还支持 ERC20 标准代币的转账交易，而 ERC20 本身就是一个智能合约。

轻钱包功能核心的重点功能是关于账户地址及其私钥的保密；多个账户地址及其私钥管理、账户地址相关主币、所有涉及代币余额的查询、账户地址相关交易记录的查询。轻钱包提供改善和提高便利性及安全性的辅助功能，例如针对钱包使用安全知识进行加强培训，关键的支付环节给用户必要的提示，甚至建立钱包地址黑名单将不良信用的地址记录起来，避免对用户造成损失等。

相对于轻钱包来说，DApp 专注于提供应用核心业务逻辑的功能实现，例如游戏 DApp 关注将核心的游戏规则如道具、装备和游戏币等接入区块链智能合约链上，当然大部分游戏的逻辑可能还是放在中心化的云服务器中。大家会发现，所有的 DApp 应用都需要用账户及私钥读取及使用的功能。例如游戏需要通过当前账户地址来关联游戏的账户；需要使用私钥签名发起支付转账交易等。

关于 DApp 与轻钱包的关系，至此可以大概得出一个结论：轻钱包中可以包含 DApp，但 DApp 不可以缺少钱包。

从功能的结构来看，轻钱包核心基本功能及其辅助功能的使用场景比较固定，主要是钱包地址、私钥导入导出、钱包余额查询、支付转账、收款等常用的功能。而 DApp 本身在高速发展的阶段，分类繁多，与传统应用结合智能合约的尝试井喷式发展，实现功能接入百花齐放，交互体验可以说是五花八门。由于 DApp 应用的现状决定了其使用周期较短，往往火爆一段时间后，用户量就可能急剧下降，热点不断转移。

所以有一种趋势是，一方面将数字轻钱包当作用户流量导流的门户入口，另一方面可以将数字钱包作为 DApp 运行的容器，通常是在 WebView 注入 Web3 的方式来运行 H5 的 DApp，来满足 DApp 应用在钱包作为容器运行的过程中，对钱包账户地址读取及私钥使用的功能交互。

这样做的好处是，利用钱包稳定的用户流量来捕获不断切换的 DApp 热点，从而形成一个良好的用户使用 DApp 习惯并能实现可延续的演化。

4.3　DApp 发展现况

　　毫无疑问,出现最早的 DApp 应该就是以太坊数字货币钱包了。2017 年出了很多新的区块链平台。很多 DApp 就是在这个时候陆续开始出现的,因此也将 2018 年称为 DApp 之年。

　　2017 年年底,一款区块链游戏火遍整个链圈,它最高占到以太坊区块链交易量的 16%,它就是 Cryptokitties 迷恋猫,也称为以太猫。以太猫因为有着很好的游戏设定和形象设计,影响力空前盛大。随后随着币市的暴跌,用户对 DApp 的热度慢慢降温。

　　2018 年的 7 月,Fomo3D 又开始掀起了用户对 DApp 的狂热,Fomo3D 直接导致 ETH 的交易量在这个大熊市里逆势暴增,但也使得以太坊拥堵问题变得更加严峻,在项目开始的一个月内,累计交易量达到近 10 万枚 ETH,又在之后的一个月里暴跌 90%。自此之后,DApp 得到了更多人的高度关注。2018 年 8 月 19 日,EOSBet 上线,日成交量一度达到 238 万枚 EOS。这款 DApp 也为整个市场引入大量用户关注,且给 DApp 的发展带来了重要的参考指向。

　　目前主流的 DApp 都是运行在以太坊 ETH 和 EOS 区块链平台上的。从 DApp 的分类来看,市面上比较流行的 DApp 主要是游戏类和金融类。游戏类又以赌博游戏/博彩类占大部分,也称为博彩类 DApp。金融类 DApp 应用比较多的是去中心化交易所,当然也有各种各样其他类型的 DApp,但是用户量相对不大。从 DApp 的盈利模式来看,到现在为止,其最主要的模式还是通过收取手续费为主,用户流量大的 DApp 也有通过卖广告来盈利的。

　　以下列出 2018 相对具有代表性的 DApp 的项目供参考(有些 DApp 可能已经到了尾声,更有甚者可能网站已经关闭了):

　　(1) IDEX(https://idex.market)

　　去中心化交易所 DEXs 的代表项目,IDEX 提供相互无需信任限制、实时、高吞吐量、与基于区块链的结算相结合的交易,通过集中管理交易匹配和以太坊交易调度,实现用户无需等待即可连续交易,一次可提交多个订单,并可以立刻取消订单,而无需 Gas 费。

　　IDEX 的特点是其智能合约的设计,有一个交易引擎和一个交易处理仲裁器,可以控制交易的处理顺序,并通过"仲裁"将交易行为与最终结算分开。当用户进行交易的时候,它们的交易余额实时更新,其私钥用于授权合同交易,所有交易必须由用户的私钥授权。

　　(2) 0x (https://0x.org)

　　去中心化交易所协议的代表,0x 是一种开放协议,是开源的去中心交易协议,支持以太坊区块链上的资产进行点对点交换。允许符合 ERC20 的币种在上面交易,目标是成为以太坊生态上各种 DApp 的共享基础设施,为区块链生态提供技术标准规范。

在 0x 协议中,交易通过链下传输实现,相较置于主链的线上方案,0x 协议可以降低交易成本,降低网络拥堵。每一次发起交易时,任何一个节点都可以称为"中介",可以传输订单交易并收取一定的费用。

由于 0x 协议建立在以太坊的分布式网络上,具有去中心化的特点,不会像中心化架构那样因为服务器故障而无法工作,消除交易中存在中心化的风险。

0x 在技术实现上引入了 Relayer 的概念,Relayer 可以帮助广播订单交易,任何实现 0x 协议包括订单服务商、交易所、DApp 等都可以称为 Relayer。Relayer 可以选择在每次促成交易时收取费用。

(3) LoomNetwork(https://loomx.io/)

作为侧链的代表,Loom Network 构建了一个基础设施平台,有助于扩展以太坊。使开发人员可以运行大型应用程序,并且是第一个上线的以太坊扩展解决方案。它有一套较为完整的以太坊第 2 层扩展(Layer 2)解决方案,是一个 DPoS 侧链网络,允许高度可扩展的 DApp 在其之上运行,同时仍然受到以太坊的去中心化安全的支持。

(4) MetaMask(https://metamask.io/)

作为钱包项目的代表,MetaMask 是一款开源的以太坊钱包,能帮助用户在浏览器中方便地管理自己的以太坊数字货币资产,同时也是访问分布式 DApp 的工具。它以插件的方式在 Chrome、Firefox 和 Opera 等浏览器里使用以太坊钱包的功能以及访问 DApp,使用起来较为简便。

(5) CryptoKitties 迷恋猫/以太猫(http://www.cryptokitties.co/)

DApp 游戏的代表,由设计工作室 SxiomZen 打造,是一款虚拟养猫游戏,于 2017 年 11 月 28 日登陆。玩家可以买卖并繁殖不同品种的电子宠物小猫,玩家可以创建、照顾、购买、喂食交易、繁殖并储存在以太坊区块中。每一只以太猫具有 256 对基因,包括显性、隐性和基因突变类型。基因的不同会导致外貌特征各异,粗略计算至少会有 42 亿种不同类型。

(6) Fomo3D(http://exitscam.me/)

资金盘类 DApp 的项目代表:Fomo,英文全称为 Fear of missing out,中文含义为害怕错过好事。购买一个 Key 大概需要花 0.001 个 ETH 以太币,就有机会拿到几百万甚至上千万的奖金。你需要做的是最后一个出价,然后保持一定的时间;即便你不能成为最后一个出价的人,也可以通过分红模式来获得收益,或者尝试用 0.1 个 ETH 来抽奖拿走资金池的大奖。

DApp 现在仍然处于探索和发展初期,仍然存在很多问题:

1. 交易速度慢,手续费 Gas 过高

开发过以太坊 DApp 的人都知道,以太坊 DApp 存在交易速度过低,手续费过高等缺点,不适合运行小额高频的博彩游戏。虽然相对比特币十几分钟挖一次矿来比,以太坊十多秒挖一次矿已经很快了,但是考虑到区块链交易有可能回滚,如果参考官方建议,一个交易所有区块的确认要高达到 10 以上,交易才算成功,以太坊 DApp 游戏一次上链交易就需要将近 2 分钟,这还没有考虑区块链节点账本数据同步时间延迟的问题。甚至有人建议使用以太坊的 DApp 最好每次单击操作后,先去喝杯咖啡再回来查看结果。

2. 用户很难理解 DApp 和加密技术的原理

新接触 DApp 的用户可能连数字钱包是什么都不知道,所以得先告诉用户创建钱包、获取代币、转账支付 Gas 油耗等是什么,对密码学没有深入研究的用户还需要安排适当的安全训练。用户总是不能够理解加密货币、ERC20 代币和非同质代币的区别(说实话这个就算技术人员也得花不少时间去理解),更别说跟用户说清楚私钥公钥账户地址是什么关系,更有用户对如此重要的私钥竟然没有"修改私钥"这个功能感到惊讶。

3. 推广困难用户使用习惯很难培养

在手机 App 盛行的当下,大家习惯使用微信、Facebook 和 Twitter 等软件,习惯了采用 OAuth2 风格的用户认证方式,习惯了账号密码忘记了就可以重置;但我们却告诉用户千万不要忘记密码,否则将永远失去该账号。如果说用户就是上帝,那么现在的钱包和 DApp 要求用户绝对安全地保存自己的私钥,可能就是错误的,或者说需要继续有待改善的方案。曾经有用户因为在使用以太坊钱包 App 在给自己钱包内部的地址相互转账支付的时候,仍然需要扣除 Gas 而争执半天,最后竟然放弃使用,因为他认为中心化交易所的账号内部买卖都是无需手续费的。

如果以另外的一个角度来看待这些问题,其实可以归结为使用体验不佳,DApp 接下来的任务应该是在体验和安全设计上做合理的权衡。

4.4 DApp 生态系统

据不完全统计,区块链上面运行的 DApp 类型中,运行在以太坊公链上面的 DApp 占了较大的部分。就 2018 年来看,大家比较认同的观点是 80% 以上的 DApp 都是采用以太坊平台开发和运行的。

以太坊 DApp 生态系统相对来说还是比较完善的。包括数字货币钱包、去中心化交易所、侧链支持、智能合约审计、区块链浏览器、协议、以太坊兼容测试网、开发工具、研究机构及一系列的 DApp 产品。

(1) 数字货币钱包

由于数字货币钱包有一定的用户流量,这些用户有一定的安全知识及支付转账或收款等使用习惯,可以作为 DApp 的一个入口平台,例如比较知名的 MetaMask 和 ImToken 等。

(2) 去中心化交易所

去中心化交易所模式简单,无需 KYC,用智能合约来实现去中心化、去信任的交易机制,它只需要承担主要的资产托管、撮合交易及资产清算,所有的这一切都通过开源智能合约放在区块链上来实现。用户的托管资产可以自由转移无需任何人审批,用户的账户密钥控制在自己手中,能提高需要提供交易功能的 DApp 的去中心化体验。

(3) 侧链支持

侧链是主链的一种功能扩展。它能提高主链的扩展能力,降低升级带来的系统性风险,降低主链负担。侧链技术的核心是资产在主链和侧链之间按照固定汇率安全转移,也叫做双向锚定(Two-way Peg)。

(4) 智能合约审计

智能合约审计包括测试多种攻击,如重入攻击(Reentrancy attack)、数值溢出(Over and under flows)、重放攻击(Replay attack)、重排攻击(Reordering attack)和短地址攻击(Short address attack)。对于募集资金等大额资金合约续期,一般有 ERC20、ERC721 等标准代币合约来帮助实施。

国内外已经出现很多提供智能合约审计专业服务的公司。相信在未来的发展中,形式化验证会发挥更大的作用,同时函数式编程在配合形式化中也会有很好的场景。

(5) 区块链浏览器

区块链浏览器是浏览区块链信息的主要窗口,通过它可以方便查看区块链中的所有信息,包括账户地址、区块、交易、代币以及相关的属性。可以查看智能合约的源代码,简单获取方法的调用,账户地址对某个智能合约的调用参数方法及其返回的结果和输出的日志等信息。当前比较受大众喜爱的以太坊区块链浏览器:https://etherscan.io。

(6) 协　议

核心协议由不同的基础设施、编码和社群支持,他们共同构成了以太坊项目。也有其他扩展协议对 DApp 提供了很好的支持。去中心化交易所协议 0x 为去中性化交易所 DApp 提供基础。

IPFS(Inter Planetary File System)是基于区块链的媒体文件存储和交换服务的协议。DApp 可以在 IPFS 上存储大型用户文件,并使它们易于访问。Web3 协议可以让 DApp 运行在以太坊上,它通过 RPC 调用与本地节点通信,可以与任何暴露了 RPC 接口的以太坊节点连接。

(7) 以太坊测试网

测试网络上的以太币并无实际价值,其方便开发人员测试 DApp 软件。

Ropsten 也是以太坊官方提供的测试网络,是为了解决 Morden 难度炸弹问题而重新启动的一条区块链,目前仍在运行,共识机制为 PoW。

Kovan 是以太坊钱包 Parity 的开发团队发起的一个新的测试网络,为了解决测试网络中 PoW 共识机制的问题,Kovan 使用了权威证明(Proof-of-Authority)的共识机制,简称 PoA。

Rinkeby 也是以太坊官方提供的测试网络,使用 PoA 共识机制,并提供了 Rinkeby 的 PoA 共识机制说明文档。除此之外,还有各种测试网络,比如 Parity 中的 Olymnpic 以及 Infura 的 infuranet。

(8) 开发工具

Remix 是基于 Web 的 IDE,用于编辑、编译、测试、部署和运行 Solidity 智能合约。

Remix 可以在 Chrome 浏览器中编译和测试智能合约。在以太坊上,Remix 需要 MetaMask 钱包才能运行。Remix 和 MetaMask 的组合适用于基于图型界面的重复手动开发。

Truffle 是一个以太坊智能合约编译、部署和测试的开发环境,有着更丰富的开发管理功能。

Infura 允许去中心化应用 DApp 在以太坊网络上处理信息,而无需自己创建并运行完整的节点。包括以太坊钱包 MetaMask、去中心化交易所协议 0x 和 MyCrypto 都依赖 Infura 向以太坊主网广播交易数据和智能合约。

Truffle 和 Infura 为命令行和自动化开发过程设计。

(9) 研究机构

以太坊社群基金会,其有完整的开发文档及发展计划。

4.5 DApp 开发技术

开发基于以太坊的 DApp,一般有两个工作内容:

① 智能合约开发:使用 Solidity 编程语言编写智能合约代码,经过开发工具测试,然后部署到以太坊区块链节点上。

② 连接到以太坊客户端:开发与智能合约交互的应用程序,应用程序通过智能合约从区块链读取数据,或者更新数据到区块链上。

1. 智能合约开发

使用 Remix 和 Solidity 开发智能合约:

Remix 是基于 Web 的 IDE,用于编辑、编译、测试、部署和运行 Solidity 智能合约。Remix 可以在 Chrome 浏览器中编译和测试智能合约。

Remix 需要 MetaMask 钱包才能运行,所以在进入 Remix 开发网站之前,请先在 Chrome 里面把 MetaMask 以太坊浏览器插件成功安装并启用。当然还需要创建至少一个数字钱包才能开始工作。一切就绪后,在 Chrome 输入地址:http://remix.ethereum.org,即可进入 Remix 智能合约开发环境。

Remix 支持三种开发模式:JavaScript VM,Injected Web3 和 Web3 Provider。

(1) JavaScript VM:是 Remix 内部一个简单的 JavaScript 虚拟机环境,它其实就是在本地内存的一个虚拟区块链,可以用于测试智能合约代码、模拟挖矿、调用智能合约等。在这个模式下,智能合约代码的执行不会连接到以太坊主网、测试网或任何其他私有网络。

(2) Injected Web3:该开发模式将直接与 MetaMask 钱包浏览器插件结合。简单地说,就是所有区块链连接设置都将依赖 Remix 所在浏览器安装的 MetaMask 插件的配置,例如 MetaMask 可以通过 Infura 连接到主网 MainNet、Ropsten 和 Rinkeby 测试网,那么 Remix 在这个开发模式下也连接到主网、Ropsten 或 Rinkeby 测试网。当然也可以直接让 MetaMask 连接到指定的本地客户端节点或者其他节点,那么 Remix 运行的代码也会直接连到所设置的本地客户端节点或其他节点。

(3) Web3 Provider:该开发模式允许你直接输入客户端节点开发接口的 URL,来直接指定 Remix 运行的智能合约代码所连接的节点。

一般来说,仅仅通过 JavaScript VM 开发模式得到的智能合约代码是不靠谱的,当智能合约代码在本地调试以后,通常我们还要把智能合约代码部署到测试网络进行测试,从而进一步验证功能。

要想在测试网络测试智能合约代码,同样也需要测试网络的数字货币,这里我们不用自己搭建一个测试网络的全节点进行挖矿来获得数字货币(当然如果你想自己搭建也没问题),只需要在社区论坛说一下,把自己的钱包地址发到聊天室里面,很快就会有热心人给你几个测试数字货币,例如可以上论坛:https://gitter.im/kovan-testnet/faucet 获得 Kovan 测试网络的数字货币。细心的用户会发现,其实 MetaMask 第一次创建钱包时有提示,可以单击它给出的网络地址,请求获得测试网络的数字货币。

2. 连接到以太坊客户端

以太坊客户端通过 JSON - RPC 公开了许多方法,以便在应用程序中与它们进行交互。但是,直接通过 JSON - RPC 进行交互会给应用程序开发人员带来许多负担,例如:

- JSON - RPC 协议实现;
- 创建智能合约并与之交互需要进行二进制格式编码和解码;
- 需处理 256 位数字类型;
- 支持管理员命令方式,来进行创建和管理地址,签署交易等。

为了方便程序员能够优雅地使用面向对象或跟开发语言紧密结合的方式来进行

开发,以太坊社区以及一些自发的社群已经编写了许多库来帮助解决这些问题,允许应用程序开发人员专注于他们的应用程序,而不是与以太坊客户端和更广泛的生态系统交互的底层管道。

通常把封装了 JSON-RPC API 的基于特定语言的 Web3 开发库称为 Web3 应用开发,也可以大概把 DApp 开发与基于 Web3 库开发理解为指一样的东西。

常用的 web3 不同语言的高级封装开发库,如下表所列。

Library	Language	Project Page
web3.js	JavaScript	https://github.com/ethereum/web3.js
web3j	Java	https://github.com/web3j/web3j
Nethereum	C#.NET	https://github.com/Nethereum/Nethereum
ethereum-ruby	Ruby	https://github.com/DigixGlobal/ethereum-ruby

以太坊应用开发接口指的是以太坊客户端节点软件提供的 API 接口,DApp 前端可以利用这个接口来发起交易、账户余额查询、访问以太坊上的智能合约等。以太坊应用开发接口采用 JSON-PRC 标准,通常通过 HTTP 或 websocket 提供的应用程序调用。

JSON-RPC 是一种无状态轻量级远程过程调用(RPC)协议,规范定义了数据结构及相应的处理规则,规范使用 JSON(RFC 4627)数据格式,规范本身与传输无关,可以用于进程内通信、socket 套接字、HTTP 或其他消息通信。

1. 用 Web3j 开发 Android DApp 应用

Web3j 是一个开源的、轻量级的 Java 库,用于与以太坊客户端集成。Web3j 是一个高模块化、响应式、类型安全的 Java 和 Android 库,它提供与智能合约交互并能够实现与以太坊网络上的客户端(节点)进行集成。

通过 Web3j 与以太坊区块链网络的集成,Java 应用无需编写自己的集成代码,也就是无需针对 web3 的 JSON-RPC 调用协议编写,因为 Web3j 已经按照 Java 编码习惯写好易于使用的库接口方法等。

Web3j 是 Web3 的 Java 实现,它适用于 Java 语言开发及 Android 开发,整体的 API 使用方面基本一致,仅在配置组件存在部分小小的差异。

2. 用 JSONRPCKit 开发 iOS DApp 应用

JSONRPCKit 是一个用纯 Swift 编写的、类型安全的 JSON-RPC 2.0 库。它是一套基于 JSON-RPC 2.0 协议的远程服务调用框架,这套框架基于 JSON 格式发送请求以及接受返回的数据。当然也有很多更优秀的第三方开发库可供 iOS 开发使用,后续章节会陆续介绍。

3. 用 Web3.js 开发 H5 DApp 应用

Web3.js 封装了与以太坊区块链客户端节点交互的开发接口功能,它能帮助你完成发送以太币、读写智能合约的数据、创建智能合约，查询账户地址余额、查询交易验证结果等功能的一系列方法调用库。

Web3.js 通过 JSON - RPC 远程过程调用来与区块链交互。以太坊是由以太坊客户端组成的点对点网络，以太坊客户端就是区块链节点，它包含区块链上所有数据和代码。Web3.js 允许我们通过 JSON - RPC 向某个以太坊节点发送请求以便读写数据。

4. 准备以太坊客户端

如果是开发者自己搭建以太坊客户端节点程序，则需要对以太坊客户端节点程序进行开发接口的配置，不同客户端节点软件的开发接口配置可能有所区别。以 Geth 端为例，一般启动 geth 客户端并提供 JSON RPC 开发接口服务的命令如下：

geth --rpc --rpcapi "db,eth,net,web3,personal"

这个命令可以启动 HTTP 的 RPC 服务，服务器默认监听端口 8545。启动成功后，默认 JSON - RPC 开发接口服务地址及端口如下：

http://localhost:8545

也可以指定开发接口监听地址以及端口方式启动客户端：

geth --rpc --rpcaddr \<ip\> --rpcport \<portnumber\>

如果已进入 geth console，也可以通过下面这条命令添加地址和端口：

admin.startRPC(addr, port)

当然也可以利用 Infura 的服务，而无需创建自己完整的客户端节点。随着以太坊节点数据越来越大，建立完整的客户端节点不仅需要耗费很大的存储空间，还需要花费很久的时间来进行数据同步，使用 Infura 也渐渐成为大家的首选，尤其是单纯为了测试功能的时候。获得 Infura 服务很简单，只需要在其官网注册一个账号，就可获得相应主网或者测试网络的开发接口地址。

Infura 官网地址：https://infura.io。

Infura 提供的一个主网开发接口地址：https://mainnet.infura.io/v3/1f77b2f5344c42238d190c21869681b7。

5. App 钱包与 H5 开发 DApp

现在比较流行的一种方案是将数字轻钱包当作用户流量导流的门户入口；另一方面可以将数字钱包作为 DApp 运行的容器，通常是在 WebView 注入 Web3 的方式来运行 H5 的 DApp，来满足 DApp 应用在钱包作为容器运行的过程中，对钱包账户地址读取及私钥使用的功能交互。

其原理是，App 钱包作为一个容器，通过 WebView 来加载 H5 开发的 DApp，通常是在执行 DApp 之前，先注入一个变更过的 Web3.js，它可以截获 DApp 对 Web3.js 的调用事件，判断其调用方法名称或者参数符合一定条件的时候，直接给 DApp 必要的响应。例如如果 DApp 在 H5 网页里发起一笔支付交易，它调用 Web3.js 的

sendTransaction 方法发起交易；由于 H5 调用的 Web3.js 是 App 钱包改装过的脚本，所以该调用并不会直接发送给某个客户端节点服务器，而是触发 App 钱包的监听事件的某段代码，该代码将会启动本地支付流程，读取当前账户地址的私钥，并对相应交易参数进行签名，最后 App 钱包把签名的数据通过调用 sendRawTransaction 方法发送给预设的区块链客户端节点服务器，从而实现发起交易。

6. 其他 DApp 开发辅助技术

IPFS(Inter Planetary File System)是基于区块链的媒体文件存储和交换服务的协议。DApp 可以在 IPFS 上存储大型用户文件，并使得它们易于访问。

IPFS 智能合约中的大部分计算活动都移至链下时，急需找到新的安全和信任解决方案。

侧链是主链的一种功能扩展。它能提高主链的扩展能力，降低升级带来的系统性风险，降低主链负担。侧链技术的核心是资产在主链和侧链之间按照固定汇率安全转移，也叫做双向锚定(Two-way Peg)。

4.6 DApp 功能结构

根据不完全调查，大多数 DApp 都是基于网页作为前端的，在受调查项目中，有近一半的 DApp 采用了传统基于云的后端技术方案。值得注意的是，在选择存储方案方面，采用了去中心化存储方案(比如 IPFS)的项目数量和采用中心化 CDN 的项目数量几乎相同。在数据库的选型方面也发现了类似的比例：31%以上的 DApp 依赖于集中式数据库，而 25%左右的 DApp 采用了分布式数据库。

接下来对当前流行的手机端钱包与其他应用 DApp 的功能结构进行说明。我们讲的 DApp 一般是指手机客户端的 DApp，其关键的基本功能包括如下：

- App 钱包界面及功能，调用 Web3 库；
- DApp 前端 UI 界面，注入 web3 框架；
- 后端服务器业务逻辑，非核心业务部分；
- 后端数据库存储，非核心业务部分；
- 区块链智能合约，核心业务部分，支撑去中心化；
- 区块链全节点数据管理，同步节点数据到关系型数据库加速查询。

4.7 DApp 与 App

根据技术的发展，从最开始完全使用手机操作系统 Android 及 iOS 等官方推出的编程工具，用 Java/Object-C 进行开发的方式，到后来随着 H5 标准推广、手机升级、网络带宽及编译工具的不断发展，延伸出各种丰富的开发模式，让人目不暇接。总的来说可以归为四大类：

- Native App 原生开发；
- Web App 移动网页开发；
- Hybrid App 混合式开发；
- ReactNative App 开发。

Native App 就是最开始采用的方式。

Web 版 App 简单来说就是使用原生开发方法，打包浏览器组件 Web View 功能（俗称加壳），启动直接访问目标网站的功能网页。其本质就是浏览器功能，用普通 Web 开发语言 HTML5 开发的网页，经过手机尺寸适配，通过 App 内置浏览器功能运行。

混合式 App 的定义比较广，可以理解为利用了原生 App 的开发技术，也应用了 HTML5 开发技术，是原生和 HTML5 技术的混合应用，并且混合比例不限。它与 Web App 开发模式不同的是，通常会把部分网页界面资源 HTML/CSS/JS 及图片等与 App 一起打包进行发布，页面跳转则采用类似 SPA（单页应用程序）路由的方式进行；当网络离线时，页面照样流畅切换。

React Native App 是采用 React Native 框架开发的跨平台移动应用，目前支持最流行的两大移动平台 iOS 和 Android。该模式使用 JavaScript、CSS 和类似 HTML 的 JSX 进行开发，这个框架的原理是基于网页开发技术并利用 JavaScript 语言与两大平台上的原生语言 Java 和 Objective-C 进行交互、互相调用，从而达到使用 JavaScript 来写原生应用并使其能与原生程序媲美的目的。

其实不管用什么开发模式和工具都没有一劳永逸的事情，当项目开发到一定的时间，就会发现在手机端 App 开发应用想实现跨平台几乎是不可能的事情。想想看，就算是在同一个安卓平台里面，不同版本、不同尺寸、不同的手机厂商，可能都需要做一大堆的适配兼容工作。具体用什么模式来开发安卓应用，需要根据项目需求来决定。就拿 App 钱包来说，首先要考虑的是安全和高效，涉及钱包存储数据、处理算法等都应该尽量使用本地原生的方法来处理，所以钱包的功能基本上都是使用原生的方式来进行开发的。

根据 DApp 的具体用户应用场景周期性及开发种类繁多等特点，一般流行使用 H5 进行 DApp 开发，结合原生钱包功能，大家可以认为是混合式的开发方式。

安卓篇

- Android Studio
- Android 开发技术
- Android 开源库
- JCA/JCE 开发
- Web3j 开发
- Android 钱包项目

第 5 章

Android Studio

5.1 Android 简介

  Android 是一种基于 Linux 的自由及开放源代码的操作系统，主要应用于移动设备，如智能手机和平板电脑，由 Google(谷歌)公司和开放手机联盟领导及开发。

  Android 操作系统最初由 Andy Rubin 开发，主要应用于手机。2005 年 8 月由 Google 收购注资。2007 年 11 月，Google 与 84 家硬件制造商、软件开发商及电信营运商组建开放手机联盟共同研发改良 Android 系统。随后 Google 以 Apache 开源许可证的授权方式，发布了 Android 的源代码。第一部 Android 智能手机发布于 2008 年 10 月。Android 逐渐扩展到平板电脑及其他领域上，如电视、数码相机、游戏机和智能手表等。据 2018 年不完全统计，全球售出的智能手机中，99％都是 Android 或 iOS 系统，在中国，安卓手机用户占比超过 80％以上。

  Android 不单单是一个手机操作系统，它代表一个平台和一个生态。Android 平台具有很多优势，包括：

- 开放性：Android 平台允许任何移动终端厂商加入到 Android 联盟中来。使其拥有更多的开发者，随着用户和应用的日益丰富，对于消费者来讲，最大的受益是丰富的软件资源。开放的平台也会带来更大的竞争，如此一来，消费者将可以用更低的价位购得心仪的手机。
- 丰富的硬件：由于 Android 的开放性，众多的厂商会推出千奇百怪、功能特色各具的多种产品。功能上的差异和特色，不会影响到数据同步甚至软件的兼容。
- 方便开发：Android 平台提供丰富全面的开发工具及标准规范文档技术支持，给第三方开发商一个十分自由的环境，让开发者能够在 Android 平台上构建任何应用。
- Google 应用：在 Android 手机里面除了有专业的 Google 原生态服务如地图、邮件、搜索等，Android 还能够通过 Google Play 建立用户与开发者的纽带。开发者可以通过超过 20 亿名活跃 Android 设备用户推送应用和游戏平台，并通过应用和游戏赚取收益。用户也能够通过 Google Play 找到自己需要的应用或游戏。

1. 平台架构

Android 是一种基于 Linux 的开放源代码软件栈，为广泛的设备和机型而创建，如图 5-1 所示。

图 5-1　Android 软件栈

2. Linux 内核

Android 软件栈从底部向上的顺序来看,最底层就是 Linux 内核,这是 Android 平台的基础,包括众多底层功能例如线程、内存和安全等,该层级有一个特别重要的功能就是,它允许设备制造商为内核开发硬件驱动程序,但又无需将驱动的源代码开源。

(1) 硬件抽象层(HAL)

提供抽象的硬件使用标准接口,向 Java API 框架提供设备硬件功能。

(2) Android Runtime

Android 5.0(API 级别 21)或更高版本的设备,每个应用都在自己的进程中运行,并且有自己的 Android Runtime(ART)实例。在 Android 版本 5.0(API 级别 21)之前,Dalvik 是 Android Runtime。Android 还包含一套核心运行时库,可提供 Java API 框架使用的 Java 编程语言大部分功能,包括一些 Java8 语言功能。

(3) 原生 C/C++库

如果开发的是需要 C 或 C++代码的应用,可以使用 Android NDK 直接从原生代码访问某些原生平台库。

(4) Java API 框架

这是 Android 应用开发者最常用的组件模块层级,开发者可以通过 Java 语言调用这些 API,从而使用 Android OS 的整个功能集。这些 API 形成创建 Android 应用所需的模块,可简化核心模块化系统组件和服务的重复使用,包括以下组件和服务:

① 丰富、可扩展的视图系统,可用于构建应用的 UI,包括列表、网格、文本框、按钮甚至可嵌入的网络浏览器;

② 资源管理器,用于访问非代码资源,例如本地化的字符串、图形和布局文件;

③ 通知管理器可让所有应用在状态栏中显示自定义提醒;

④ Activity 管理器,用于管理应用的生命周期,提供常见的导航返回栈;

⑤ 内容提供程序,可让应用访问其他应用(例如"联系人"应用)中的数据或者共享自己的数据;

⑥ 开发者可以完全访问 Android 系统应用使用的框架 API。

(5) 系统应用

系统应用层是发布的 App 程序,可被用户直接使用,开发者也可从自己的应用访问它们。例如,如果开发者的应用要发短信,无需自己构建该功能,可以改为调用已安装的短信应用向指定的接收者发送消息。

3. Android 安全架构

Android 的安全方面一直在飞速发展,其安全架构及技术在当今智能手机中无疑是走在行业前面的,Android 安全包括几大方面:数据存储安全、网络连接及传输安全、升级与更新安全和权限控制安全。

　　Android 安全架构的核心设计思想：在默认设置下，所有应用都没有权限对其他应用、系统或用户进行较大影响的操作。这其中包括读写用户隐私数据（联系人或电子邮件），读写其他应用文件，访问网络或阻止设备待机等。

　　安装应用时，在检查程序签名提及的权限且经过用户确认后，软件包安装器会给予应用权限。从 Android 6.0（API 级别 23）开始，用户开始在应用运行时向其授予权限，而不是在应用安装时授予。此方法可以简化应用安装过程，因为用户在安装或更新应用时不需要授予权限。它还让用户可以对应用的功能进行更多的控制；例如，用户可以选择为相机应用提供相机访问权限，而不提供设备位置的访问权限；用户可以随时进入应用的 Settings 屏幕调用权限。

　　由于 Android 的开放性，应用的 APK 安装文件原则上是可以不通过任何限制的方式进行安装的，但是各大安卓厂商可以在其基础上进行二次开发从而发布各自兼容的 Android 操作系统，并且提供自己的应用商店。例如华为、小米、OPPO、vivo、三星等手机厂商，他们都利用自身的客户群体建立自己的应用商店。相应的应用上架也会按照一定的审核流程，这样就可以进一步提升 Android 应用的安全性，减少部分高危的 Android 应用被用户不小心安装到自己的手机上去。

　　Android 会要求通过 HTTPS/SSL 的安全访问通道来保证网络连接及传输的安全。但是也应该注意，在使用智能手机过程中，应该尽量避免打开未知链接、不下载来源不明的应用、经常检查安卓系统更新、安装官方或者商店安全的应用，这样才能有效地保证自己手机系统安全，避免受到漏洞攻击和恶意软件的侵扰。

5.2　Android Studio

1. Android Studio IDE 介绍

　　Android Studio 是谷歌在 2013 年 5 月推出一个专门为开发安卓 App"量身订做"的集成开发工具，它是基于 IntelliJ IDEA 开发，而 IntelliJ 在业界被公认为最好的 Java 开发工具之一。

　　Android Studio 提供了集成的安卓开发工具，用于 App 的 UI 编辑，不同安卓版本 App 的开发、调试、代码版本管理、代码混淆压缩、App 发布等全面强大的功能。相比几年前为了开发安卓 App，需要找遍相关安装配置 Eclipse ADT 的方法相比，Android Studio 的一键安装，要简单很多。

　　由于 Google 已经正式提出了停止对其他开发环境的支持，可以说 Android Studio 就是安卓 App 开发者最佳的选择。了解或学习如何使用 Android Studio IDE 开发工具，以及学习如何开发安卓 App 的最好方法，就是直接访问安卓开发者官方网站：https://developer.android.google.cn/studio。截止 2019 年 3 月 15 日，Android Studio IDE 发布最新版本已经达到 3.3.2。

如图 5-2 Android Studio IDE 所示的主界面，可以编辑、管理、调试和运行项目。

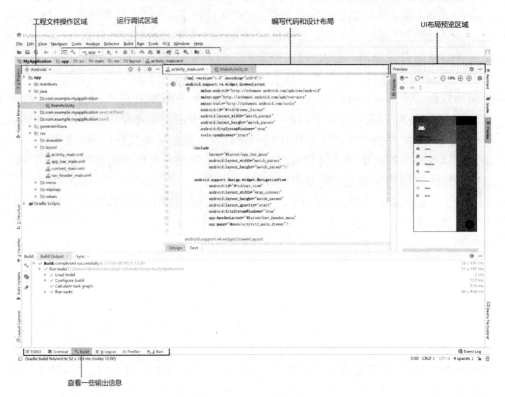

图 5-2　AndroidStudio IDE 主界面

在运行调试区域，如图 5-3 所示的界面，可以调试、运行项目，也可以选择要运行的模块，同时可以同步 Gradle 配置文件（一般在 Gradle 配置被修改的时候需要同步一下）。AVD 和 SDK 可以用来管理模拟器以及对 SDK 版本进行管理。

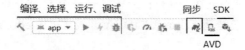

图 5-3　调试功能按钮界面

在工程文件操作区域：展示项目中文件的组织方式，默认是以 Android 方式展示的，可选择 Project、Packages、Scratches、ProjectFiles 和 Problems 等展示方式，用的最多的是 Android 和 Project 两种。

在 App 运行期间可以通过如图 5-4 所示的区域进行观察和分析。

2. Android Studio 安装

首先要准备一台开发用的电脑主机，虽然 Android Studio 安装配置的要求不高，但是考虑到开发项目多了，如果需要同时打开多个项目进行编码调试，并且还需要用

第5章 Android Studio

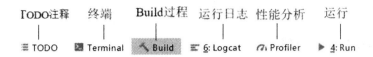

图 5-4 运行日志或编译等输出界面

虚拟机来适配测试的话,开发的电脑主机还是推荐上一些好的配置,如果条件允许的话,以下配置可作参考:

高速多核 Intel i7 CPU,最好能支持虚拟化;

- SSD 高速硬盘,最好 256 GB 以上;
- 16 GB 的高速内存;
- 24 寸显示屏幕或越大越好,2 KB 以上的分辨率。

由于 Android Studio 这个 IDE 开发工具本身就是用 Java 语言开发的,虽然它内置了 JRE,但其目的只是为了运行 IDE 自身,而不是用来编译安卓 App 或者跑安卓 App 程序的。因为只有 JRE 是无法编译 Java 代码的,所以在安装 Android Studio 之前,最好能够把 JDK 安装并设置完好,当然也可以在 Android Studio 安装好之后,再安装 JDK 及其环境的设置。

安装 JDK 也不难,直接上 Oracle 的 Java 官网,找到适合开发者操作系统的安装包,下载最新版本的 JDK 到本地安装即可,参考网址:https://www.oracle.com/technetwork/java/javase/downloads/。下载 JDK 后按照提示进行安装即可。

JDK 安装成功后,一般要确认如下几个环境变量是否被成功设置:

① JAVA_HOME:它指向 jdk 的安装目录,很多 Java 开发 IDE 就是通过搜索该环境变量来找到并使用安装好的 JDK;

② PATH:在其中如果设置包含指向 JDK 安装程序常用工具目录的话,可以在命令行任何目录下执行命令,如 keytool 或者 javac 编译 java 程序时,它会自动从 path 里去逐个找到相应的程序;有时候开发环境 Java 版本不对,有可能是安装了多个不同版本的 JDK,没有设置正确导致的。

③ CLASSPATH:是 javac 编译器的一个环境变量,编译器会从该目录中去寻找项目引用的类包。

在 Windows 下面设置相应变量的例子如下:

set JAVA_HOME=C:\jdk1.5.0_06
set PATH=%JAVA_HOME%\bin;%PATH%
set CLASSPATH=.;%JAVA_HOME%\lib;%JAVA_HOME%\lib\tools.jar

推荐直接上安卓开发者官网去下载最新的 Android Studio 版本,该网站会自动识别用户电脑中的操作系统来提示下载和安装。按照提示安装即可,事实上包括下面提到的 Android SDK 也会在这个安装界面一起完成。参考网址:https://developer. android. google. cn/studio/#downloads。

5.3 Android SDK

1. Android SDK 介绍

安卓 App 开发过程涉及到的版本概念是很多的,其中最为重要的一个就是 Android SDK 的版本,它由版本名称(Code Name)、安卓版本号和 APILevel 组成;Android SDK 决定了开发出来的安卓 App 可以安装到哪个版本的安卓手机上运行。

第一个 Android SDK Beta(没有名称),安卓版本号 1.0,API Level 1,发布于 2007 年 11 月 5 日。截至 2019 年 3 月 15 日,正式发布的 Android SDK 版本名称是 Pie(Android P),安卓版本 9.0,API Level28。

如图 5-5 所示,其为运行在 Android SDK 各个平台版本的相对设备数量的相关数据。

Version	Codename	API	Distribution
2.3.3 - 2.3.7	Gingerbread	10	0.3%
4.0.3 - 4.0.4	Ice Cream Sandwich	15	0.3%
4.1.x	Jelly Bean	16	1.2%
4.2.x		17	1.5%
4.3		18	0.5%
4.4	KitKat	19	6.9%
5.0	Lollipop	21	3.0%
5.1		22	11.5%
6.0	Marshmallow	23	16.9%
7.0	Nougat	24	11.4%
7.1		25	7.8%
8.0	Oreo	26	12.9%
8.1		27	15.4%
9	Pie	28	10.4%

图 5-5 Android SDK 各平台版本相应设备数量
(数据来自 Android 开发者官网,截至 2018 年 10 月 26 日)

值得注意的是,名为 Android Q 的最新版本也已经出来,不过还没发布正版。安卓的版本更新迭代很快,但是安卓手机用户使用群体的版本分布占比最大的却不是最新的版本。

由于国产手机厂商大多数是定制版,深度优化工作量大;比起国外大部分都是谷歌原生系统来说,手机安卓操作系统的升级工作量很大。比如说 EMUI、MIUI、Flyme 和 Smartisan OS 等系统来说,想要完成系统升级,需进行定制化的系统深度优化,所需要的时间当然会更长。导致在更新系统上,需要投入的财力、物力和人力也十分的大。这就是为什么安卓系统都升级到 9.0 了,而国内用户大部分人都在用 Android 7 甚至 6。

由于不同的安卓版本有不同的功能特性,所以开发安卓 App 的时候,需要关注 Android 版本分布(市场占有率、市场份额)的统计,然后重点针对适配市占率或市场份额相对比较大的 Android 版本。

2. Android SDK 安装

在没有 Android Studio IDE 开发工具之前,Android SDK 工具是需要单独下载的,如果使用的是 Eclipse 或其他 IDE 开发工具开发 Android 程序,一般在其他开发工具相关开发说明文档里面有详细说明,国内也有很多镜像网站可以下载独立的 Android SDK 安装包,大部分还需要安装一些 ADT 开发工具插件包,总的来说安装及配置的方法相对繁杂不好管理。

相对其他开发工具来说,在 Android Studio 中安装 Android SDK 是一件轻松而愉快的事情,除了可以在 Android Studio IDE 的程序安装界面就可以完成 Android SDK 的安装,还可以在必要的时候,通过 IDE 相应的 SDK 管理功能菜单来随时安装或者升级所需要的 SDK 及其工具。

如果之前安装的 IDE 最新的 Android SDK 版本名为 Oreo,安卓 8.1,API Level 28,那就需要把项目打包的 App 能够在最新的安卓手机版本为安卓 9.0 上面运行,那么我们就可以进入 SDK 管理器勾选最新的 Android 9.0(P),然后单击安装即可。

SDKManager 选择安装或升级 SDK 的界面,如图 5-6 Android SDK 所示。

开发安卓 App 则需要密切关注项目所应用的组件对 Android SDK 版本的要求,例如有些钱包 App 开发所需要的 Android SDK 版本是 7.0 或以上。

需要注意的是,不同的项目对 Android SDK 的版本要求是不一样的。通常可以通过项目的配置文件来对比一下,确定 Android 应用项目所需要的 SDK 版本,跟当前 Android Studio 开发工具里头是否已经在本地下载及安装了所需要的 SDK 版本,通常可以通过 SDK Manager 来查看。

项目配置中需对比确认的 SDK 版本号主要有以下几个:

- minSdkVersion:最低 SDK 版本,App 可以运行在最低的 SDK 版本的手机,运行 App 的手机 SDK 版本不能低于该版本号,如果低则不予安装。
- targetSdkVersion:目标 SDK 版本,最佳可运行 App 的 SDK 版本,也可以高于该版本,但是功能运行或界面显示可能会有不适配偏差。目标 SDK 不一

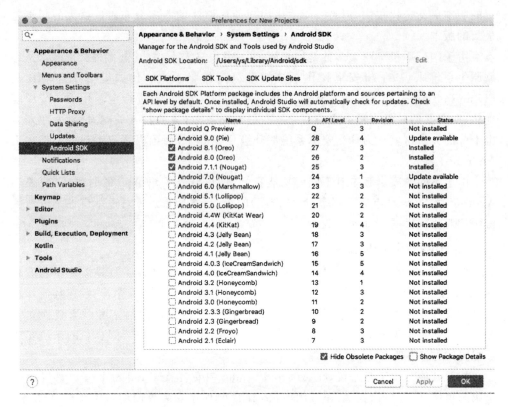

图 5-6 Android SDK 下载或升级界面

定是最新的,targetSdkVersion 保证的是 API 的一致性。
- compileSdkVersion:编译 SDK 版本,用来编译项目源代码的 SDK 版本号,compileSdkVersion 只会在编译期间起作用。

minSdkVersion 至 targetSdkVersion 的这些所有 SDK,开发应该自行确保或验证测试自己开发的 App 在相应版本下面的功能运行或界面显示是兼容的。

在项目配置文件中可通过如下代码进行配置:

```
<manifest xmlns:android = "http://schemas.android.com/apk/res/android" ... >
<uses-sdk android:minSdkVersion = "4" android:targetSdkVersion = "15" />
  ...
</manifest>
```

5.4 第一个 App

接下来创建第一个 Android 应用 App。

首先打开 Android Studio,在 Welcome to Android Studio 窗口中,单击 Start a new Android Studio project,如图 5 – 7 所示。

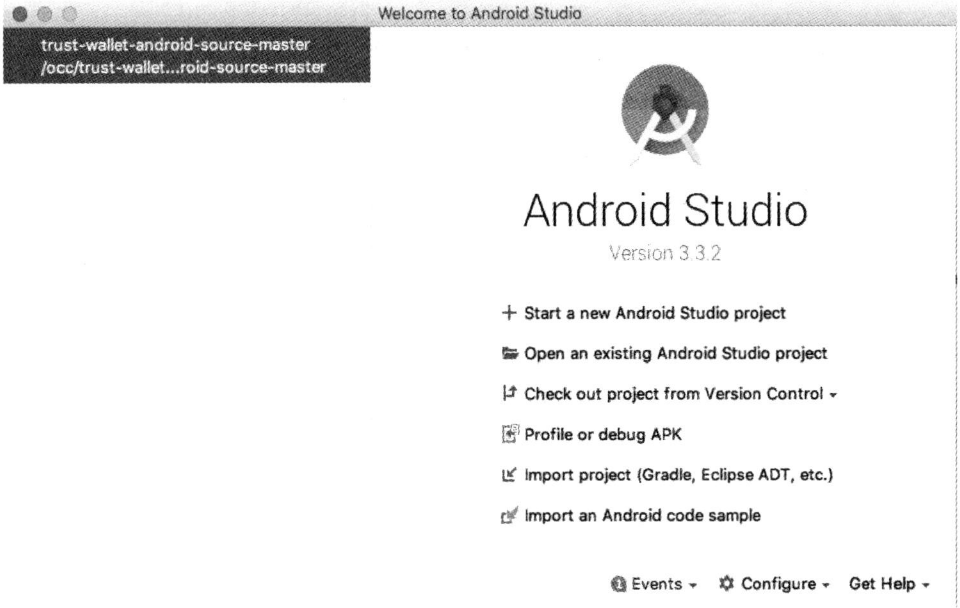

图 5 – 7　AndroidStudio 欢迎界面

在 Choose your project 窗口中,选择 Empty Activity,单击 Next。
在 Configure your project 窗口中,输入以下值:
① Name:My First App;
② Package name:com. example. myfirstapp;
③ 勾选 Use AndroidX artifacts 旁边的框;
④ 可能需要更改项目位置;
⑤ 让其他选项保持不变;
⑥ 从 Language 下拉菜单中选择 Java;
⑦ 单击 Finish。

经过一系列处理后,Android Studio 将打开 IDE。根据不同开发电脑的性能,可能需要等待些时间,当看到主界面下方控制台 Build 输出 BUILD SUCESSFU Lin 0s 的时候,就表示项目已经创建并编译完毕。

如图 5 – 8 所示界面,展示了 Android Studio 项目创建成功后的整体界面。

下面花一点时间浏览下最重要的文件。注意是在默认打开的界面,左边文件浏览的方式是 Android。接下来请在 Android Studio 主界面左边工程文件操作区分别按照以下顺序打开相应的目录、包及文件,分别对几个比较重要的文件加以说明:

app > java > com. example. myfirstapp > MainActivity
这是主 Activity(应用的入口点)。当构建和运行应用时,系统会启动此 Activity

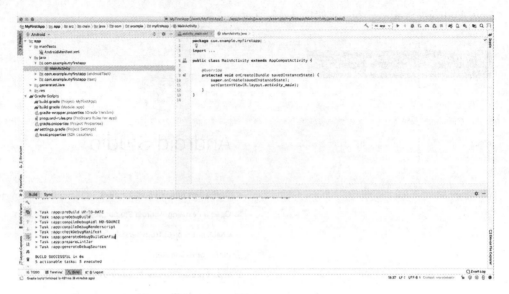

图 5-8　Android Studio 项目界面

的实例并加载其布局。

app > res > layout > activity_main.xml

此 XML 文件定义 Activity 界面的布局。它包含一个带有文本"Hello world!"的 TextView 元素。

app > manifests > AndroidManifest.xml

manifest 文件描述应用的基本特性并定义其每个组件。

Gradle Scripts > build.gradle

可以看到具有此名称的两个文件：一个用于项目（Project：MyFirstApp），一个用于"应用"模块（Module：app）。每个模块都有自己的 build.gradle 文件，但此项目目前只有一个模块。这里主要使用模块的 build.gradle 文件配置 Gradle 工具编译和构建应用的方式。

接下来按照以下步骤操作，将会在模拟器上运行第一个 App 应用：

① 在 Android Studio 中，单击 Project 窗口中的 App 模块，然后选择 Run >Run（或单击工具栏中的 Run）；

② 在 Select Deployment Target 窗口中，单击 Create New Virtual Device；

③ 在 Select Hardware 屏幕中，选择手机设备（如 Pixel），然后单击 Next；

④ 在 System Image 屏幕中，选择具有最高 API 级别的版本。如果未安装该版本，屏幕上将显示 Download 链接，单击该链接并完成下载，然后单击 Next；

⑤ 在 Android Virtual Device（AVD）屏幕上，保留所有设置不变，然后单击 Finish。

⑥ 返回到 Select Deployment Target 对话框中，选择刚刚创建的设备，然后单击 OK。

Android Studio 会在模拟器上安装并启动应用。

根据不同的开发电脑性能配置不同,可能需要等待十几秒甚至更多的时间,当看到 Android Studio 主界面下方控制台 Build 输出 BUILD SUCCESSFUL in 为 14s,并且模拟器弹出界面如图 5-9 所示,应该就能看到在模拟器上运行的应用显示"Hello World!"。

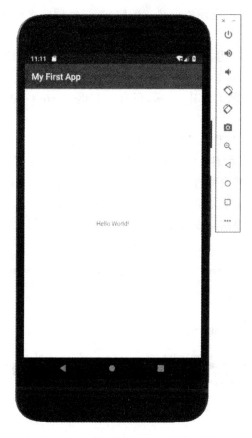

图 5-9　模拟器上运行应用的界面

更多 Android Studio 开发工具的详细操作,可以参考 Android Developer 官方网站的详细资料。

接下来会用 My First App 讲解相关技术的开发展示。为了节省版面,将会尽量使用 Android Studio 主界面下方的控制台来输出验证代码的执行结果。

5.5　项目结构

Android Studio 支持基于 Gradle 的项目构建,Gradle 是一个基于 Apache Ant 和 Apache Maven 概念的项目自动化构建开源工具。运行于 JVM 之上,Build 脚本采用Groovy语言来编写,抛弃了基于XML的各种繁琐配置。Gradle正迅速成为许多开源项目和前沿企业构建系统的选择,适用于自动化地进行软件构建、测试、发布、部署和软件打包的项目。

Gradle有以下特性或优势:

① 高度可定制:Gradle以一种基本的定制和扩展的方式建模;

② 快速:Gradle通过重用先前执行的输出,仅处理已更改的输入以及并行执行任务来快速完成任务。

③ 功能强大:Gradle是Android的官方构建工具,并支持许多流行的语言和技术。

如果想要掌握更多的Gradle技术,可参考官网(https://docs.gradle.org)的相关文档。

在Android Studio开发工具界面左侧工作区,用于展示项目中文件的组织方式,常用的展示方式主要有两种:Android和Project。Android展示方式会呈现一种虚拟目录,呈现Android开发的重要元素,如AndroidManifest.xml文件、Java源代码、资源文件和Gradle等配置文件。这样显示的好处是,方便Android应用开发者快速找到常用的开发资源,提高开发效率。Android展示方式示例如图5-10所示。

图5-10 项目结构之Android展示方式

Project 展示方式基本呈现该项目在磁盘中的存储结构,这种展示方式的好处是,展示的结构跟直接在"我的电脑"磁盘中存储的项目文件结构基本一致,开发者能够根据个人习惯去寻找相应的资源。尤其是对部分刚刚从其他开发者工具转过来的开发者而言,这种显示方式应该是比较容易适应的。Project 展示方式如图 5-11 所示。

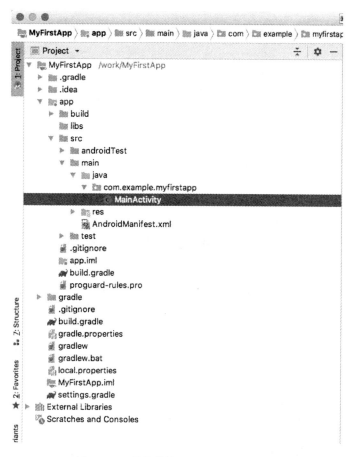

图 5-11 项目结构之 Project 展示方式

从 Project 展现方式可以看到,在一个 Android Studio 工程项目目录里面,通常有一个名为 App 的目录,项目中的 App 代码、图标、界面、音频和图片等资源等内容几乎都是放置在这个目录下的。

常常需要修改和更新的配置文件包括,放在 App 模块的根目录(/app)下面名称为 build.gradle 的文件,以及 App 模块 src 目录下的 main 目录(/app/src/main)里一个名为 AndroidManifest.xml 的文件。其中 build.gradle 文件是用于配置当前项目的 Gradle 构建脚本,主要是配置项目依赖的第三方插件包,指定 App 编译打包后发布在目标安卓手机的版本号,包括目标 SDK 版本、最低 SDK 版本和编译 SDK 版本，以及 App 应用软件自身的版本号和版本编码。build.gradle 具体文件内容如图 5-12 所示。

```
apply plugin: 'com.android.application'

android {
    compileSdkVersion 28
    defaultConfig {
        applicationId "com.example.myfirstapp"
        minSdkVersion 15
        targetSdkVersion 28
        versionCode 1
        versionName "1.0"
        testInstrumentationRunner "android.support.test.runner.AndroidJUnitRunner"
    }
    buildTypes {
        release {
            minifyEnabled false
            proguardFiles getDefaultProguardFile('proguard-android-optimize.txt'), 'proguard-rules.pro'
        }
    }
}

dependencies {
    implementation fileTree(dir: 'libs', include: ['*.jar'])
    implementation 'com.android.support:appcompat-v7:28.0.0'
    implementation 'com.android.support.constraint:constraint-layout:1.1.3'
    testImplementation 'junit:junit:4.12'
    androidTestImplementation 'com.android.support.test:runner:1.0.2'
    androidTestImplementation 'com.android.support.test.espresso:espresso-core:3.0.2'
}
```

图 5-12　build.gradle 配置文件部分内容展示

AndroidManifest.xml 文件用于设置 App 包名、软件名称和启动图标样式等。注册 App 的各个组件，一般是四大组件 Activity，组件名、主题、启动类型、组件可以响应的操作等，以及设置用户安装 App 的时候获取的权限，比如扫二维码功能需要使用摄像机，需要网络权限，需要存放图片等。

AndroidManifest.xml 具体示例文件如图 5-13 所示。

```
<?xml version="1.0" encoding="utf-8"?>
<manifest xmlns:android="http://schemas.android.com/apk/res/android"
    package="com.example.myfirstapp">

    <application
        android:allowBackup="true"
        android:icon="@mipmap/ic_launcher"
        android:label="My First App"
        android:roundIcon="@mipmap/ic_launcher_round"
        android:supportsRtl="true"
        android:theme="@style/AppTheme">
        <activity android:name=".MainActivity">
            <intent-filter>
                <action android:name="android.intent.action.MAIN" />

                <category android:name="android.intent.category.LAUNCHER" />
            </intent-filter>
        </activity>
    </application>

</manifest>
```

图 5-13　AndroidManifest.xml 配置文件部分内容展示

5.6 打包与发布

项目开发完成,通过测试验收以后,需要把应用上传到市场或者自己的私人服务器,那么就需要先把项目打包成 Apk 文件,具体步骤如下:

单击"Build→Generate Signed Bundle/APK…",选择 APK 后单击 Next,如图 5 - 14 所示。

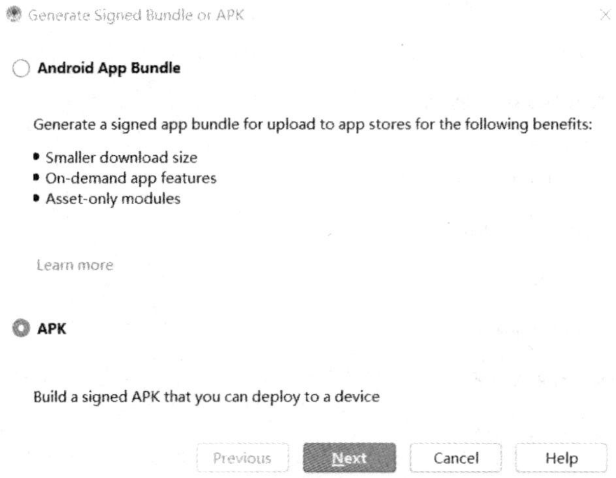

图 5 - 14　APK 打包方式选择界面

打开如图 5 - 15 所示的 APK 签名 Keystore 配置界面。

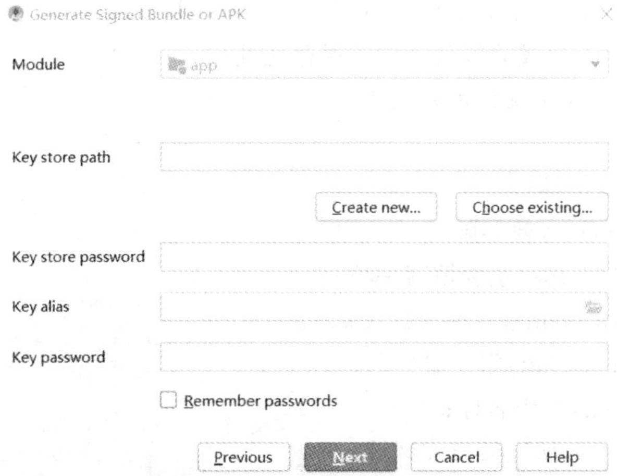

图 5 - 15　APK 签名 Keystore 配置界面

如果没有 Key store 存在，就单击"Create new..."，创建一个新 key，创建过程如图 5-16 所示。

图 5-16 创建签名 Keystore 界面

如图 5-16 所示，从上到下依次对应的填写内容是：
Key store path：生成的签名文件的保存地址；
Password：keystore 文件的密码；
Alias：别名；
Password：别名密码；
Validity(years)：有效年限；
Certificate(如下几项至少填写一项)：
First and Last Name：名字或姓氏；
Origanizational Unit：组织单位名称；
Origanizational：组织名称；
City or Locality：所在城市或区域；
State or Province：所在省/市/自治区名称；
Country Code(XX)：国家或地区代码。
创建好的 Key store 文件一定要保存好或做好备份，一旦丢失则无法恢复。如果已经存在 Key 了,那就单击"Choose existing..."按钮指定 jks 文件位置,输入 Key store password 和 Key password(在创建 Key 的时候输入的那两个密码),单击 Next 按钮。

在此过程需要选择打包的类型有 release 和 debug,此处选择 release,如图 5-17 所示。

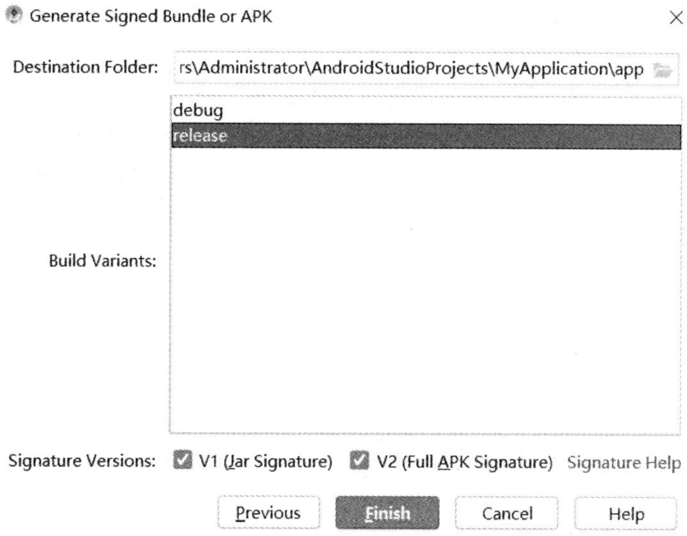

图 5-17 APK 打包类型选择界面

需要注意的是图 5-17 最下面的 V1 和 V2 两个选项都要勾选才能打包成功。在 Android 7.0 中引入了 APK Signature Scheme V2,V1 是 jar Signature 来自 JDK 的签名机制。

- V1:通过 ZIP 条目进行验证,这样 apk 签署后可进行许多修改,这样可以移动甚至重新压缩文件。
- V2:验证压缩文件的所有字节,而不是单个 zip 条目,因此,在签名后无法再更改(包括 zipalign)。正因如此,现在在编译过程中,我们将压缩、调整和签署合并成一步完成。好处是显而易见的,其更安全而且新的签名可在设备上缩短验证的时间(不需要费时地解压缩然后验证),从而加快应用安装速度。

V1 和 V2 的签名使用:

① 只勾选 V1 签名并不会影响什么,但是在 7.0 上不会使用更安全的验证方式;

② 只勾选 V2 签名 7.0 以下会直接安装完显示未安装,7.0 以上则使用了 V2 的方式验证;

③ 同时勾选 V1 和 V2,则所有机型都没问题。

对于打包好的 apk,国内市场可以发布到各大应用商店,例如 360 手机助手、腾讯应用宝、小米商店、华为应用市场、oppo 应用商店、vivo 应用商店这些平台。国外市场可以发布到谷歌应用市场。

应用上传的基本流程：

① 在各个应用市场注册自己的账号（企业账号需要准备企业相关的证书）；

② 应用市场审核通过之后，上传自己的应用进行审核；

③ 应用审核通过就可以在应用市场下载。

需要准备的资料：企业的营业执照扫描件，法人的身份证件、邮箱和手机号码等。每个市场的要求不同，具体的按照注册流程做就可以。

应用上传时需要准备的资料：应用的 apk 文件、应用 logo 图、应用截图（一般最少四张）、应用描述、关键词、软件著作权证书和应用权限等，大体上是这些，但是每个市场的具体要求不同，提交时一定要按要求填，否则就会由于某一个细节问题审核不通过。提交时最好附带一个测试账号和密码，有利于通过审核。提交完成后，等待审核结果就可以了，一般 3~5 天就能收到审核结果。

第 6 章

Android 开发技术

6.1 开发技术简介

开发 Android 应用程序需要了解一些主要的概念,这些概念组合在一起,就形成了 Android 应用运行环境 JVM 展示给开发者的开发模型或驱动接口。而随着对 Android 应用开发的深入,我们会渐渐发现这所有规则或概念的背后,有一个指引的精神,它就是"体验"。

Activity 是安卓应用开发中最基本和最常见的组件,一个 Activity 通常就是一个单独的显示屏幕,加载着各种按钮、菜单、列表和文字描述等控件,可以监听并处理用户的事件做出响应。多个 Activity(可能是不同的 Android 应用)在安卓手机中形成一个栈,某一个时刻只有一个 Activity 处在栈顶是运行状态(可见或前台状态),这些 Activity 相互切换的过程中,除了需要做相关持久化的工作,还要做好生命周期的管理以及跳转处理。

四大组件。安卓应用程序主要由四大组件组成,这四个组件构成了 Android 的核心功能。它们分别是:Activity 组件、Service 组件、Broadcast 与 Receiver 组件、Content Provider 组件。

- Activity 组件:由 views 组成的单独用户界面,并响应事件;
- Service 组件:没有界面且常驻系统的代码;
- Broadcast 与 Receiver 组件:App 之间事件的广播和处理;
- Content Provider 组件:向其他程序共享数据的方法。

六大布局。安卓应用的界面是由布局和组件协同完成的,布局好比是建筑里的框架,而组件则相当于建筑里的砖瓦。组件按照布局的要求依次排列,就组成了用户所见的界面。六大布局分别是线性布局 LinearLayout、表格布局 TableLayout、相对布局 RelativeLayout、帧布局 FrameLayout、绝对布局 AbsoluteLayout 和网格布局 GridLayout。

常用的数据存储方式包括:

- SharedPreferences 存储:存储一些键值对,一般用来存储配置信息;
- 文件存储:存储文本或二进制数据,又分内部存储和外部存储,内部存储是程序运行时自动分配的私有的目录空间；外部存储是所有程序可公开申请使用的目录空间，外部存储可能会被移动；
- SQLite 数据库存储：通过创建微型关系型数据库来存储；
- ContentProvider 存储：与第三方 App 通过标准接口获得数据；
- 网络存储：通过网络访问协议及接口存取数据。

Android 线程沿用了 Java 线程模型，Java 中默认一个进程有一个主线程，其他线程称之为子线程，也叫工作线程，Android 中主线程也叫 UI 线程。我们需要掌握一些在 Android 应用线程的特性，例如要求网络访问必须在子线程中进行，主线程不能执行耗时过长的操作，更新 UI 和响应事件必须在主线程中执行。

根据 Android 应用开发的相关特性，钱包项目也应该要能够定制出相应的开发策略，例如密码及密钥应该用什么存储方式比较安全；加密解密的算法应该放在哪个线程；获得区块链网络节点的方法应该放在哪个线程等，这部分将会在接下来的章节展开。

关于更详细的开发资料，推荐直接上安卓开发者官网，上面有丰富的安卓组件、Java 开发示例以及设计最佳的实践资料。

6.2 应用架构

软件领域的架构主要体现在模块之间的"高内聚，低耦合"，简单来讲就是单一职责的功能封装成模块，在模块内部高度聚合，模块与模块之间降低互相依赖的要素，即低耦合。比如常用的网络库、文件存储模块、日志输出模块等，在每个模块内部功能单一，代码高度内聚，但是网络库与日志输出库又不互相依赖，都可以独立工作，互不干扰，这就是所谓的低耦合。

通过设计使程序模块化，做到模块内部的高聚合和模块之间的低耦合。这样做的好处是使得程序在开发的过程中，开发人员只需要专注于某一个功能部分，提高程序开发的效率，并且更容易进行后续的测试以及定位问题。

我们需要了解一下应用开发中常用的几个架构设计模式：

1. MVC

MVC 全名是 Model View Controller，是模型（model）—视图（view）—控制器（controller）的缩写，是一种软件设计典范，用一种业务逻辑、数据和界面显示分离的方法组织代码。数据业务逻辑结构与显示无关，例如一个统计数据模型，可以在界面上以柱状图显示，也可以用饼状图显示，切换过程不需要重新定义数据模型结构或重新编写业务处理逻辑。

其中 M 层定义及处理数据和业务逻辑等；V 层处理界面的显示结果；C 层用来控制 V 层和 M 层，并根据 V 层的事件做出相应的业务逻辑调用，从而达到分离视图显示和业务逻辑层。

Android 采用了当前比较流行的 MVC 框架：
View：一般采用 XML 文件进行界面的描述；
Controller：Activity 可看作是控制层；
Model：根据应用需求定义的业务逻辑与数据对象。

2. MVP

在 Android 开发过程中，Activity 经常出现的问题就是代码量过大，Activity 并不是一个标准的 MVC 模式中的 Controller，它的首要职责是加载应用的布局和初始化用户界面，并接受和处理来自用户的操作请求，进而做出响应。但是随着界面及其逻辑的复杂度不断提升，Activity 类的职责不断增加，以致变得庞大臃肿。尤其是 Model 仅仅承接了数据模型定义及基本的操作，而大部分的业务逻辑，往往会跑到 Activity 中去。

MVP 框架的出现主要就是为了解决这个问题。MVP 从更早的 MVC 框架演变过来，该框架由 3 部分组成：View 负责显示，Presenter 负责逻辑处理，Model 提供数据。MVP 模式通常包含 3 个要素：

- View：负责绘制 UI 元素，与用户交互，在 Android 中体现为 Activity、Fragment、Adapter 等直接和 UI 相关的类；
- Presenter：作为 View 与 Model 交互的中间纽带，处理与用户交互处理逻辑；Activity 在启动之后实例化 Presenter，并叫控制权移交；
- SModel：负责存储、检索和操纵数据，实现算法处理。

MVP 最大的功劳就是将 Activity 复杂的逻辑处理移至 Presenter 中，然后 Activity 可以专注于负责 UI 初始化，建立 UI 元素与 Presenter 的关联，同时自己也会处理一些简单的逻辑，从而避免 Activity 的臃肿。

所有业务逻辑操作都放在 Presenter 内也容易造成 Presenter 内的代码量过大，并且 Presenter 也需要负责对 UI 进行维护读写更新数据，也容易导致业务逻辑混乱不易维护。

3. MVVM

人们发现，UI 界面部分其实也会产生相应的业务逻辑及数据模型，这些显示业务逻辑和显示数据模型是与 UI 有极大依赖的，如果能够把这一部分从 Presenter 分离出来，那么就可以大大减轻代码量。最后大家发现通过数据双向绑定 Data Binding 技术，可以实现 View 控制逻辑和 View 界面显示相关的数据 Model 完美双向自动交互，使得开发者可以专注于底层业务逻辑设计，以及只需设计面向视图的数据模型，而视图的数据模型与视图交互则有 Data Binding 框架自动交互。

这种面向 DataBinding 技术可以有效地彻底把 View 及控制器，与底层业务逻辑及 Model 分离，从而大大降低各个模块的耦合度，易于维护，称其为 MVVM。

4. 简单总结

MVC 提出了一个优秀的设计模式：当在 App 设计开发遇到困难的时候，MVP 提出了尝试解决的方法，但是并没有彻底解决；MVVM 通过数据绑定 DataBinding 实现机制，提出了面向视图 ViewModel 的设计开发方式，很好地实现了视图层与 Model 有效分离，App 的控制层从此变得清晰无比。

6.3 Java 开发语言

Android 以 Java 为主要编程语言，也支持 Kotlin 编译成 Java 字节码并在 JVM 上运行，因为 Kotlin 完全与 Java 互相支持调用，所以可以在 Kotlin 中使用开发者最喜欢的 Java 框架和三方库，并且其他 Java 开发人员也可以使用开发的 Kotlin 框架。当然它也支持包括原生开发等四大类开发方式：Native App 原生开发、Web App 移动网页开发、Hybrid App 混合式开发和 React Native App 开发。

钱包开发的核心功能如密钥存储、导入导出和数字签名等部分通常会使用原生的方式来开发。部分功能如 DApp 嵌入式执行或者说 DApp 浏览器，则一般会用混合式来开发，原生提供 WebView，并且在 WebView 注入 Web3js 作为运行 DApp 容器来加载并运行 DApp，当然 DApp 是采用 H5 方式来开发的。

Java 是一门面向对象编程语言，Java 语言不仅吸收了 C++ 语言的各种优点，还摒弃了 C++ 里难以理解的指针等概念，具有功能强大和简单易用两个特征，极好地实现了面向对象理论。Java 可以让程序员专注于应用的业务逻辑，以优雅的思维方式进行复杂的编程。

Java 语言具有简单性、面向对象、分布式、健壮性、安全性、跨平台与可移植性、多线程和动态性等特点。可以编写 App 手机应用程序、Web 应用程序、桌面应用程序、企业级分布式系统和嵌入式系统应用程序等。

Java 于 1995 年由 SUN 公司推出并快速风靡全球，后来在 2009 年被 Oracle 公司收购。Java 从诞生开始就有着一大批全球顶级老牌公司的支持，包括 IBM、Apple、DEC、Adobe、HP、Oracle、Netscape 和 Microsoft 等，有着极其庞大的开发工具支持数量以及开发者社群数量，有太多的经典开源项目是基于 Java 来开发的，可以说是开源项目的最佳伴侣。

从另一方面来看，Java 不单单是一种开发语言，而是代表着一个庞大的技术集合或体系。如果要使用 Java 做某一方面应用程序的开发，仅仅熟悉 Java 语言的语法规则及变量的定义是远远不够的，还需要对该应用所处的运行环境 JVM 的模式规则及特点进行充分的学习并掌握。

接下来将对 Java 在安卓应用中体现不同的特性重点讨论。

1. Java 基本数据类型

Java 语言提供了八种基本数据类型。六种数字类型（四个整数型，两个浮点型),一种字符类型,还有一种布尔型。

byte:数据类型是 8 位、有符号的,以二进制补码表示的整数;

数值范围是从$-128(-2^7)$到$127(2^7-1)$;

short:数据类型是 16 位、有符号的,以二进制补码表示的整数;

数值范围是从$-32768(-2^{15})$到$32767(2^{15}-1)$;

int:数据类型是 32 位、有符号的,以二进制补码表示的整数;

数值范围是从$-2,147,483,648(-2^{31})$到$2,147,483,647(2^{31}-1)$;

long:数据类型是 64 位、有符号的,以二进制补码表示的整数;

数值范围是从$-9,223,372,036,854,775,808(-2^{63})$至$9,223,372,036,854,775,807(2^{63}-1)$;

长整型的数值如果超过 int 型范围,则需要在数值后面加英文字母 L(l),表示该数值是长整型,"L"不分大小写,但是若写成小写"l"容易与数字"1"混淆,不容易分辩,所以最好大写。如果没有写 L,例如以下例子,第二行如果没有在数值后面加 L,IDE 就会提示有错误:

long intNumber=2147483647;

long longNumber=2147483648L;

float:数据类型是单精度、32 位、符合 IEEE 754 标准的浮点数;

浮点数不能用来表示精确的值,如货币;

float floatNumber=2147483648F;

double:数据类型是双精度、64 位、符合 IEEE 754 标准的浮点数;

double 类型同样不能表示精确的值,如货币;

doubledoubleNumber=2147483648D;

boolean:数据类型表示一位的信息;

只有两个取值:true 和 false;这种类型只作为一种标志来记录 true 或 false 的情况;

char:数据类型是一个单一的 16 位 Unicode 字符;

取值范围从"\u0000(即为 0)"至"\uffff(即为 65,535)";

char letter='A';

2. Java 大数值处理

Java 中有两个类即 java.math.BigInteger 和 java.math.BigDecimal,分别表示大整数类和大浮点数类,理论上能够表示无线大的数,只要计算机的内存足够大。

在区块链中,一个数值用一个很大的整型数值结合小数位的个数来表示,小数位动辄就有十几位甚至几十位,再加上整数位的个数,整个数值的位数相对比较大,一般开发语言的基本数据类型无法对其进行方便地存储或处理。因此,了解 BigInteger 的用法在进行数字钱包开发中显得尤为重要。

3. BigInteger

先来了解一下 BigInteger 的基本信息。该类在于"java.math.*"包中,使用时需在相应的类文件开头引用该包。

常用构造函数如下:

BigInteger(byte[] val)　　　　　　　//根据一个 Big-Endian 字节数组数值来构造
BigInteger(String val)　　　　　　　//根据一个十进制数字的字符来构造
BigInteger(String val, int radix)　　//根据一个指定进制数字的字符来构造

其他构造方法:

BigInteger valueOf(long val)　　　　//根据长整型数值构造一个 BigInteger 对象

常用方法:

BigInteger add(BigInteger val) //相加
BigInteger subtract(BigInteger val) //相减
BigInteger multiply(BigInteger val) //相乘
BigInteger divide(BigInteger val) //相除取整
BigInteger remainder(BigInteger val) //取余
BigInteger pow(int exponent) //求幂
BigInteger negate() //取正负反数
BigInteger gcd(BigInteger val) //最大公约数
BigInteger abs() //绝对值
boolean equals(Object x) //是否相等
int compareTo(BigInteger val) //比大小
String toString() //返回十进制的字符串
String toString(int radix) //返回指定进制的字符串

常用的静态常量:

BigInteger ZERO = new BigInteger(new int[0], 0);
BigInteger ONE = valueOf(1);
BigInteger TEN = valueOf(10);

接下来用一个例子来具体说明其用法:
首先,我们尝试通过三种方式来获取某个地址的余额:
① 从以太坊区块链浏览器查询一个地址的余额:
网址:(也可以直接在 https://etherscan.io/输入账户查询)
https://etherscan.io/address/0x613c023f95f8ddb694ae43ea989e9c82c0325d3a
余额:0.623699332234776605 Ether
② 通过 geth 控制台(从 web3js)方式来查询该地址余额:
命令:eth.getBalance("0x613C023F95f8DDB694AE43Ea989E9C82c0325D3A")
返回结果:623699332234776605

③ 通过请求 web3 JSON API 的方式获得余额：

命令：

curl -X POST https://mainnet.infura.io/v3/1f77b2f5344c42238d190c21869681b7 -H "Content-Type:application/json" --data '{"jsonrpc":"2.0","method":"eth_getBalance","params":["0x613C023F95f8DDB694AE43Ea989E9C82c0325D3A","latest"],"id":1}'

返回结果：

{"jsonrpc":"2.0","id":1,"result":"0x8a7d33cf880901d"}

可以看到第一种方式是最终呈现给用户的结果，其单位是 Ether；第二种方式是呈现给应用程序（通过 web3j 或者 web3js 等进行调用）的结果，单位是 wei；第三种方式则是最底层 JSON API 通讯的返回结果（web3j 或者 web3js 等组件已经帮我们封装并进行处理了），单位也是 wei。

由于应用程序主要是基于 web3j 进行开发的，所以只需要考虑如何对一个字符串的大数值进行接收存储及处理和显示即可。

假设现在手头有 10 个以太坊地址，分别拥有一定的余额，此时需要统计一下它们的总额。为了更清楚地把数值表达描述清楚，直接运行下面的代码：

```java
package com.example.myfirstapp;

import android.support.v7.app.AppCompatActivity;
import android.os.Bundle;

/**
 * 演示程序主入口,调用其他各个模块演示功能。
 * 模块输出一般使用 System.out.println()方式。
 */
public class MainActivity extends AppCompatActivity {

    @Override
    protected void onCreate(Bundle savedInstanceState) {
        super.onCreate(savedInstanceState);
        setContentView(R.layout.activity_main);

        //调用演示大整数功能
        DemoBigNumber.demoBigInteger01();
    }
}

package com.example.myfirstapp;
```

```java
import java.math.BigDecimal;
import java.math.BigInteger;

/**
 * 演示大数值转换和操作,包括大整数和大浮点数
 */
public class DemoBigNumber {
    //通过web3j获得的10个账户余额,放在一个字符串数组里面,暂时用模拟数据
    static String[] balanceStrArr = {
            "6236993322234776605",
            "1623699332234776605",
            "2623699332234776605",
            "3623699332234776605",
            "4623699332234776605",
            "5623699332234776605",
            "6623699332234776605",
            "7623699332234776605",
            "8623699332234776605",
            "9623699332234776605"};

    public static void demoBigInteger01(){
        //初始化一个加总变量,初始值为0
        BigInteger totalBalance = BigInteger.ZERO;

        for(int i = 0;i < balanceStrArr.length;i ++ ) {
            //根据一个十进制数字的字符来构造
            BigInteger balance = new BigInteger(balanceStrArr[i]);
            //总数加上账户的余额
            totalBalance = totalBalance.add(balance);
        }

        System.out.println("十个账户总额为:" + totalBalance.toString() + " wei");

        //以太币最小单位是wei,转成为Ether,除以10的18次方
        BigInteger ethFactor = BigInteger.valueOf(10).pow(18);
        totalBalance = totalBalance.divide(ethFactor);
        System.out.println("十个账户总额为:" + totalBalance.toString() + "Ether");
    }
}
```

为了简化案例,直接在Activity主类的onCreate方法里面执行演示代码。在demoBigInteger01方法中,balanceStrArr数组变量定义了10个账户的余额字符串,

它是通过 web3j 查询到的结果。

首先把变量初始化一个为零的大整型对象,然后通过循环把账户余额数组中的每一个数据进行加总,其中使用参数为字符的构造函数生成 BigInteger 对象。最后结果有两种方式显示,一种是最小单位 wei 来直接显示,第二种是最大单位 Ether 来显示,注意到 wei 转换为 Ether 的时候,小数的部分被舍弃了。

最终程序输出的结果(Logcat)如下:

```
2019-05-30 09:44:11.997 4089-4089/com.example.myfirstapp I/System.out: 十个账户总额为:51236993322347766050 wei
2019-05-30 09:44:11.997 4089-4089/com.example.myfirstapp I/System.out: 十个账户总额为:51 Ether
```

需注意的是,在 Android Studio 主界面的下方,程序日志输出(Logcat)会包含很多信息,需要在搜索栏里面设置显示过滤器(Filters)的值为:System.out,那么输出就会仅仅显示程序打印的结果,而不会被其他无关输出淹没。

4. BigDecimal

BigInteger 只能存储整数,不含小数点,所以在保存不是最小单位的数值时,就无法保存完整的数值。

BigDecimal 是 Java 在 java.math 包中提供的 API 类,用来对超过 16 位有效位的数进行精确的运算。双精度浮点型变量 double 可以处理 16 位有效数。在实际应用中,需要对更大或者更小的数进行运算和处理。另外 float 和 double 只能用来做科学计算或者工程计算,在商业计算中要用 java.math.BigDecimal。

由于 BigDecimal 创建的是对象,不能使用传统的"+、-、*、/"等算术运算符直接对其对象进行数学运算,而必须调用其相对应的方法,方法中的参数也必须是 BigDecimal 的对象。构造方法也是类的特殊方法。

常用构造函数如下:

```
BigDecimal(int)           //根据一个整数创建大浮点数对象
BigDecimal(double)        //根据一个双精度值创建大浮点数对象
BigDecimal(long)          //根据一个长整型创建大浮点数对象
BigDecimal(String)        //根据一个字符串表示的数值创建大浮点数对象
BigDecimal(BigInteger)    //根据一个大整数对象创建大浮点数对象
```

其他构造方法:

```
BigDecimal valueOf(double)   //根据一个双精度值创建大浮点数对象
BigDecimal valueOf(long)     //根据一个长整型创建大浮点数对象
```

常用的方法:

```
BigDecimal add(BigDecimal)              //加法
```

```
BigDecimal subtract(BigDecimal)              //减法
BigDecimal multiply(BigDecimal)              //乘法
BigDecimal divide(BigDecimal)                //除法
BigDecimal remainder(BigDecimal val)         //取余
BigDecimal pow(int exponent)                 //求幂
BigDecimal negate()                          //取正负反数
BigDecimal abs()                             //绝对值
boolean equals(Object x)                     //是否相等
int compareTo(BigDecimal val)                //比大小

String toString()                            //将 BigDecimal 对象的数值转换成字符串
double doubleValue()                         //将 BigDecimal 对象中的值以双精度数返回
float floatValue()                           //将 BigDecimal 对象中的值以单精度数返回
long longValue()                             //将 BigDecimal 对象中的值以长整数返回
int intValue()                               //将 BigDecimal 对象中的值以整数返回
```

常用的常量：

```
BigDecimal ZERO = new BigDecimal(BigInteger.ZERO,0,0,1);
BigDecimal ONE = new BigDecimal(BigInteger.ONE,1,0,1);
BigDecimal TEN = new BigDecimal(BigInteger.TEN,10,0,2);
```

重新来看看刚刚统计 10 个账户余额的程序，只需要把转换 Ether 的那一段代码用 BigDecimal 改进一下，就可以精准显示余额的总数。在 DemoBigNumber 类里面增加一个方法，即 demoBigDecimal01，代码如下：

```
public static void demoBigDecimal01(){
    //初始化一个加总变量,初始值为 0
    BigInteger totalBalance = BigInteger.ZERO;

    for(int i = 0;i < balanceStrArr.length;i++){
        //根据一个十进制数字字符串来构造
        BigInteger balance = new BigInteger(b 十进制数字的字符来构 alanceStrArr[i]);
        //总数加上账户的余额
        totalBalance = totalBalance.add(balance);
    }

    System.out.println("十个账户总额为:" + totalBalance.toString() + " wei");
    //转换成 BigDecimal
    BigDecimal totalBalanceEth = new BigDecimal(totalBalance);
    //以太币最小单位是 wei,转成为 Ether,除以 10 的 18 次方
    BigDecimal ethFactor = BigDecimal.valueOf(10).pow(18);
    totalBalanceEth = totalBalanceEth.divide(ethFactor);
```

```
System.out.println("十个账户总额为:" + totalBalanceEth.toString() + " Ether");
}
```

这里只列出改进后的方法,首先把汇总后的数值转换成 BigDecimal 对象,然后除以 10 的 18 次方的一个 BigDecimal 对象。输出结果如下:

2019 - 05 - 30 11:58:47.002 9322 - 9322/com.example.myfirstapp I/System.out:十个账户总额为:51236993322347766050 wei
2019 - 05 - 30 11:58:47.002 9322 - 9322/com.example.myfirstapp I/System.out:十个账户总额为:51.23699332234776605 Ether

注意,并没有特别设置 BigDecimal 的小数位 scale 的个数,主要是因为余额加总的结果小数位个数最多为 18 位,而结果会自动去最后的 0,最后小数位为 17 位:51.23699332234776605。

异步编程方式

1. Future

JDK 5 引入了 Future 模式。Future 接口是 Java 多线程 Future 模式的实现,在 java.util.concurrent 包中,可以进行异步计算。

在一般 Java 多线程的简单实现中,不管是继承 thread 类还是实现 Runnable 接口,由于 Runnable 接口中的 run()方法的返回值是 void,因此在线程执行完毕后都无法拿到执行结果。通常是程序代码需要额外创建公用的变量来记录每个线程执行的进度。

如何获取到线程执行的结果呢? 一般情况下,需要用到 Callable、Future 以及 ExecutorService。首先看下 Callable,Callable 位于 java.util.concurrent 包下,它也是一个接口,里面只声明了一个方法 call(),代码如下:

```
public interface Callable <V> {
    V call() throws Exception;
}
```

可以看到在 Callable 接口中的 call()方法是有返回值的,也可以抛出异常。在使用的时候通过 ExecutorService 的 submit 方法执行 Callable,并返回 Future 对象,通过 Futrue 对象可以拿到线程的执行情况以及返回结果。

Future 接口的 5 种主要方法:

① get():可以当任务结束后返回一个结果,如果调用时,工作还没有结束,则会阻塞线程,直到任务执行完毕。

② get(long timeout,TimeUnit unit):同上面的 get 功能一样,多了设置超时时间。参数 timeout 指定超时时间,uint 指定时间的单位,在枚举类 TimeUnit 中有相关的定义。如果计算超时,将抛出 TimeoutException。

③ cancel(boolean mayInterruptIfRunning):取消任务的执行。参数指定是否立

即中断任务执行,或者等任务结束。

④ isDone():判断当前方法是否完成。

⑤ isCancel():判断当前方法是否取消。

Future 存在的局限性:

① Future 虽然可以实现获取异步执行结果的需求,但是它没有提供通知的机制,我们无法得知 Future 什么时候完成。

② get 方法获取结果的时候,会进入等待阻塞状态,这时候又变成同步操作,如果使用 isDone 循环判断任务是否完成,会耗费 CPU 资源。具体的实例代码如下:

```java
public static void demoFutureCallable() {
    Callable <String> estCallable = new Callable <String> (){
        @Override
        public String call() throws Exception {
            Thread.sleep(2000);
            return "Hello world";
        }
    };
    ExecutorService executorService = Executors.newSingleThreadExecutor();
    Future <String> future = executorService.submit(TestCallable);
    try {
        System.out.println("执行结果 isDone:" + future.isDone());
        System.out.println("执行结果 isCancelled:" + future.isCancelled());
        System.out.println("执行结果 get:" + future.get());
        System.out.println("去做其他事");

    } catch (Exception e) {

    } finally {
        executorService.shutdown();
    }
}
```

执行结果如下:

2019 - 06 - 26 17:32:27.991 14042 - 14042/com.example.myfirstapp I/System.out: 执行结果 isDone:false

2019 - 06 - 26 17:32:27.991 14042 - 14042/com.example.myfirstapp I/System.out: 执行结果 isCancelled:false

2019 - 06 - 26 17:32:29.991 14042 - 14042/com.example.myfirstapp I/System.out: 执行结果 get:Hello world

2019 - 06 - 26 17:32:29.992 14042 - 14042/com.example.myfirstapp I/System.out: 去做其他事

从 Log 可以看出在线程执行完之前,我们拿到的线程是否执行完成、是否取消的状态都是 false,同时在 future.get() 获取到线程执行结果之前进入了等待阻塞的状态。

2. CompletableFuture

在 Java8 新增了 CompletableFuture 类,CompletableFuture 具有以下特点:

① 它能够将回调放到与任务不同的线程中执行,也可以放到在与任务相同的线程中执行,同时避免了传统回调最大的问题,那就是能够将控制流分离到不同的时间处理器中。

② 弥补了 Future 模式的缺点,在异步的任务完成后,需要用其结果继续操作时,无需等待。可以直接通过 thenAccept、thenApply 和 thenCompose 等方式将前面异步处理的结果交给另外一个异步事件处理线程来处理。

CompletableFuture 一共提供了四个静态方法用来创建异步操作。其中 runAsync 不支持返回值,supplyAsync 支持返回值。相关方法声明列举如下:

```
public static CompletableFuture <Void> runAsync(Runnable runnable)
public static CompletableFuture <Void> runAsync(Runnable runnable, Executor executor)
public static <U> CompletableFuture <U> supplyAsync(Supplier <U> supplier)
public static <U> CompletableFuture <U> supplyAsync(Supplier <U> supplier, Executor executor)
```

同时 CompletableFuture 提供了四个回调方法,当需要线程执行完成后进行其他操作时,可以使用其中的 whenComplete 或者 whenCompleteAsync 方法。其中 whenComplete 和 whenCompleteAsync 的不同在于,whenComplete 中的内容是在当前任务的执行线程中继续执行,而 whenCompleteAsync 中的内容将提交给线程池来执行:

```
public CompletableFuture <T> whenComplete(BiConsumer <? super T,? super Throwable> action)
public CompletableFuture <T> whenCompleteAsync (BiConsumer <? super T,? super Throwable> action)
public CompletableFuture <T> whenCompleteAsync (BiConsumer <? super T,? super Throwable> action, Executor executor)
public CompletableFuture <T> exceptionally (Function <Throwable,? extends T> fn)
```

具体的实例代码如下:

```
public static void demoCompletableFuture() throws ExecutionException, InterruptedException {
    //创建一个异步操作
    CompletableFuture <String> future = CompletableFuture.supplyAsync(new Supplier <String>() {
```

```java
            @Override
            public String get() {
                try {
                    System.out.println("开始执行");
                    Thread.sleep(2000);
                } catch (InterruptedException e) {
                    e.printStackTrace();
                }
                return "Hello world";
            }
});
//执行完成的回调
future.whenComplete(new BiConsumer<String, Throwable>() {
    @Override
    public void accept(String s, Throwable throwable) {
        System.out.println("执行完成结果:" + s);
    }
});
//执行失败的回调
future.exceptionally(new Function<Throwable, String>() {
    @Override
    public String apply(Throwable t) {
        System.out.println("执行失败:" + t.getMessage());
        return null;
    }
});
System.out.println("去做其他事");
}
```

执行结果如下：

2019-06-26 17:26:02.393 12880-12880/com.example.myfirstapp I/System.out：去做其他事

2019-06-26 17:26:02.393 12880-12998/com.example.myfirstapp I/System.out：开始执行

2019-06-26 17:26:04.393 12880-12998/com.example.myfirstapp I/System.out：执行完成结果:Hello world

从 Log 结果可以看到，通过 CompletableFuture，可以将部分耗时的操作及处理放在异步方法里，主线程无需阻塞等待。

6.4 其他开发语言

1. Kotlin

Kotlin 是一种在 Java 虚拟机上运行的静态类型编程语言,被称之为 Android 世界的 Swift,由 JetBrains 设计开发并且开源。Kotlin 可以编译成 Java 字节码,也可以编译成 JavaScript,方便在没有 JVM 的设备上运行。在 Google I/O 2017 中,Google 宣布的 Kotlin 成为 Android 的官方开发语言。

Kotlin 是一门静态语言,支持多种平台,包括移动端、服务端以及浏览器端,此外,Kotlin 还是一门融合了面向对象与函数式编程的语言,支持泛型、安全的空判断,并且 Kotlin 与 Java 可以做到完全交互。Kotlin 的特点:

① 简洁:大大减少样板代码的数量;
② 安全:避免空指针异常等整个类的错误;
③ 互操作性:充分利用 JVM、Android 和浏览器的现有库;
④ 工具友好:可用任何 Java IDE 或者使用命令行构建。

使用 Kotlin 进行 Android 开发:

Kotlin 非常适合开发 Android 应用程序,将现代语言的所有优势带入 Android 平台而不会引入任何新的限制。

兼容性:Kotlin 与 JDK 6 完全兼容,保障了 Kotlin 应用程序可以在较旧的 Android 设备上运行而无任何问题。Kotlin 工具在 Android Studio 中会完全支持,并且兼容 Android 构建系统。

性能:由于非常相似的字节码结构,Kotlin 应用程序的运行速度与 Java 类似。随着 Kotlin 对内联函数的支持,使用 lambda 表达式的代码通常比用 Java 写的代码运行得更快。

互操作性:Kotlin 可与 Java 进行 100% 的互操作,允许在 Kotlin 应用程序中使用所有现有的 Android 库。Kotlin 也支持注解处理能力,它的数据绑定方式与 Dagger 也一样。

占用:Kotlin 具有非常紧凑的运行时库,可以通过使用 ProGuard 进一步减少。在实际应用程序中,Kotlin 运行时只增加几百个方法以及 apk 文件不到 100KB 大小。

编译时长:Kotlin 支持高效的增量编译,所以对于清理构建会有额外的开销,增量构建通常与 Java 一样快或者更快。

学习曲线:对于 Java 开发人员,Kotlin 入门很容易。Kotlin 提供了一个键从 Java 转换到 Kotlin 的功能。koans 是官方推出的提供 Kotlin 语法练习的一个工具,它通过一系列互动练习来帮助开发人员快速掌握 Kotlin 语言的主要功能。

2. Kotlin JavaScript 概述

Kotlin 提供了 JavaScript 作为目标平台的能力。它通过将 Kotlin 转换为 JavaScript 来实现。目前的实现目标是 ECMAScript 5.1，但也有最终目标为 ECMAScript 2015 的计划。当你选择 JavaScript 目标时，作为项目一部分的任何 Kotlin 代码以及 Kotlin 附带的标准库都会转换为 JavaScript。然而这不包括使用的 JDK 和任何 JVM 或 Java 框架或库。任何不是 Kotlin 的文件会在编译期间忽略掉。

Kotlin 编译器努力遵循以下目标：

① 提供最佳大小的输出；

② 提供可读的 JavaScript 输出；

③ 提供与现有模块系统的互操作性；

④ 在标准库中提供相同的功能，无论是 JavaScript 还是 JVM 目标（尽最大可能程度）。

Kotlin/Native 用于原生开发：

Kotlin/Native 是一种将 Kotlin 代码编译为无需虚拟机就可运行的原生二进制文件的技术。它是一个基于 LLVM 的 Kotlin 编译器后端以及 Kotlin 标准库的原生实现。

Kotlin/Native 支持以下平台：

① iOS(arm32、arm64、模拟器 x86_64)；

② MacOS(x86_64)；

③ Android(arm32、arm64)；

④ Windows(mingw x86_64、x86)；

⑤ Linux(x86_64、arm32、MIPS、MIPS 小端次序、树莓派)；

⑥ WebAssembly(wasm32)。

Kotlin/Native 支持与原生世界的双向互操作。一方面，编译器可创建：

① 用于多个平台的可执行文件；

② 用于 C/C++ 项目的静态库或动态库以及 C 语言头文件；

③ 用于 Swift 与 Objective-C 项目的 Apple 框架；

④ 另一方面，支持直接在 Kotlin/Native 中使用以下现有库的互操作：

　　静态或动态的 C 库；

　　C. Swift 和 Objective-C 框架。

第 7 章

Android 开源库

在软件项目开发中,适当引入一些业界流行的、优秀的第三方组件,往往能够简化并加快项目的开发速度,尤其在 Ardroid 应用项目开发格外重要。接下来会陆续给大家介绍一些实用的第三方组件,这些组件在后面的具体项目说明中将会应用到。

7.1 OkHttp

OkHttp 是一个轻量级开源框架,它是一款现代、高效、快速的 HTTP 客户端。其特点:

① HTTP/2 支持允许对同一主机的所有请求共享一个 Socket;
② 在 Http/2 不可用时,连接池可极大减少延时;
③ 透明 GZIP 缩小了下载大小;
④ 支持响应缓存,可以完全避免网络重复请求。

当网络出现问题的时候,OkHttp 能够自动保持并自动从常见的连接问题中恢复。如果您的服务有多个 IP 地址,如果第一次连接失败,OkHttp 将尝试备用地址。

OkHttp 简单易用。它的请求/响应 API 采用流畅的构建器设计,它支持同步阻塞调用和带回调的异步调用。OkHttp 支持 Android 5.0+(API 级别 21+)和 Java 8+。

在 Gradle 项目中使用 OkHttp 很简单,只需要在依赖中加入一下命令即可:

```
implementation "com.squareup.okhttp3:okhttp:3.9.0"
```

同时需要在 AndroidManifest 中增加网络权限:

```
<uses-permission android:name="android.permission.INTERNET"/>
```

下面通过一段代码来演示如何使用 OkHttp 框架实现 GET 请求:

```
private static OkHttpClient client = new OkHttpClient();
private static String url = "https://api.github.com/rate_limit";
public static void demoOkhttpGet() throws IOException {
    Request request = new Request.Builder()
            .url(url).get()
            .build();
```

```java
//将 Request 封装成 call
Call call = client.newCall(request);
//执行 call,这个方法是异步请求数据
call.enqueue(new Callback() {
    @Override
    public void onFailure(Call arg0, IOException arg1) {
        //失败调用
    }

    @Override
    //由于 OkHttp 在解析 response 时依靠的是 response 头信息当中的 Content-Type
    //字段来判断解码方式
    //OkHttp 会使用默认的 UTF-8 编码方式来解码
    //这里使用的是异步加载,如果需要使用控件,则在主线程中调用
    public void onResponse(Call arg0, Response arg1) throws IOException {
        //成功调用
        System.out.println("Okhttp get 方法 Demo 获取数据:" + new Gson().toJson(arg1.body().string()));
    }
});
}
```

最终程序输出结果如下:

2019-06-24 17:07:29.766 32659-32698/com.example.myfirstapp I/System.out: Okhttp get 方法 Demo 获取数据:{"resources":{"core":{"limit":60,"remaining":60,"reset":1561370848},"search":{"limit":10,"remaining":10,"reset":1561367308},"graphql":{"limit":0,"remaining":0,"reset":1561370848},"integration_manifest":{"limit":5000,"remaining":5000,"reset":1561370848}},"rate":{"limit":60,"remaining":60,"reset":1561370848}}

下面的例子展示了 POST 数据到服务器的例子:

```java
/**
 * Okhttp post 方法演示
 */
public static void demoOkhttpPost() {
    RequestBody requestBodyPost = new FormBody.Builder()

            .build();
    Request requestPost = new Request.Builder()
            .url(url)
            .post(requestBodyPost)
            .build();
    client.newCall(requestPost).enqueue(new Callback() {
```

```
        @Override
        public void onFailure(Call arg0, IOException arg1) {
            // TODO Auto-generated method stub
        }
        @Override
        public void onResponse(Call arg0, Response arg1) throws IOException {
            //okHttp 还支持 GJson 的处理方式
            //在这里可以进行 List <bean> 和 bean 处理
            System.out.println("Okhttp post 方法执行结果:" + arg1.body().string());
        }
    });
}
```

最终程序输出的结果(Logcat)如下:

```
2019-06-24 17:13:22.873 2521-2639/com.example.myfirstapp I/System.out: Okhttp post 方法执行结果:{"message":"Not Found","documentation_url":"https://developer.github.com/v3"}
```

7.2 Retrofit

Retrofit 是一款开源的网络请求框架。Retrofit 底层是基于 OkHttp 实现的,它主要的特点就是使用运行时注解的方式提供功能,称其为适用于 Android 和 Java 类型安全的 HTTP 客户端。想要使用 Retrofit 首先要配置 Gradle:

```
dependencies {
    implementation "com.squareup.retrofit2:retrofit:2.3.0"
    implementation "com.squareup.retrofit2:converter-gson:2.3.0"
}
```

Retrofit 将 HTTP 的 API 转换为 Java 接口,示例如下:

```
public interface Demo_Interface {
    // @GET 注解的作用:采用 Get 方法发送网络请求
    // getCall() = 接收网络请求数据的方法
    // 其中返回类型为 Call <*>,* 是接收数据的类(即上面定义的 Translation 类)
    @GET("/rate_limit")
    Call <ResponseBody> getCall();
}
```

以下 Retrofit 类产生一个 Demo_Interface 接口的实现:

```
Retrofit retrofit = new Retrofit.Builder()
        .baseUrl(url) //设置网络请求的 Url 地址
```

```
            .addConverterFactory(GsonConverterFactory.create())  //设置数据解析器
            .build();
Demo_Interface service = retrofit.create(Demo_Interface.class);
```

每一对 Demo_Interface 示例对象的调用,将会产生一个同步或异步的对远程服务器的请求:

```
Call<ResponseBody> call1 = service.getCall();
```

最终程序输出的结果(Logcat)如下:

2019-06-24 17:36:47.295 3938-3938/com.example.myfirstapp I/System.out: Retrofit get 方法执行结果:{"resources":{"core":{"limit":60,"remaining":60,"reset":1561372606},"search":{"limit":10,"remaining":10,"reset":1561369066},"graphql":{"limit":0,"remaining":0,"reset":1561372606},"integration_manifest":{"limit":5000,"remaining":5000,"reset":1561372606}},"rate":{"limit":60,"remaining":60,"reset":1561372606}}

完整代码如下:

```java
package com.example.myfirstapp;

import java.io.IOException;
import okhttp3.ResponseBody;
import retrofit2.Call;
import retrofit2.Callback;
import retrofit2.Response;
import retrofit2.Retrofit;
import retrofit2.converter.gson.GsonConverterFactory;
import retrofit2.http.GET;

public class DemoRetrofit {
    private static String url = "https://api.github.com";
    public interface Demo_Interface {
        // @GET 注解的作用:采用 Get 方法发送网络请求
        // getCall() = 接收网络请求数据的方法
        // 其中返回类型为 Call<*>,* 是接收数据的类(即上面定义的 Translation 类)
        @GET("/rate_limit")
        Call<ResponseBody> getCall();
    }

    public static void demoRetrofitGet(){
        Retrofit retrofit = new Retrofit.Builder()
                .baseUrl(url)  //设置网络请求的 Url 地址
                .addConverterFactory(GsonConverterFactory.create())
                .build();
```

```
        Demo_Interface service = retrofit.create(Demo_Interface.class);
        Call <ResponseBody> call1 = service.getCall();
        call1.enqueue(new Callback <ResponseBody> () {
            @Override
            public void onResponse(Call <ResponseBody> call, Response <ResponseBody> response) {
                try {
                    System.out.println("Retrofit get 方法执行结果:" + response.body().string());
                } catch (IOException e) {
                    e.printStackTrace();
                }
            }

            @Override
            public void onFailure(Call <ResponseBody> call, Throwable t) {

            }
        });
    }
}
```

使用注释可以用来描述 HTTP 请求信息：
- URL 参数替换和查询参数支持；
- 对象与请求体自动转换（例如 JSON 和协议缓冲区）；
- 附件请求主体及文件上传。

OkHttp＋Retrofit

Retrofit 底层对网络的访问默认基于 Okhttp，Retrofit 非常适合于 restful url 格式的请求，使用注解的方式提供功能。OkHttp 和 Retrofit 对比有以下不同：

职责不同：

① Retrofit 主要负责应用层面的封装，就是说主要面向开发者，方便使用，比如请求参数、响应数据的处理和错误处理等；

② OkHttp 主要负责 Socket 部分的优化，比如多路复用、buffer 缓存和数据压缩等。

封装不同：

① Retrofit 封装了具体的请求、线程切换以及数据转换。

② OkHttp 是基于 Http 协议封装的一套请求客户端，虽然它也可以开线程，但根本上它更偏向真正的请求，跟 HttpClient 和 HttpUrlConnection 的职责相同。

二者配合使用的实例如下（其中创建 retrofit 前，先新建一个 OkHttpClient 对

象,然后将该对象作为参数传递给 Betrofit 的对象,从而实现功能上的组合:

```java
/**
 * Retrofit + okhttp 演示 Demo
 */
public static void demoRetrofitOkhttpGet() {
    OkHttpClient.Builder builder = new OkHttpClient().newBuilder()
            .connectTimeout(10, TimeUnit.SECONDS)
            .readTimeout(10, TimeUnit.SECONDS)
            .writeTimeout(10, TimeUnit.SECONDS);
    OkHttpClient client = builder.build();
    Retrofit retrofit = new Retrofit.Builder()
            .baseUrl(url) //设置网络请求的 Url 地址
            .addConverterFactory(GsonConverterFactory.create()) //设置数据解析器
            .client(client)
            .build();
    Demo_Interface service = retrofit.create(Demo_Interface.class);
    // @FormUrlEncoded
    Call <ResponseBody> call1 = service.getCall();
    call1.enqueue(new Callback <ResponseBody> () {
        @Override
        public void onResponse(Call <ResponseBody> call, Response <ResponseBody> response) {
            try {
                System.out.println("Retrofit + Okhttp get 方法执行结果:" + response.body().string());
            } catch (IOException e) {
                e.printStackTrace();
            }
        }

        @Override
        public void onFailure(Call <ResponseBody> call, Throwable t) {

        }
    });
}
```

运行结果如下:

2019-06-24 19:05:10.697 9838-9838/com.example.myfirstapp I/System.out: Retrofit + Okhttp get 方法执行结果:{"resources":{"core":{"limit":60,"remaining":60,"reset":1561377909},"search":{"limit":10,"remaining":10,"reset":1561374369},"graphql":{"limit":0,"remaining":0,"reset":1561377909},"integration_manifest":{"limit":5000,"remaining":5000,"reset":1561377909}},"rate":{"limit":60,"remaining":60,"reset":1561377909}}

7.3 RxJava

1. RxJava 响应式编程

RxJava 是通过使用可观察序列来编写异步和基于事件的 Java 程序的库。如果以务实的眼光，从 Android 应用开发的角度来看 RxJava，可能会很容易得出到底什么是 RxJava。

理由一：RxJava 可以自由切换线程。

UI 主线程，还记得有哪些规则吗？更新界面必须在 UI 主线程，访问网络不能在 UI 主线程，处理时间长耗资源的操作，不建议在 UI 主线程等。

理由二：RxJava 可以链式编程。

Java 实现异步回调所需要的监听器 Listener 等相应的类，可以做得错综复杂，有了 RxJava 就可以简化逻辑。利用操作符还可以解除多层嵌套的问题。

理由三：Rxjava＋Retrofit＋OkHttp。

其实还有更多选择 RxJava 的理由，例如网络访问有了 RxJava 会如虎添翼。

在 Rxjava 中，核心思想是观察者模式，基本实现分为三步：

第一步：初始化 Observable；

第二步：初始化 Observer；

第三步：建立订阅关系。

首先要在项目中加入 RxJava2，在 Android 项目中的 Gradle 文件，增加如下 2 条导入组件的命令：

```
implementation "io.reactivex.rxjava2:rxjava:2.1.6"
implementation "io.reactivex.rxjava2:rxandroid:2.0.1"
```

简单实现代码如下：

```
/**
 * Rxjava 简单演示 Demo
 */
public static void demoRxJava01(){
    //第一步:初始化 Observable
    Observable observable = Observable.create(new ObservableOnSubscribe <Integer>(){
        @Override
        public void subscribe(@NonNull ObservableEmitter <Integer> e) throws Exception {
            System.out.println("Observable emit 1");
```

```java
            e.onNext(1);
            System.out.println("Observable emit 2");
            e.onNext(2);
            System.out.println("Observable emit 3");
            e.onNext(3);
            e.onComplete();
            System.out.println("Observable emit 4");
            e.onNext(4);
        }
    });
    //第二步:初始化 Observer
    Observer observer = new Observer <Integer>() {
        private int i;
        private Disposable mDisposable;

        @Override
        public void onSubscribe(@NonNull Disposable d) {
            mDisposable = d;
        }

        @Override
        public void onNext(@NonNull Integer integer) {
            i++;
            if (i == 2) {
                mDisposable.dispose();
            }
            System.out.println("onNext:" + "Observable emit " + integer);
        }

        @Override
        public void onError(@NonNull Throwable e) {
            System.out.println("Observable onError");
        }

        @Override
        public void onComplete() {
            System.out.println("Observable onComplete");
        }
    };
    //第三步:订阅
    observable.subscribe(observer);
}
```

运行结果如下：

2019 - 06 - 24 19:16:06.826 10943 - 10943/? I/System.out: Observable emit 1
2019 - 06 - 24 19:16:06.827 10943 - 10943/? I/System.out: onNext:Observable emit 1
2019 - 06 - 24 19:16:06.827 10943 - 10943/? I/System.out: Observable emit 2
2019 - 06 - 24 19:16:06.827 10943 - 10943/? I/System.out: onNext:Observable emit 2
2019 - 06 - 24 19:16:06.827 10943 - 10943/? I/System.out: Observable emit 3
2019 - 06 - 24 19:16:06.827 10943 - 10943/? I/System.out: Observable emit 4

从结果可以看到，当 i 增加到 2 的时候，订阅关系已被切断。

在 Android 使用 RxJava 的时候可能需要频繁的进行线程的切换，如耗时操作放在子线程中执行，执行完后在主线程渲染界面，那么就可以通过 subscribeOn 和 observeOn 两个操作符进行线程切换。subscribeOn() 主要改变的是订阅的线程，即 call() 执行的线程，observeOn() 主要改变的是发送的线程，即 onNext() 执行的线程，实例如下：

```java
/**
 * Rxjava 线程切换演示 Demo
 */
public static void demoRxJava01_1() {
    Observable.create(new ObservableOnSubscribe <Integer>() {
        @Override
        public void subscribe(@NonNull ObservableEmitter <Integer> e) throws Exception {
            System.out.println( "Observable thread is" + Thread.currentThread().getName());
            e.onNext(1);
            e.onComplete();
        }
    }).subscribeOn(Schedulers.newThread())
            .subscribeOn(Schedulers.io())
            .observeOn(AndroidSchedulers.mainThread())
            .doOnNext(new Consumer <Integer>() {
                @Override
                public void accept(@NonNull Integer integer) throws Exception {
                    System.out.println( "Observable Thread turn to(mainThread), Current thread is" + Thread.currentThread().getName());
                }
            })
            .observeOn(Schedulers.io())
            .subscribe(new Consumer <Integer>() {
```

```
                @Override
                public void accept(@NonNull Integer integer) throws Exception {
                    System.out.println("Observable Thread turn to(io), Current thread is" + Thread.currentThread().getName());

                }
            });
        }
```

运行结果如下:

```
2019-06-24 19:21:31.605 11276-11326/? I/System.out: Observable thread isRx-NewThreadScheduler-1
2019-06-24 19:21:31.675 11276-11276/? I/System.out: Observable Thread turn to(mainThread), Current thread ismain
2019-06-24 19:21:31.676 11276-11332/? I/System.out: Observable Thread turn to(io), Current thread isRxCachedThreadScheduler-2
```

实例代码中,分别用Schedulers.newThread()和Schedulers.io()对发射线程进行切换,并采用observeOn(AndroidSchedulers.mainThread()和Schedulers.io())进行接收线程的切换。可知输出中发射线程仅仅响应了第一个newThread,但每调用一次observeOn(),线程便会切换一次。

2. RxJava＋OkHttp＋Retrofit

现在流行推荐使用RxJava＋Retrofit＋OkHttp框架,Retrofit负责请求的数据和请求的结果,使用接口的方式呈现。OkHttp负责请求的过程,RxJava负责异步,各种线程之间的切换。使用前需配置Gradle:

```
implementation 'io.reactivex.rxjava2:rxjava:2.1.6'
implementation 'io.reactivex.rxjava2:rxandroid:2.0.1'
implementation "com.squareup.okhttp3:okhttp:3.9.0"
implementation "com.squareup.retrofit2:retrofit:2.3.0"
implementation "com.squareup.retrofit2:converter-gson:2.3.0"
implementation "com.squareup.retrofit2:adapter-rxjava2:2.3.0"
```

下面通过一个简单的例子看一下三者是如何配合使用的。

第一:与之前retrofit创建HTTP API转换为Java接口不同的是需要把Call改成Observable:

```
private interface DemoApiClient {
    @GET("/rate_limit")
    Observable<Response<String>> getCall();
}
```

第二:创建 OkHttpClient 对象:

```
OkHttpClient.Builder builder = new OkHttpClient().newBuilder()
                .connectTimeout(10，TimeUnit.SECONDS)
                .readTimeout(10，TimeUnit.SECONDS)
                .writeTimeout(10，TimeUnit.SECONDS);
        OkHttpClient client = builder.build();
```

第三:创建 Retrofit 对象,此步骤比之前多添加了一个 Rxjava 适配器:

```
RxJava2CallAdapterFactory.create()
Retrofit retrofit = new Retrofit.Builder()
                .baseUrl(url) //设置网络请求的 Url 地址
                .addConverterFactory(GsonConverterFactory.create())
                .addCallAdapterFactory(RxJava2CallAdapterFactory.create())
                .client(client)
                .build();
```

第四:创建网络请求接口实例:

```
DemoApiClient service = retrofit.create(DemoApiClient.class);
```

第五:调用请求接口:

```
service.getCall()
                .map(r -> {
                System.out.println("Rxjava + Retrofit + Okhttp 获取数据:" + r.body());
                return r;
        })
                .subscribeOn(Schedulers.io());
```

完整代码如下:

```
package com.example.myfirstapp;

import java.util.concurrent.TimeUnit;

import io.reactivex.Observable;
import io.reactivex.schedulers.Schedulers;
import okhttp3.OkHttpClient;
import okhttp3.ResponseBody;
import retrofit2.Call;
import retrofit2.Response;
import retrofit2.Retrofit;
import retrofit2.adapter.rxjava2.RxJava2CallAdapterFactory;
import retrofit2.converter.gson.GsonConverterFactory;
```

```java
import retrofit2.http.GET;

public class DemoRxJavaRetrofitOkhttp {
    private static String url = "https://api.github.com";
    private interface DemoApiClient {
        @GET("/rate_limit")
        Observable<Response<String>> getCall();
    }

    /**
     * 演示 Rxjava + Retrofit + Okhttp 三者配合使用
     */
    public static void demoRxJavaRetrofitOkhttp() {
        OkHttpClient.Builder builder = new OkHttpClient().newBuilder()
                .connectTimeout(10, TimeUnit.SECONDS)
                .readTimeout(10, TimeUnit.SECONDS)
                .writeTimeout(10, TimeUnit.SECONDS);
        OkHttpClient client = builder.build();
        Retrofit retrofit = new Retrofit.Builder()
                .baseUrl(url) //设置网络请求的 Url 地址
                .addConverterFactory(GsonConverterFactory.create())
                .addCallAdapterFactory(RxJava2CallAdapterFactory.create())
                .client(client)
                .build();
        DemoApiClient service = retrofit.create(DemoApiClient.class);
        service.getCall()
                .map(r -> {
                    System.out.println("Rxjava + Retrofit + Okhttp 获取数据:" + r.body());
                    return r;
                })
                .subscribeOn(Schedulers.io());
    }
}
```

运行结果如下：

2019 - 06 - 24 19:36:25.732 12491 - 12491/com.example.myfirstapp I/System.out: Retrofit + Okhttp get 方法执行结果：

{"resources":{"core":{"limit":60,"remaining":60,"reset":1561379784},"search":{"limit":10,"remaining":10,"reset":1561376244},"graphql":{"limit":0,"remaining":0,"reset":1561379784},"integration_manifest":{"limit":5000,"remaining":5000,"reset":1561379784}},"rate":{"limit":60,"remaining":60,"reset":1561379784}}

7.4 Dagger

软件领域的架构主要体现在模块之间的"高内聚,低耦合",这六个字听起来有点难以理解,其实通俗来讲就是单一职责的功能封装成模块,在模块内部高度聚合,模块与模块之间不会互相依赖,即低耦合。比如常用的网络库、图片加载库,这都属于两个模块,在每个模块内部功能单一,代码高度内聚,但是网络库与图片加载库又不互相依赖,都可以独立工作、互不干扰,这就是所谓的低耦合。

Dagger是为Android和Java平台提供的一个完全静态的、在编译时进行依赖注入的框架。在开发过程中activity类里面有可能会用到很多其他的类,如果这些类直接在activity中进行实例化,就会导致activity非常依赖很多其他的类,这样的程序耦合非常严重,不便于维护和扩展。那么有什么办法可以让activity可以方便使用到相关的类实例,而又不需要去依赖这些类呢?这个问题需要使用控制反转(Inversion of Control,缩写为IoC)的技术来解决。简单地说,就是需要有一个支持控制反转(IoC)的容器,然后将activity需要用到的这些类放到这个容器里并实例化,那么当activity需要用到相应的类实例的时候,就去IoC容器里面取就可以了。那样就实现了从直接依赖类到依赖这个容器来获取类,从而实现了解耦,这就是依赖注入的思想,即控制反转。

简单地说,Dagger就是用来创造这个容器,所有需要被依赖的对象在Dagger的容器中实例化,并通过Dagger注入到合适的地方,实现解耦,MVP框架就是为解耦而生,因此MVP和Dagger是绝配。如果要使用Dagger首先配置Gradle,在App的Gradle下增加如下依赖:

```
dependencies {
    implementation 'com.google.dagger:dagger:2.15'
    annotationProcessor 'com.google.dagger:dagger-compiler:2.15'
}
```

最简单的一个Dagger使用示例,其编写步骤如下:
第一,创建Moudule:

```
@Module
public class DemoDaggerModuleTest {
    @Provides
    TestEntity DemoTest() {
        return new TestEntity();
    }
    public static class TestEntity {
        String testContent = "test dagger data";
        @Inject
```

```
        public TestEntity() {

        }
    }
}
```

第二，编写 Component 接口使用"@Component"进行标注，里面 void inject() 的参数表示要将依赖注入到目标位置：

```
@Component(modules = {DemoDaggerModuleTest.class})
public interface DemoDaggerComponent {
    //添加@Module 注解
    //添加@Component
    //添加 module
    void intect(MainActivity appleActivity);
}
```

第三，使用 Android Studio 的 Build 菜单编译一下项目，使它自动生成我们编写的 Component 所对应的类，生成的类的名字的格式为 "Dagger＋我们所定义的 Component 的名字"；

第四，在需要注入的类中使用"@Inject"标注要注入的变量，然后调用自动生成的 Component 类的方法 create() 或 builder().build()，然后注入到当前类；在这之后就可以使用这个"@Inject"标注的变量了：

```
public class MainActivity extends AppCompatActivity {
@Inject
    DemoDaggerModuleTest.TestEntity mBus;

    @Override
    protected void onCreate(Bundle savedInstanceState) {
        super.onCreate(savedInstanceState);
        setContentView(R.layout.activity_main);
        DaggerDemoDaggerComponent.create().intect(this);
        System.out.println("Dagger 使用:" + mBus.testContent);
    }
}
```

至此运行项目即可看到注入的结果：

2019 - 06 - 24 18:47:27.910 8609 - 8609/com.example.myfirstapp I/System.out: Dagger 使用:test dagger data

第 8 章

JCA/JCE 开发

8.1 技术简介

JCA(Java Cryptography Architecture)是使用 Java 编程语言处理加密技术的一个标准框架,它属于 Java 安全 API 的一部分,最初是在包中的 JDK 1.1 中引入的。JCA 使用基于 Provider 的体系结构,包含一组功能丰富的 API,例如加密、密钥生成和管理、安全随机数生成和证书验证等,这些 API 帮助开发人员简单快速地在其开发的应用程序中实现加密相关技术的安全功能。

JCE(Java Cryptography Extension)即 Java 加密扩展,是正式发布在 JDK 中,并成为 Java 加密体系结构(JCA)的一部分。JCE 提供加密、密钥生成和密钥协议以及消息验证代码(MAC)算法的框架和实现,JCE 的出现是对 Java 平台很好的补充。

简单地说,JCA 定义了加密功能一系列标准接口,算法实现提供商按照这些接口来实现,开发者通过这些接口来调用。而 JCE 则可以看作是 JCA 的一个具体功能算法的实现,开发者无需购买其他第三方的机密实现就可以使用加密功能。

由于 JCE 对某些国家是有进口管制限制的,比如默认不允许 256 位密钥的 AES 加解密,解决方法是下载官方 JCE 无限制强度加密策略文件,覆盖即可。从 Java 1.8.0_151 和 1.8.0_152 开始,为 JVM 启用无限制强度管辖策略有了一种新的更简单的方法。如果不启用此功能,则不能使用 AES-256。图 8-1 列出了 Java 安全体系中关键的包和类。

1. JCA 核心类和接口

- Provider 和 Security
- SecureRandom,MessageDigest,Signature,Cipher,Mac,KeyFactory,SecretKeyFactory,KeyPairGenerator,KeyGenerator,KeyAgreement,AlgorithmParameter,AlgorithmParameterGenerator,KeyStore,CertificateFactory,和引擎
- Key 接口,KeyPair
- AlgorithmParameterSpec 接口,AlgorithmParameters
- AlgorithmParameterGenerator 和在 java.security.spec 与 javax.crypto.spec

Package	Class/Interface Name	Usage
com.sun.security.auth.module	JndiLoginModule	Performs user name/password authentication using LDAP or NIS
com.sun.security.auth.module	KeyStoreLoginModule	Performs authentication based on key store login
com.sun.security.auth.module	Krb5LoginModule	Performs authentication using Kerberos protocols
java.lang	SecurityException	Indicates a security violation
java.lang	SecurityManager	Mediates all access control decisions
java.lang	System	Installs the SecurityManager
java.security	AccessController	Called by default implementation of SecurityManager to make access control decisions
java.security	DomainLoadStoreParameter	Stores parameters for the Domain keystore (DKS)
java.security	Key	Represents a cryptographic key
java.security	KeyStore	Represents a repository of keys and trusted certificates
java.security	MessageDigest	Represents a message digest
java.security	Permission	Represents access to a particular resource
java.security	PKCS12Attribute	Supports attributes in PKCS12 keystores
java.security	Policy	Encapsulates the security policy
java.security	Provider	Encapsulates security service implementations
java.security	Security	Manages security providers and security properties
java.security	Signature	Creates and verifies digital signatures
java.security.cert	Certificate	Represents a public key certificate
java.security.cert	CertStore	Represents a repository of unrelated and typically untrusted certificates
java.security.cert	CRL	Represents a CRL
javax.crypto	Cipher	Performs encryption and decryption
javax.crypto	KeyAgreement	Performs a key exchange
javax.net.ssl	KeyManager	Manages keys used to perform SSL/TLS authentication
javax.net.ssl	SSLEngine	Produces/consumes SSL/TLS packets, allowing the application freedom to choose a transport mechanism
javax.net.ssl	SSLSocket	Represents a network socket that encapsulates SSL/TLS support on top of a normal stream socket
javax.net.ssl	TrustManager	Makes decisions about who to trust in SSL/TLS interactions (for example, based on trusted certificates in key stores)
javax.security.auth	Subject	Represents a user
javax.security.auth.kerberos	KerberosPrincipal	Represents a Kerberos principal
javax.security.auth.kerberos	KerberosTicket	Represents a Kerberos ticket
javax.security.auth.kerberos	KerberosKey	Represents a Kerberos key
javax.security.auth.kerberos	KerberosTab	Represents a Kerberos keytab file
javax.security.auth.login	LoginContext	Supports pluggable authentication
javax.security.auth.spi	LoginModule	Implements a specific authentication mechanism
javax.security.sasl	Sasl	Creates SaslClient and SaslServer objects
javax.security.sasl	SaslClient	Performs SASL authentication as a client
javax.security.sasl	SaslServer	Performs SASL authentication as a server
org.ietf.jgss	GSSContext	Encapsulates a GSS-API security context and provides the security services available via the context

图 8-1 Java 安全体系中关键的包和类

包中的算法参数和特定接口类
- KeySpec 接口，EncodedKeySpec，PKCS8EncodedKeySpec 和 X509EncodedKeySpec
- SecretKeyFactory，KeyFactory，KeyPairGenerator，KeyGenerator，KeyAgreement，和 KeyStore

JCE 的 API 都在 javax. crypto 包下，核心功能：加解密、MD、MAC 生成、数字签名和密钥生成等，下面将一一讲解。

2. Cipher

Cipher 类提供了加解密功能，java. crypto. Cipher 类对象是 JCE 框架中最核心的组件。应用程序通过调用 Cipher 的 getInstance 方法创建 Cipher 对象，需要将称为请求转换（transformation）的参数名称传递给 getInstance 方法。具体例子如下：

Cipher cipher = Cipher.getInstance("AES/CBC/PKCS5PADDING");

转换是一个字符串，它描述了要对给定输入的数据执行的一系列操作（或者说是一系列操作的集合），从而产生处理后的结果数据输出。转换包括加密算法的名称（例如 AES），并且可以紧跟着反馈模式和填充方案，其转换的格式为 algorithm/

mode/padding,其中 algorithm 为必输项,例如 DES/CBC/PKCS5Padding。

在 Block 算法与流加密模式组合时,需在 mode 后面指定每次处理的 bit 数,如 DES/CFB8/NoPadding;如未指定则使用缺省值,SunJCE 缺省值为 64 bits。

Cipher 有 4 种常用操作模式,初始化时需指定某种操作模式:

ENCRYPT_MODE:加密模式;

DECRYPT_MODE:解密模式;

WRAP_MODE:导出 Key,将一个 Key 封装成字节,用来进行安全传输;

UNWRAP_MODE:导入 Key,将已封装的密钥解开成 java.security.Key 对

具体例子如下:

cipher.init(Cipher.ENCRYPT_MODE, key);

3. KeyGenerator

javax.crypto.KeyGenerator 类提供对称密钥生成器相应的功能。首先通过该类的 getInstance 类方法来获得 KeyGenerator 的实例对象。getInstance 需要传入相应的加密算法名称为参数,具体例子如下:

KeyGenerator keyGen = KeyGenerator.getInstance("AES");

对称加密的算法与密钥长度选择如下表所列。

算法名称	密钥长	块长	速度	说明
DES	56	64	慢	不安全,不要使用
3DES	112/168	64	很慢	中等安全,适合加密较小的数据
AES	128/192/256	128	快	安全
Blowfish	(4 至 56) * 8	64	快	应该安全,在安全界尚未被充分分析、论证
RC4	40—1024	64	很快	安全性不明确

一般情况下,不选择 DES 算法,推荐使用 AES 算法。一般认为 128 bits 的密钥已足够安全,如果可以请选择 256 bits 的密钥,这样会更加安全。密钥长度是在生成密钥时指定的,如:

generator.init(128);

SecretKey key = generator.generateKey();

KeyGenerator 对象是可重用的,即在生成密钥之后,可以重新使用相同的 Key-Generator 对象来生成更多密钥。

生成长度超 128bits 的密钥,需单独从 Oracle 官网下载对应 JDK 版本的 Java Cryptography Extension (JCE) Unlimited Strength Jurisdiction Policy Files 文件,例如 JDK7 对应的 jurisdiction policy files。

8.2 对称加密

接下来讲解 AES 加密和解密的简单实例，以下方法演示了通过一个密码生成密钥，然后用密钥加密明文；再使用相同的密钥解密密文，然后对比解密后的结果是否一致：

```
public static void demoAES() throws Exception {

    String content = "test data";

    //生成密钥
    KeyGenerator keyGen = KeyGenerator.getInstance("AES");
    keyGen.init(128);
    SecretKey secretKey = keyGen.generateKey();
    SecretKeySpec skeySpec = new SecretKeySpec(secretKey.getEncoded(), "AES");

    //加密
    Cipher cipher = Cipher.getInstance("AES/CBC/PKCS5Padding");
    cipher.init(Cipher.ENCRYPT_MODE, skeySpec, new IvParameterSpec(new byte[cipher.getBlockSize()]));
    byte[] encrypt = cipher.doFinal(content.getBytes("UTF-8"));

    //解密
    Cipher cipherDecrypt = Cipher.getInstance("AES/CBC/PKCS5Padding");
    cipherDecrypt.init(Cipher.DECRYPT_MODE, skeySpec, new IvParameterSpec(new byte[cipherDecrypt.getBlockSize()]));
    byte[] decrypt = cipherDecrypt.doFinal(encrypt);
    System.out.println("明文:" + content);
    System.out.println("密钥:" + bytes2HexString(skeySpec.getEncoded()));
    System.out.println("密文:" + bytes2HexString(encrypt));
    System.out.println("解密结果:" + new String(decrypt, "UTF-8"));
}
```

流程说明：

- 通过 KeyGenerator 生成密钥 SecretKey
- 创建 Cipher 并初始化为加密模式
- 使用 Cipher 对象加密明文
- 创建 Cipher 并初始化为解密模式
- 使用 Cipher 对象解密密文
- 对比明文与解密密文是否一致

第 8 章 JCA/JCE 开发

最终程序输出的结果如下:

2019 - 06 - 26 14:48:09.124 26047 - 26047/com.example.myfirstapp I/System.out:明文:test data

2019 - 06 - 26 14:48:09.124 26047 - 26047/com.example.myfirstapp I/System.out:密钥:EDCBDC888AB539795F1466E93258B4BC

2019 - 06 - 26 14:48:09.125 26047 - 26047/com.example.myfirstapp I/System.out:密文:428425CF9EC99B6F5905D9D2FB13A87A

2019 - 06 - 26 14:48:09.125 26047 - 26047/com.example.myfirstapp I/System.out:解密结果:test data

2019 - 06 - 26 14:48:09.125 26047 - 26047/com.example.myfirstapp I/System.out:是否一致:true

通常情况下是根据用户密码生成密钥,如果是随机生成密钥,也会保存密钥,用于后续解密功能。根据用户密码生成密钥的方法在密钥生成章节中 PBKDF2 方法有实例说明。

以下代码:

```
SecretKeySpec skeySpec = new SecretKeySpec(secretKey.getEncoded(), "AES");
```

用于从原始字节数据直接创建密钥对象,当密钥原始字节数据保存在本地的时候将会非常有用。以下演示实例就是使用上面例子的密钥及密文来解密:

```
public static void demoAES2() throws Exception {

    String content = "test data";

    //已经生成的密钥
    byte[] secretKey = hex2byte("EDCBDC888AB539795F1466E93258B4BC");
    SecretKeySpec skeySpec = new SecretKeySpec(secretKey, "AES");

    //加密的密文
    byte[] encrypt = hex2byte("428425CF9EC99B6F5905D9D2FB13A87A");

    //解密
    Cipher cipherDecrypt = Cipher.getInstance("AES/CBC/PKCS5Padding");
    cipherDecrypt.init(Cipher.DECRYPT_MODE, skeySpec, new IvParameterSpec(new byte[cipherDecrypt.getBlockSize()]));
    byte[] decrypt = cipherDecrypt.doFinal(encrypt);

    boolean same = content.equals(new String(decrypt, "UTF-8"));
    System.out.println("明文:" + content);
    System.out.println("密钥:" + bytes2HexString(skeySpec.getEncoded()));
    System.out.println("密文:" + bytes2HexString(encrypt));
```

```
        System.out.println("解密结果:" + new String(decrypt, "UTF-8"));
        System.out.println("是否一致:" + same);
}
```

最终程序输出结果如下:

2019-06-26 15:32:52.376 27387-27387/com.example.myfirstapp I/System.out: 明文:test data

2019-06-26 15:32:52.377 27387-27387/com.example.myfirstapp I/System.out: 密钥:EDCBDC888AB539795F1466E93258B4BC

2019-06-26 15:32:52.377 27387-27387/com.example.myfirstapp I/System.out: 密文:428425CF9EC99B6F5905D9D2FB13A87A

2019-06-26 15:32:52.377 27387-27387/com.example.myfirstapp I/System.out: 解密结果:test data

2019-06-26 15:32:52.377 27387-27387/com.example.myfirstapp I/System.out: 是否一致:true

从结果可以看出是一致的。

8.3 MD 消息摘要

java.security.MessageDigest 类为应用程序提供消息摘要算法的功能,例如 SHA-1 或 SHA-256。消息摘要是安全的单向散列函数,它采用任意大小的数据并输出固定长度的散列值。

MessageDigest 对象如果使用 update 的方法来多次处理数据,在任何时候都可以调用 reset 来重置摘要。一旦所有要处理的数据已经通过 update 方法处理完毕,就应该调用 digest 方法来完成哈希计算,并获得结果。

```
MessageDigest md = MessageDigest.getInstance("SHA-256");
md.update(bytes);
md.digest();
```

对于给定数量的更新,可以调用 digest 方法一次使用即可获得哈希结果。这种方法一次调用摘要后,MessageDigest 对象将自动重置为其初始化状态:

```
md.digest(bytes);
```

Java 平台要求所有 MessageDigest 摘要算法实现提供商必须最少实现的算法有:MD5、SHA-1 和 SHA-256。

以下为 MessageDigest 功能演示代码:

```
public static void demoMD() throws NoSuchAlgorithmException, UnsupportedEncodingException {
        String content = "test data";
```

```
        String content2 = "test data2";
        String content3 = "test data 123456789 abcdefghijklmn 123456789 abcdefghijklmn
                    123456789 abcdefghijklmn";

        MessageDigest md = MessageDigest.getInstance("MD5");
        byte[] mdBytes = md.digest(content.getBytes());
        byte[] mdBytes2 = md.digest(content2.getBytes());
        byte[] mdBytes3 = md.digest(content3.getBytes());
        System.out.println("摘要 1:" + bytes2HexString(mdBytes));
        System.out.println("摘要 2:" + bytes2HexString(mdBytes2));
        System.out.println("摘要 3:" + bytes2HexString(mdBytes3));
    }
```

最终程序输出结果如下：

```
2019 - 06 - 26 16:10:09.113 28311 - 28311/com.example.myfirstapp I/System.out: 摘要 1:
EB733A00C0C9D336E65691A37AB54293
2019 - 06 - 26 16:10:09.114 28311 - 28311/com.example.myfirstapp I/System.out: 摘要 2:
76E17179BC18263FBFBB16B35C228B88
2019 - 06 - 26 16:10:09.114 28311 - 28311/com.example.myfirstapp I/System.out: 摘要 3:
D625DD0E28F2BDA57C52D4EC1591BBAB
```

通过输出结果可以看到不同长度的内容获取的消息摘要的长度是一致的，其中 test data 和 test data2 相差一个数字，但是摘要的结果是完全不一样的。

8.4 MAC 消息认证

在 Java 中，消息认证 MAC 系列算法需要通过 javax.crypto.Mac 类提供支持。Java 中至少提供 HmacMD5、HmacSHA1 和 HmacSHA256，当然还有其他算法例如 HmacSHA384 和 HmacSHA512 也是已经实现的。MAC 提供了一种基于密钥检查在不可靠介质上传输或存储在不可靠介质中的信息的完整性的方法。通常在两方之间可以共享一个相同密钥的情况下使用消息认证码，以便验证这些传输的信息是否可靠。

基于加密散列函数的 MAC 机制被称为 HMAC。HMAC 可以与任何加密散列函数（例如，SHA256 或 SHA384）一起使用，并结合共享密钥的私钥。MAC 算法是带有密钥的消息摘要算法，所以实现起来分为两步：

- 构建密钥（生成密钥再共享给双方，或者使用现存的密钥）
- 执行消息摘要（并加密摘要从而生成认证码）

以下为 MAC 消息认证功能演示代码：

```
public static void demoMAC() throws NoSuchAlgorithmException, InvalidKeyException {
```

```java
String content = "test data";

//生成密钥
KeyGenerator keyGenerator = KeyGenerator.getInstance("HmacMD5");
SecretKey secretKey = keyGenerator.generateKey();
//该密钥字节数据共享给接收者
byte[] key = secretKey.getEncoded();

//发送者对消息进行认证
Mac mac = Mac.getInstance("HmacMD5");
mac.init(secretKey);
byte[] hmacMD5Bytes = mac.doFinal(content.getBytes());

//接收者使用相同的密钥对消息进行认证
SecretKeySpec secretKeySpec = new SecretKeySpec(key, "HmacMD5");
Mac macRecive = Mac.getInstance("HmacMD5");
macRecive.init(secretKeySpec);
byte[] hmacMD5BytesRecive = mac.doFinal(content.getBytes());

boolean same = bytes2HexString(hmacMD5BytesRecive).equals(bytes2HexString
            (hmacMD5Bytes));


System.out.println("密钥:\t" + bytes2HexString(key));
System.out.println("发送者生成的认证消息:\t" + bytes2HexString(hmacMD5Bytes));
System.out.println("接收者生成的认证消息:\t" + bytes2HexString(hmacMD5Bytes));
System.out.println("接收者与发送者认证消息结果一致:\t" + same);
}
```

最终程序输出结果如下:

2019-06-26 16:10:09.115 28311-28311/com.example.myfirstapp I/System.out:密钥:06416FD848FEF70BE45CED6E52385A64

2019-06-26 16:10:09.116 28311-28311/com.example.myfirstapp I/System.out:发送者生成的认证消息:DAD5077D302FE75943A59CEFAE33E03F

2019-06-26 16:10:09.116 28311-28311/com.example.myfirstapp I/System.out:接收者生成的认证消息:DAD5077D302FE75943A59CEFAE33E03F

2019-06-26 16:10:09.116 28311-28311/com.example.myfirstapp I/System.out:接收者与发送者认证消息结果一致:true

从输出结果可以看到发送者和接收者使用相同的密钥获取到的认证消息摘要是一致的。

对比 MD 的演示例子,同样是 testdata 明文 MD 的消息摘要和 MAC 的认证消息摘要是不同的。认证的消息摘要是经过密钥加密的。消息摘要与 MAC 的区别,消息摘要只能保证消息的完整性,MAC 不仅能够保证完整性,还能够保证真实性,能让发送方和接受方建立信任机制。

8.5 非对称加密

java.security.KeyPairGenerator 和 javax.crypto.KeyGenerator 使用方法类似,不同之处在于 KeyPairGenerator 类用于生成公钥和私钥对。

密钥对生成器使用 getInstance 工厂方法(返回给定类的实例的静态方法)构造。用于特定算法的密钥对生成器创建可与该算法一起使用的公钥/私钥对。它还将特定于算法的参数与每个生成的密钥相关联。以下是简单的密钥对生成代码步骤:

```
KeyPairGenerator keyPairGenerator = KeyPairGenerator.getInstance("DSA");
keyPairGenerator.initialize(1024);
KeyPair keyPair = keyPairGenerator.generateKeyPair();
RSAPublicKey rsaPublicKey = (RSAPublicKey) keyPair.getPublic();
RSAPrivateKey rsaPrivateKey = (RSAPrivateKey) keyPair.getPrivate();
```

Java 平台要求每个非对称密钥算法实现供应商必须支持以下标准算法:DiffieHellman(1024)、DSA(1024)和 RSA(1024,2048)

RSA(基于因子分解)具体实现流程:

① 初始化密钥(包含公钥、密钥);

② 利用公钥加密、私钥解密(也可以私钥加密、公钥解密);

③ 双方分别掌握公钥与私钥中的一种,然后就可以加密并传输数据了。

公钥一般是公开的,所以利用公钥加密,私钥解密一般用于加密机密数据,也就是用公钥对机密数据进行加密,只有私钥用户才能够解密查看。私钥加密、公钥解密一般用于防抵赖,也就是用私钥加密公开资料的摘要信息,然后用公钥来验证是否正确。通过以下例子来演示 RSA 非对称加密算法的使用方法:

```
public static void demoRSA() throws Exception {
    String content = "test data";

    //生成公钥和私钥/密钥对
    KeyPairGenerator keyPairGeneratyor = KeyPairGenerator.getInstance("RSA");
    keyPairGeneratyor.initialize(512);
    KeyPair keyPair = keyPairGeneratyor.generateKeyPair();
    RSAPublicKey rsaPublicKey = (RSAPublicKey) keyPair.getPublic();
    RSAPrivateKey rsaPrivateKey = (RSAPrivateKey) keyPair.getPrivate();
```

```java
//私钥加密
Cipher cipher = Cipher.getInstance("RSA");
cipher.init(Cipher.ENCRYPT_MODE, rsaPrivateKey);
byte[] encrypt1 = cipher.doFinal(content.getBytes());

//公钥解密
cipher = Cipher.getInstance("RSA");
cipher.init(Cipher.DECRYPT_MODE, rsaPublicKey);
byte[] descrypt1 = cipher.doFinal(encrypt1);

//公钥加密
cipher = Cipher.getInstance("RSA");
cipher.init(Cipher.ENCRYPT_MODE, rsaPublicKey);
byte[] encrypt2 = cipher.doFinal(content.getBytes());

//私钥解密
cipher = Cipher.getInstance("RSA");
cipher.init(Cipher.DECRYPT_MODE, rsaPrivateKey);
byte[] descrypt2 = cipher.doFinal(encrypt2);
boolean same1 = content.equals(new String(descrypt1));
boolean same2 = content.equals(new String(descrypt2));

System.out.println("公钥:" + bytes2HexString(rsaPublicKey.getEncoded()));
System.out.println("私钥:" + bytes2HexString(rsaPrivateKey.getEncoded()));
System.out.println("明文:" + content);
System.out.println("私钥加密:" + bytes2HexString(encrypt1));
System.out.println("公钥解密:" + new String(descrypt1));
System.out.println("公钥加密:" + bytes2HexString(encrypt2));
System.out.println("私钥解密:" + new String(descrypt2));
System.out.println("公钥解密结果是否一致:" + same1);
System.out.println("私钥解密结果是否一致:" + same2);
}
```

最终程序输出结果如下：

2019-06-26 16:45:06.784 29284-29284/com.example.myfirstapp I/System.out: 公钥:
305C300D06092A864886F70D0101010500034B003048024100A5AA8DDB9CCF90B4D97CC075F4A05
C354F281DB591C323DFB4820144B24A4306C33F1205B290C4A688C0C744B4ABB1696D8B973BFA74DBF59
339DF1E085847870203010001

2019-06-26 16:45:06.794 29284-29284/com.example.myfirstapp I/System.out: 私钥:
3082015402010003000D06092A864886F70D01010105000482013E3082013A020100024100A5AA8DDB
9CCF90B4D97CC075F4A05C354F281DB591C323DFB4820144B24A4306C33F1205B290C4A688C0C744B4ABB
1696D8B973BFA74DBF59339DF1E085847870203010001102403C14D6CDC6D92049F6765FF66779A0F75475

E0107184AC05FD99088CB97C65420105994B7A9E88E91D4F6755EF388C95B9C80C75F512F86881F89923F
34B3DC1022100D95A1A3FB95D1DD6CC3289EC7B2D90C98EBC9167997A7DCD61F14AD9F27A81FB022100C31
FB553D8DE22FB18EB98052D03D1068310C95CC374C0434F2BDA2F196866E502206E7C30CFA7C83FBCCA7B
FE4469B115E27F5E3783B42EE1F81F0B6B033311373502205A028E8B1747A1AB635B8ACD186EE245B6C04
FA35326D06A3C63664AC3D5BD61022100D922FCF9F17A1C8C37DCDFE1E67DD33C3501B7852469DCBEE6D1A
AA43505F19A

  2019 - 06 - 26 16:45:06.794 29284 - 29284/com.example.myfirstapp I/System.out：明文：test data

  2019 - 06 - 26 16:45:06.795 29284 - 29284/com.example.myfirstapp I/System.out：私钥加密：0732A09CB2E9FB06EF5415A4F92ACB8EF4B7B14D5673F0FC8B985A5C8DB35F37642F880EA7263D1A0CF263CD24C8092828C5E3ADF5377A58466588D8ADDF2977

  2019 - 06 - 26 16:45:06.796 29284 - 29284/com.example.myfirstapp I/System.out：公钥解密：test data

  2019 - 06 - 26 16:45:06.797 29284 - 29284/com.example.myfirstapp I/System.out：公钥加密：20E54303CB6E7EC4D42F7C77F74B557CF80DC2ACB1EE9DDC95B135A74B2CE65AFC68277BC3B779E4CD23DFF52CAD0700FAC62C65990EE0908EDAB3F6D61E8FE3

  2019 - 06 - 26 16:45:06.797 29284 - 29284/com.example.myfirstapp I/System.out：私钥解密：test data

  2019 - 06 - 26 16:45:06.797 29284 - 29284/com.example.myfirstapp I/System.out：公钥解密结果是否一致：true

  2019 - 06 - 26 16:45:06.797 29284 - 29284/com.example.myfirstapp I/System.out：私钥解密结果是否一致：true

  从输出结果可以看出，无论是私钥加密、公钥解密，还是公钥加密、私钥解密，其结果都是一致的。

  一般私钥是以非常安全的方式进行保存，多次使用；公钥则是公开的方式供大家使用。这种情况下会使用从原始私钥或公钥来执行加密解密的功能。此时会用到私钥对象类 PKCS8EncodedKeySpec 及公钥对象类 X509EncodedKeySpec。

  下面这个例子演示了用原始数据生成公钥和私钥密码规格的方式来实现：

```
public static void demoRSA2() throws Exception {
    String content = "test data";

    //生成公钥和私钥/密钥对
    byte[] publicKeyBytes = hex2byte("305C300D06092A864886F70D0101010500034B003048024100A5AA8DDB9CCF90B4D97CC075F4A05C354F281DB591C323DFB4820144B24A4306C33F1205B290C4A688C0C744B4ABB1696D8B973BFA74DBF59339DF1E085847870203010001");
    byte[] privateKeyBytes = hex2byte("3082015402010030D06092A864886F70D01010105000482013E3082013A020100024100A5A8DDB9CCF90B4D97CC075F4A05C354F281DB591C323DFB4820144B24A4306C33F1205B290C4A688C0C744B4ABB1696D8B973BFA74DBF59339DF1E0858478702030100010240 3C14D6CDC6D92049F6765FF66779A0F
```

75475E0107184AC05FD99088CB97C65420105994B7A9E88E91D4F6755EF388C95B9C80C75F512F86881F8
9923F34B3DC1022100D95A1A3FB95D1DD6CC3289EC7B2D90C98EBC9167997A7DCD61F14AD9F27A81FB0221
00C31FB553D8DE22FB18EB98052D03D1068310C95CC374C0434F2BDA2F196866E502206E7C30CFA7C83FB
CCA7BFE4469B115E27F5E3783B42EE1F81F0B6B033311373502205A028E8B1747A1AB635B8ACD186EE245B
6C04FA35326D06A3C63664AC3D5BD61022100D922FCF9F17A1C8C37DCDFE1E67DD33C3501B7852469DCBEE
6D1AAAA43505F19A");

```java
//私钥对象
PKCS8EncodedKeySpec pkcs8EncodedKeySpec = new PKCS8EncodedKeySpec(privateKeyBytes);
KeyFactory keyFactory = KeyFactory.getInstance("RSA");
PrivateKey rsaPrivateKey = keyFactory.generatePrivate(pkcs8EncodedKeySpec);
//公钥对象
X509EncodedKeySpec x509EncodedKeySpec = new X509EncodedKeySpec(publicKeyBytes);
keyFactory = KeyFactory.getInstance("RSA");
PublicKey rsaPublicKey = keyFactory.generatePublic(x509EncodedKeySpec);

//私钥加密
Cipher cipher = Cipher.getInstance("RSA");
cipher.init(Cipher.ENCRYPT_MODE, rsaPrivateKey);
byte[] encrypt1 = cipher.doFinal(content.getBytes());

//公钥解密
cipher = Cipher.getInstance("RSA");
cipher.init(Cipher.DECRYPT_MODE, rsaPublicKey);
byte[] descrypt1 = cipher.doFinal(encrypt1);

//公钥加密
cipher = Cipher.getInstance("RSA");
cipher.init(Cipher.ENCRYPT_MODE, rsaPublicKey);
byte[] encrypt2 = cipher.doFinal(content.getBytes());

//私钥解密
cipher = Cipher.getInstance("RSA");
cipher.init(Cipher.DECRYPT_MODE, rsaPrivateKey);
byte[] descrypt2 = cipher.doFinal(encrypt2);
boolean same1 = content.equals(new String(descrypt1));
boolean same2 = content.equals(new String(descrypt2));

System.out.println("公钥：" + bytes2HexString(rsaPublicKey.getEncoded()));
System.out.println("私钥：" + bytes2HexString(rsaPrivateKey.getEncoded()));
System.out.println("明文：" + content);
System.out.println("私钥加密：" + bytes2HexString(encrypt1));
```

```
System.out.println("公钥解密:" + new String(descrypt1));
System.out.println("公钥加密:" + bytes2HexString(encrypt2));
System.out.println("私钥解密:" + new String(descrypt2));
System.out.println("公钥解密结果是否一致:" + same1);
System.out.println("私钥解密结果是否一致:" + same2);
}
```

最终程序输出结果如下:

2019 - 06 - 26 16:55:00.257 29676 - 29676/? I/System.out:公钥:305C300D06092A864886F70D0101010500034B003048024100A5AA8DDB9CCF90B4D97CC075F4A05C354F281DB591C323DFB4820144B24A4306C33F1205B290C4A688C0C744B4ABB1696D8B973BFA74DBF59339DF1E085847870203010001

2019 - 06 - 26 16:55:00.261 29676 - 29676/? I/System.out:私钥:30820154020100300D06092A864886F70D01010105000482013E3082013A020100024100A5AA8DDB9CCF90B4D97CC075F4A05C354F281DB591C323DFB4820144B24A4306C33F1205B290C4A688C0C744B4ABB1696D8B973BFA74DBF59339DF1E085847870203010001024038C14D6CDC6D92049F6765FF66779A0F75475E0107184AC05FD99088CB97C65420105994B7A9E88E91D4F6755EF388C95B9C80C75F512F86881F89923F34B3DC1022100D95A1A3FB95D1DD6CC3289EC7B2D90C98EBC9167997A7DCD61F14AD9F27A81FB022100C31FB553D8DE22FB18EB98052D03D1068310C95CC374C0434F2BDA2F196866E502206E7C30CFA7C83FBCCA7BFE4469B115E27F5E3783B42EE1F81F0B6B033311373502205A028E8B1747A1AB635B8ACD186EE245B6C04FA35326D06A3C63664AC3D5BD61022100D922FCF9F17A1C8C37DCDFE1E67DD33C3501B7852469DCBEE6D1AAA43505F19A

2019 - 06 - 26 16:55:00.261 29676 - 29676/? I/System.out:明文:test data

2019 - 06 - 26 16:55:00.262 29676 - 29676/? I/System.out:私钥加密:0732A09CB2E9FB06EF5415A4F92ACB8EF4B7B14D5673F0FC8B985A5C8DB35F37642F880EA7263D1A0CF263CD24C8092828C5E3ADF5377A58466588D8ADDF2977

2019 - 06 - 26 16:55:00.262 29676 - 29676/? I/System.out:公钥解密:test data

2019 - 06 - 26 16:55:00.264 29676 - 29676/? I/System.out:公钥加密:20E54303CB6E7EC4D42F7C77F74B557CF80DC2ACB1EE9DDC95B135A74B2CE65AFC68277BC3B779E4CD23DFF52CAD0700FAC62C65990EE0908EDAB3F6D61E8FE3

2019 - 06 - 26 16:55:00.264 29676 - 29676/? I/System.out:私钥解密:test data

2019 - 06 - 26 16:55:00.264 29676 - 29676/? I/System.out:公钥解密结果是否一致:true

2019 - 06 - 26 16:55:00.264 29676 - 29676/? I/System.out:私钥解密结果是否一致:true

从输出结果可以看出,无论是私钥加密、公钥解密,还是公钥加密、私钥解密,其结果都是一致的,并且结果跟第一个演示代码结果一致。

8.6 数字签名

java.security.Signature 类用于为应用程序提供数字签名算法的功能,数字签名用于数字数据的认证和完整性保证,签名算法可以使用 DSA 和 SHA - 256 的 NIST 标准 DSA。使用 SHA - 256 消息摘要算法的 DSA 算法可以指定为 SHA256withDSA。在 RSA 的情况下,签名算法可以被指定为 SHA256withRSA。

必须指定算法名称,因为没有默认值。

使用 Signature 对象签名数据或验证签名有三个阶段:

① 初始化操作,使用以下方法之一:
- 公钥,用于初始化签名以进行验证(用 initVerify 方法);
- 私钥(以及可选的安全随机数生成器),用于初始化签名签名(用 initSign(PrivateKey)和 initSign(PrivateKey,SecureRandom)方法)。

② 更新操作,根据初始化的类型,这将更新要签名或验证的字节;使用 update 方法。

③ 在所有更新的字节上签名或验证签名;使用 sign 方法和 verify 方法。

Java 平台支持标准:SHA1withDSA、SHA1withRSA 和 SHA256withRSA;一般常用的数字签名有:RSA、DSA 和 ECDSA。下面将分别用代码演示说明。

1. 数字签名算法——RSA

RSA 是目前最有影响力的公钥加密算法,它能够抵抗目前为止已知的绝大多数密码攻击,已被 ISO 推荐为公钥数据加密标准。以下为 RSA 签名算法的代码演示例子:

```java
public static void demoSignRSA() throws Exception {
    String content = "test data";

    //准备密钥(公钥私钥)
    KeyPairGenerator keyPairGenerator = KeyPairGenerator.getInstance("RSA");
    keyPairGenerator.initialize(512);
    KeyPair keyPair = keyPairGenerator.generateKeyPair();
    RSAPublicKey rsaPublicKey = (RSAPublicKey) keyPair.getPublic();
    RSAPrivateKey rsaPrivateKey = (RSAPrivateKey) keyPair.getPrivate();
    //私钥(特别当私钥为原始字节数组时必须用到)
    PKCS8EncodedKeySpec pkcs8EncodedKeySpec = new PKCS8EncodedKeySpec(rsaPrivateKey.getEncoded());
    KeyFactory keyFactory = KeyFactory.getInstance("RSA");
    PrivateKey privateKey = keyFactory.generatePrivate(pkcs8EncodedKeySpec);
    //公钥(特别当公钥为原始字节数组时必须用到)
    X509EncodedKeySpec x509EncodedKeySpec = new X509EncodedKeySpec(rsaPublicKey.getEncoded());
    keyFactory = KeyFactory.getInstance("RSA");
    PublicKey publicKey = keyFactory.generatePublic(x509EncodedKeySpec);

    //执行签名
    Signature signature = Signature.getInstance("MD5withRSA");
    signature.initSign(privateKey);
```

```
signature.update(content.getBytes());
byte[] result = signature.sign();

//验证签名
signature = Signature.getInstance("MD5withRSA");
signature.initVerify(publicKey);
signature.update(content.getBytes());
boolean bool = signature.verify(result);

System.out.println("公钥：" + bytes2HexString(rsaPublicKey.getEncoded()));
System.out.println("私钥：" + bytes2HexString(rsaPrivateKey.getEncoded()));
System.out.println("明文：" + content);
System.out.println("RSA 数字签名：" + bytes2HexString(result));
System.out.println("RSA 签名验证结果:" + bool);
}
```

最终程序输出结果如下：

2019 - 06 - 26 17:53:06.392 30867 - 30867/com.example.myfirstapp I/System.out：公钥：305C300D06092A864886F70D0101010500034B003048024100D54E8175AC810C1ABDA37739AA8073AB7EE92F1CB436114B9AFC280FE431F708823734F854B6BF51A0E97D26B4212A60511A053C01796FE6BF8AB08BCF090ACD0203010001

2019 - 06 - 26 17:53:06.398 30867 - 30867/com.example.myfirstapp I/System.out：私钥：3082015302010300D06092A864886F70D01010105000482013D3082013902010002410D54E8175AC810C1ABDA37739AA8073AB7EE92F1CB436114B9AFC280FE431F708823734F854B6BF51A0E97D26B4212A60511A053C01796FE6BF8AB08BCF090ACD0203010001023F2490DC0C97334B61CEE1EFBAD95AACB9FE9C5F37A05F3A334722889B5C6787C0E685A6E0C10C0C54F3682620F293B55654C6BC99BACF1F4F6C7ED412471051022100EEA4D083F31C826E7991677BC8DA2E6D3348BA1B9BF082E61D0AC3BB6A6E8CB5022100E4D1F3B7F2FD3DC43E1B3EF13E24AC4B77A3446F3C3C1337A748D9EE21456CB90221009A6792E3CC6EE715240CD06DF3EA3994DFC394611D03CB16C8B01776A769A9D02207DD26906BC69BE3E1BBC95A6C7FA1877C3089707E7824D3AEC14A62948484999022065D5B3124A9D698D4D9A12DDA36FC6CD37252C3BCD08272691AB53BD01424692

2019 - 06 - 26 17:53:06.398 30867 - 30867/com.example.myfirstapp I/System.out：明文：test data

2019 - 06 - 26 17:53:06.399 30867 - 30867/com.example.myfirstapp I/System.out：RSA 数字签名：45B9AF039188DFDCE7E183D21459F11AA37C40A69A43452FDB34FFB1DE7075AC96A130B9BA91EFF51C289FC52B56D66B7DA21612D632DA3FF2F8229862C7F03F

2019 - 06 - 26 17:53:06.399 30867 - 30867/com.example.myfirstapp I/System.out：RSA 签名验证结果：true

从输出结果可以看出，数字签名及验证成功完成，而且代码简单。

2. 数字签名算法——DSA

DSA 是 Schnorr 和 ElGamal 签名算法的变种，被美国 NIST 作为数与签名算法标准 DSS(Digital Signature Standard)。DSA 是基于整数有限域离散对数难题的，其安全性与 RSA 相比差不多。DSA 的一个重要特点是两个素数公开，这样当使用别人的 p 和 q 时，即使不知道私钥，你也能确认它们是否是随机产生的，还是做了手脚。RSA 却没有。

以下为 DSA 签名算法的代码演示例子：

```
public static void demoSignDSA() throws Exception {
    String content = "test data";

    //准备密钥(公钥私钥)
    KeyPairGenerator keyPairGenerator = KeyPairGenerator.getInstance("DSA");
    keyPairGenerator.initialize(1024);
    KeyPair keyPair = keyPairGenerator.generateKeyPair();
    DSAPublicKey dsaPublicKey = (DSAPublicKey) keyPair.getPublic();
    DSAPrivateKey dsaPrivateKey = (DSAPrivateKey) keyPair.getPrivate();
    ////私钥(特别当私钥为原始字节数组时必须用到)
    PKCS8EncodedKeySpec pkcs8EncodedKeySpec = new PKCS8EncodedKeySpec(dsaPrivateKey.getEncoded());
    KeyFactory keyFactory = KeyFactory.getInstance("DSA");
    PrivateKey privateKey = keyFactory.generatePrivate(pkcs8EncodedKeySpec);
    ////公钥(特别当公钥为原始字节数组时必须用到)
    X509EncodedKeySpec x509EncodedKeySpec = new X509EncodedKeySpec(dsaPublicKey.getEncoded());
    keyFactory = KeyFactory.getInstance("DSA");
    PublicKey publicKey = keyFactory.generatePublic(x509EncodedKeySpec);

    //执行签名
    Signature signature = Signature.getInstance("SHA1withDSA");
    signature.initSign(privateKey);
    signature.update(content.getBytes());
    byte[] result = signature.sign();

    //验证签名
    signature = Signature.getInstance("SHA1withDSA");
    signature.initVerify(publicKey);
    signature.update(content.getBytes());
    boolean bool = signature.verify(result);

    System.out.println("公钥：" + bytes2HexString(dsaPublicKey.getEncoded()));
    System.out.println("私钥：" + bytes2HexString(dsaPrivateKey.getEncoded()));
    System.out.println("明文：" + content);
    System.out.println("DSA 数字签名：" + bytes2HexString(result));
```

```
System.out.println("DSA签名验证结果:" + bool);
}
```

最终程序输出结果如下:

2019 - 06 - 26 18:02:57.501 31432 - 31432/com.example.myfirstapp I/System.out:公钥:
308201B73082012C06072A8648CE3804013082011F028181008F21AE3B00EC8A32FD162F9B1E78264ABDC
A4AD607CA24489DEE11BEC6F82396FF41D8E7CCF2F49BEAF77EEAD86216894DB6E3945C5FC99518BC2A287
B6E8CE17D3B932436232FAAB64C46D57395CDA7EB84DDD8BF1629F630B3721C58B46226F84EA61B5BEFD35
47D289C0CCDAF5E411A2896800A545AF898F34BD62BE77B17021500D3BA7EFE47DF63783CB3299D1B0D51C
C564E6C53028181008AFA8BA3D4E1BD6B582D0E73FD6A7316A216B0CEFDC8B54E3D30ECB4734A54EA64431
721685C24B54358A734DD86158C1713B732534E55BAACEDE149344F35C8F436CA16AE14221E411A7E1E653
B27790AC76E222CC60B88654D337CFAF3CC1F6E644501A60EB3EE0117FCD2678B57E9CE9D475A4A29DD83A
87822F346B8DAF30381840002818052D55EA66F1E6652BEF5F82F87F46EFE0B3BDE82789A5C62BC1D5E5D6
DE44B845C1A49E36D198A2A1B79142F335FC9089AEE0A94BDB9E345C6794F2741733247C7C3C33AE27BFCF
2B4E9425FBBBD19DD793EF2F00C93047E410A7BF252BB52410AE4CF10D3482EED9EF25C0F177DB12CC8442
46575D7BD51EE387D29BB822649

2019 - 06 - 26 18:02:57.508 31432 - 31432/com.example.myfirstapp I/System.out:私钥:
3082014B0201003082012C06072A8648CE3804013082011F028181008F21AE3B00EC8A32FD162F9B1E782
64ABDCA4AD607CA24489DEE11BEC6F82396FF41D8E7CCF2F49BEAF77EEAD86216894DB6E3945C5FC99518B
C2A287B6E8CE17D3B932436232FAAB64C46D57395CDA7EB84DDD8BF1629F630B3721C58B46226F84EA61B5
BEFD3547D289C0CCDAF5E411A2896800A545AF898F34BD62BE77B17021500D3BA7EFE47DF63783CB3299D1
B0D51CC564E6C53028181008AFA8BA3D4E1BD6B582D0E73FD6A7316A216B0CEFDC8B54E3D30ECB4734A54E
A64431721685C24B54358A734DD86158C1713B732534E55BAACEDE149344F35C8F436CA16AE14221E411A7
E1E653B27790AC76E222CC60B88654D337CFAF3CC1F6E644501A60EB3EE0117FCD2678B57E9CE9D475A4A2
9DD83A87822F346B8DAF30416021457F62AF73B9CEEBB23BFB8E0D72CF27B0E06DCB6

2019 - 06 - 26 18:02:57.508 31432 - 31432/com.example.myfirstapp I/System.out:明文:
test data

2019 - 06 - 26 18:02:57.509 31432 - 31432/com.example.myfirstapp I/System.out:DSA数
字签名: 302C02145A346AF5221849FCDFFB4A24C30D9B2B04473E020214771E3D827B16F2E98E4998F2
F42B94903CD45564

2019 - 06 - 26 18:02:57.510 31432 - 31432/com.example.myfirstapp I/System.out:DSA签
名验证结果:true

从输出结果可以看出,数字签名及验证成功完成。

3. 数字签名算法——ECDSA

ECDSA,即椭圆曲线数字签名算法(Elliptic Curve Digital Signatrue Algorithm),具有速度快、强度高和签名短等特点。

```
public static void demoSignECDSA() throws Exception {
    String content = "test data";

    //准备密钥(公钥私钥)
```

```java
KeyPairGenerator keyPairGenerator = KeyPairGenerator.getInstance("EC");
keyPairGenerator.initialize(256);
KeyPair keyPair = keyPairGenerator.generateKeyPair();
ECPublicKey ecPublicKey = (ECPublicKey) keyPair.getPublic();
ECPrivateKey ecPrivateKey = (ECPrivateKey) keyPair.getPrivate();
//私钥(特别当私钥为原始字节数组时必须用到)
PKCS8EncodedKeySpec pkcs8EncodedKeySpec = new PKCS8EncodedKeySpec(ecPrivateKey.getEncoded());
KeyFactory keyFactory = KeyFactory.getInstance("EC");
PrivateKey privateKey = keyFactory.generatePrivate(pkcs8EncodedKeySpec);
//公钥(特别当公钥为原始字节数组时必须用到)
X509EncodedKeySpec x509EncodedKeySpec = new X509EncodedKeySpec(ecPublicKey.getEncoded());
keyFactory = KeyFactory.getInstance("EC");
PublicKey publicKey = keyFactory.generatePublic(x509EncodedKeySpec);

//执行签名
Signature signature = Signature.getInstance("SHA1withECDSA");
signature.initSign(privateKey);
signature.update(content.getBytes());
byte[] result = signature.sign();

//验证签名
signature = Signature.getInstance("SHA1withECDSA");
signature.initVerify(publicKey);
signature.update(content.getBytes());
boolean bool = signature.verify(result);

System.out.println("公钥:" + bytes2HexString(ecPublicKey.getEncoded()));
System.out.println("私钥:" + bytes2HexString(ecPrivateKey.getEncoded()));
System.out.println("明文:" + content);
System.out.println("ECDSA 数字签名 :" + bytes2HexString(result));
System.out.println("ECDSA 签名验证结果:" + bool);
}
```

最终程序输出结果如下:

2019 - 06 - 26 18:07:09.328 31609 - 31609/com.example.myfirstapp I/System.out: 公钥: 3059301306072A8648CE3D020106082A8648CE3D030107034200043C657E2F91581CDB6E8A2737E61CEB272F53DA13D17C77AB02918EDE1BE29923FAE0F88C111F4A035FEF23906CEF45AF5947A516A30605951875937C338CA5EF

2019 - 06 - 26 18:07:09.329 31609 - 31609/com.example.myfirstapp I/System.out: 私钥: 30818702010030130607 2A8648CE3D020106082A8648CE3D030107046D306B0201010420DD63B9A16C068

DF705FB37FE8E54C044764C6EE2BDAE99B586606597AF809B7EA144034200043C657E2F91581CDB6E8A273
7E61CEB272F53DA13D17C77AB02918EDE1BE29923FAE0F88C111F4A035FEF23906CEF45AF5947A516A3060
5951875937C338CA5EF

2019-06-26 18:07:09.329 31609-31609/com.example.myfirstapp I/System.out: 明文:
test data

2019-06-26 18:07:09.332 31609-31609/com.example.myfirstapp I/System.out: ECDSA
数字签名：304402202C0AF43DC0376B366860CFEAD1E353AC621975D5331D9361ACA7121F0DF56CDB022
005C60C226C28A198D8D62DA54BF29CF3E1EE11A8DA673B53AF0181FAA0A4AD15

2019-06-26 18:07:09.332 31609-31609/com.example.myfirstapp I/System.out: ECDSA
签名验证结果：true

从输出结果可以看出，数字签名及验证成功完成。

8.7 密钥生成

PBKDF 简单而言就是将 salted hash 进行多次重复计算，这个次数是可选择的。其密钥导出函数可表示为：DK=PBKDF2(P,S,c,dkLen)，其中：

P:口令，一字节串；

S:盐值，字节串；

c:迭代次数，正整数；

dkLen:导出密钥的指定字节长度，正整数，最大约($2^{32}-1$) * hLen。

PBKDF2 生成密钥的实现分为以下几步：

① 准备生成密钥的参数；

② 创建 PBEKeySpec 实例；

③ 通过 SecretKeyFactory 反复迭代比较耗时地生成密钥：

```
KeySpec keySpec = new PBEKeySpec(password.toCharArray(),salt,iterationCount,dkLen);
SecretKeyFactory keyFactory = SecretKeyFactory.getInstance("PBKDF2WithHmacSHA1");
SecretKey secretKey = keyFactory.generateSecret(keySpec);
```

以下为完整演示代码：

```
public static void demoPBE() throws Exception {

    //需要加密的私钥
    byte[] privateKeybytes = hex2byte("06416FD848FEF70BE45CED6E52385A64");

    //用户输入的密码字符串
    String password = "userPassword";
    // 密钥的比特位数 AES 支持 128、192 和 256 比特长度的密钥
    int dklen = 256;
```

```java
//迭代次数,geth 的默认值为 262144
int iterationCount = 262144;
// 盐值的字节数组长度,其长度值需要和最终输出的密钥字节数组长度一致
byte[] salt = new byte[32];
new SecureRandom().nextBytes(salt);

//生成密钥
long startTimestamp = System.currentTimeMillis();
KeySpec keySpec = new PBEKeySpec(password.toCharArray(),salt,iterationCount, dklen);
SecretKeyFactory keyFactory = SecretKeyFactory.getInstance("PBKDF2WithHmacSHA1");
SecretKey secretKey = keyFactory.generateSecret(keySpec);
long endTimestamp = System.currentTimeMillis();
PBEParameterSpec paramSpec = new PBEParameterSpec(salt, iterationCount);

//加密私钥
Cipher cipher = Cipher.getInstance("AES");
cipher.init(Cipher.ENCRYPT_MODE, secretKey, paramSpec);
byte[] encrypt = cipher.doFinal(privateKeybytes);

//解密私钥
Cipher cipherDecrypt = Cipher.getInstance("AES");
cipherDecrypt.init(Cipher.DECRYPT_MODE, secretKey, paramSpec);
byte[] decrypt = cipherDecrypt.doFinal(encrypt);
boolean bool = bytes2HexString(privateKeybytes).equals(bytes2HexString(decrypt));

System.out.println("私钥:" + bytes2HexString(privateKeybytes));
System.out.println("password:" + password);
System.out.println("dklen:" + dklen);
System.out.println("iterationCount:" + iterationCount);
System.out.println("salt:" + bytes2HexString(salt));
System.out.println("生成密钥:" + bytes2HexString(secretKey.getEncoded()));
System.out.println("耗时(毫秒):" + (endTimestamp - startTimestamp));
System.out.println("加密私钥:" + bytes2HexString(encrypt));
System.out.println("解密私钥:" + bytes2HexString(decrypt));
System.out.println("比对结果:" + bool);
}
```

最终程序输出结果如下:

2019 - 06 - 26 19:10:32.195 1153 - 1153/com.example.myfirstapp I/System.out: 私钥:06416FD848FEF70BE45CED6E52385A64

2019 - 06 - 26 19:10:32.195 1153 - 1153/com.example.myfirstapp I/System.out: password:

userPassword

2019 – 06 – 26 19:10:32.195 1153 – 1153/com.example.myfirstapp I/System.out: dklen:256

2019 – 06 – 26 19:10:32.195 1153 – 1153/com.example.myfirstapp I/System.out: iterationCount:262144

2019 – 06 – 26 19:10:32.195 1153 – 1153/com.example.myfirstapp I/System.out: salt:E-289860EB8AC495DE29BCE1137AA39F4336CDA3778AD4C599281D8CE8FF6AADF

2019 – 06 – 26 19:10:32.196 1153 – 1153/com.example.myfirstapp I/System.out: 生成密钥:E275627D73A3D635A4F7DD3EFAD658BA8C0F59AD286AA2EB83EF146530AAA134

2019 – 06 – 26 19:10:32.196 1153 – 1153/com.example.myfirstapp I/System.out: 耗时(毫秒):4988

2019 – 06 – 26 19:10:32.196 1153 – 1153/com.example.myfirstapp I/System.out: 加密私钥:42154A677AAD6582DADD50E82ADCF6ADB15ADE8B784E81DD987A0E4678148FF6

2019 – 06 – 26 19:10:32.196 1153 – 1153/com.example.myfirstapp I/System.out: 解密私钥:06416FD848FEF70BE45CED6E52385A64

2019 – 06 – 26 19:10:32.196 1153 – 1153/com.example.myfirstapp I/System.out: 比对结果:true

从输出结果可以看出,生成一个密钥所花的时间大概为 4988 ms;如果减少迭代次数:

int iterationCount = 26214;

重新运行程序输出结果显示生成密钥耗时(ms):584。

至此可知,可以通过增加迭代次数让生成密钥的时间耗时更长,从而让黑客尝试破解密码的难度大大增加甚至变为不可能,让密钥更加安全。

第 9 章

Web3j 开发

9.1 Web3j 简介

Web3j 是一个开源的、轻量级的 Java 库，用于与以太坊客户端集成。Web3j 是一个高模块化、响应式、类型安全的 Java 和 Android 库，它提供与智能合约交互并能够实现与以太坊网络上的客户端（节点）进行集成。

Web3 for Java 开源库架构原理图如图 9-1 所示。

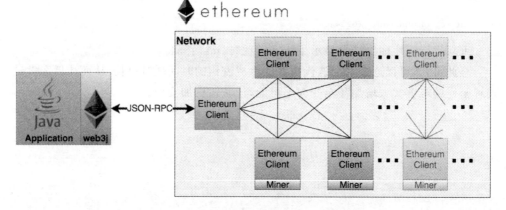

图 9-1 Web3 for Java 开源库架构原理图

通过 Web3j 与以太坊区块链网络的集成，Java 应用无需编写自己的集成代码，也就是无需针对 Web3 的 JSON-RPC 调用协议编写，因为 Web3j 已经按照 Java 编码习惯写好了易于使用的库接口方法等。Web3j 包含如下功能：

- 全功能实现以太坊的 JSON-RPC 客户端 API 接口规范，含 HTTP 和 IPC
- 支持以太坊钱包基本核心存储加解密等功能
- 自动生成 Java 智能合约封装器，方便应用代码直接调用方法即可创建、部署、处理和调用智能合约（支持 Solidity 和 Truffle 定义格式）
- 提供响应式编程 API 调用方法，可用于处理过滤器日志等功能
- 支持以太坊名称服务（ENS）

- 支持兼容 Parity 和 Geth 的个人客户端 API
- 支持 Infura,因此无需亲自创建并运行以太坊客户端
- 支持 ERC20 和 ERC721 令牌标准
- 全面的集成测试演示上述一系列的场景
- 支持命令行工具
- 兼容 Android,可以跟 Android 应用开发部署

Web3j 的运行需要依赖以下五个开源项目组件:

① RxJava 用于其响应式编程 API;

② OKHttp 用于 HTTP 连接;

③ Jackson Core 用于快速 JSON 序列化/反序列化;

④ Bouncy Castle(Android 上的 Spongy Castle)用于加密技术;

⑤ 适用于"* nix IPC"的 Jnr-unixsocket(此项 Android 不适用)。

除此之外,Web3j 还使用 JavaPoet 生成智能合约包装器。

9.2 Android 适用性

Web3j 是 Web3 的 java 实现,它适用于 Java 语言开发及 Android 开发,整体的 API 使用方面基本一致,仅在配置组件存在部分小小的差异。

Android Studio 使用 Gradle 来管理项目,在 Gradle 项目中引入 Web3j 只需要在配置文件中加入如下命令:

```
compile ('org.web3j:core:4.2.0-android')
implementation "org.web3j:core:3.3.1-android"
```

开启本地以太坊客户端(节点)如 Geth,或者使用 Infura 即可,以下以 Infura 为示例说明:

```
Web3j web3 = Web3j.build(new HttpService("https://mainnet.infura.io/v3/1f77b2f5344c42238d190c21869681b7"));
```

可以通过调用以下方法来释放相应的资源:

```
web3.shutdown()
```

可以通过同步、异步或 RxJava 响应式的方式来发起调用。同步的方式发送一个获得版本号的请求:

```
Web3j web3 = Web3j.build(new HttpService());  // defaults to http://localhost:8545/
Web3ClientVersion web3ClientVersion = web3.web3ClientVersion().send();
String clientVersion = web3ClientVersion.getWeb3ClientVersion();
```

通过 CompletableFuture 实现异步的方式发送一个获得版本号的请求(Android

可能不适用)：

```
Web3j web3 = Web3j.build(new HttpService());  // defaults to http://localhost:8545/
Web3ClientVersion web3ClientVersion = web3.web3ClientVersion().sendAsync().get();
String clientVersion = web3ClientVersion.getWeb3ClientVersion();
```

使用 RxJava 的 Flowable 获得客户端版本号：

```
Web3j web3 = Web3j.build(new HttpService());  // defaults to http://localhost:8545/
web3.web3ClientVersion().flowable().subscribe(x -> {
    String clientVersion = x.getWeb3ClientVersion();
    ...
});
```

为了给使用 web3j 的开发人员提供更大的灵活性，web3j 项目由许多模块组成。依赖顺序如下：

utils	最小的实用程序类集
rlp	递归长度前缀（RLP）编码器
abi	应用程序二进制接口（ABI）编码器
crypto	用于以太坊中的交易签名和密钥/钱包管理的加密库
tuples	简单的元组库
core	开发者常用的组件接口定义
codegen	代码生成器
console	命令行工具

以下模块仅依赖于 core 模块：

geth	Geth 特定的 JSON-RPC 模块
parity	特定于奇偶校验的 JSON-RPC 模块
infura	Infura 特定的 HTTP 头支持
contracts	支持特定的 EIP（以太坊改进提案）

对于大多数与以太坊网络和智能合约交互的应用场景来说，core 模块应该包括了所有开发一般应用所需要的功能支持。

core 模块所依赖的其他模块是非常具体细节的实现，如果您的项目专注于与以太坊网络非常底层的交互（例如 ABI / RLP 编码，交易签名但不提交等），则有可能用到他们。

以上列出的所有模块都已发布到 Maven Central 和 Bintray，使用上面列出的名称来导入项目中需要使用的组件即可，安卓项目引用格式如下：

org.web3j:<模块名称>:<版本>-Android

1. Web3j 主要接口参考

所在包：org.web3j.protocol.core，文件名：Ethereum。

web3ClientVersion：属性记录了 Web3 容器对象的版本

web3Sha3：返回指定数据的 Keccak－256（非标准 SHA3－256 算法）哈希值

netVersion：返回当前连接网络的 ID

netListening：如果客户端处于监听网络连接的状态，该调用返回 true

netPeerCount：返回当前客户端所连接的对端节点数量

ethProtocolVersion：返回当前以太坊协议的版本

ethCoinbase：返回客户端的 coinbase 地址

ethSyncing：对于已经同步的客户端，该调用返回一个描述同步状态的对象；对于未同步客户端，返回 false

ethMining：如果客户端在积极挖矿则返回 true

ethHashrate：返回节点挖矿时每秒可算出的哈希数量

ethGasPrice：返回当前的 gas 价格，单位：wei

ethAccounts：返回客户端持有的地址列表

ethBlockNumber：返回当前块编号

ethGetTransactionCount：返回给定地址发出的已经挖矿的交易数量

ethGetBalance：返回指定地址账户的余额

ethSendTransaction：发起一个新的交易，转账、合约创建和合约调用等

ethGetStorageAt：返回指定地址存储位置的值

ethSendRawTransaction：为签名交易创建一个新的消息调用交易或合约

ethCall：发起一个查询区块链信息的消息，不是交易无需 gas 油耗

ethEstimateGas：返回如果要完成给定的交易需要的 gas 油耗估值

ethGetBlockByHash：返回指定区块哈希的区块信息

ethGetBlockByNumber：返回指定区块号的区块信息

ethGetTransactionByHash：返回指定交易哈希的交易信息

ethGetTransactionReceipt：返回指定交易哈希的交易收据，没挖矿则为空

2. 数值转换接口 Convert 类

Web3j 有一个常用的 Convert 类，它提供了数值在不同的单位之间进行快捷的转换，该类在 org.web3j.utils 中。

Convert 类中有两个主要方法 fromWei 和 toWei，以下为简单说明：

● fromWei：将给定的以 wei 为单位的数值转换为其他单位的数值

方法参数：

number，可以是字符串或者 BigDecimal，表示以 wei 为单位的数值；

unit，是 Convert 类里面预定义的枚举类型，可选的单位有 wei、kwei、mwei、gwei、szabo、finney、ether、kether、mether 和 gether。

返回值：

该方法返回值是一个 BigDecimal 对象，表示转换后的数值。

● toWei：将给定单位的以太币金额转换为以 wei 为单位的数值

方法参数：

number，可以是字符串或者 BigDecimal，表示以第二个参数为单位的数值；

unit，是 Convert 类里面预定义的枚举类型，可选的单位有 wei、kwei、mwei、gwei、szabo、finney、ether、kether、mether 和 gether。

返回值：

该方法返回值是一个 BigDecimal 对象，表示转换后以 wei 为单位的数值。

需要注意的是，wei 是以太币最小的数值单位，为避免不必要的逻辑错误，应用程序应当总是使用 wei 进行计算，仅在需要显示的时候才转换成不同单位的数值。

9.3 账　户

Web3j 里面的账户，就是关于地址和私钥存取管理，它可以是一个密钥文件，加上一些加解密读写的代码。从一般意义上来说，它其实就是一个小钱包。

一个关于对账户包括地址和私钥的管理，基本上可以认为有两种方式：

① 账户地址及私钥等数据保存在以太坊客户端（节点）服务器上，应用程序通过 Web3j 调用以太坊客户端（节点）的 Account 相应方法来操作账户，Web3j 及其应用程序所在的运行空间不存放账户地址私钥等信息；

② 账户地址及私钥等数据保存在应用程序所在的运行空间，例如存放在程序运行的手机上存储空间的某个目录或某个文件，通常是一个使用 JSON 格式的 keystore 文件来保存私钥。

如果准备将密钥存储在以太坊客户端（节点）服务器，那必须准备自己的以太坊客户端节点，例如 Geth/Parity，如果用第三方的以太坊客户端，就意味着密钥是保存在别人的服务器上面，相信没有人会愿意这样干。

一旦客户端运行，可以通过以下方式创建钱包：

① 通过 Geth 导入私钥文件或者直接在控制台新建一个账户从而产生新的私钥；

② 在自己的以太坊客户端使用 JSON - RPC admin 对象下的 personal_newAccount 命令创建私钥。

需要注意的是，以太坊客户端启动的时候，需要指定适当的参数，这样节点服务器才能够提供相应的 API 方法。例如，如果客户端是 Geth，那么启动的时候需要加入 personal 这个参数，如下所示：

geth --rpcapi admin,db,eth,net,web3,personal

在 Android 的 Java 代码中，先创建一个 web3j 客户端对象：

Admin web3j = Admin.build(new HttpService("指向自己的以太坊客户端"));

向客户端发送创建新账户的命令：

```
NewAccountIdentifier newAccountIdentifier = web3j.personalNewAccount("a password").send();
if(newAccountIdentifier.getResult()!=null){
    //返回账户地址记录并管理
}
```

创建钱包文件后，然后可以解锁帐户，解锁成功则可以利用该账户发送交易：

```
PersonalUnlockAccount personalUnlockAccount = web3j.personalUnlockAccount("0x000...","a password").send();
if(personalUnlockAccount.accountUnlocked()){
    // send a transaction
}
```

如果选择将密钥存储应用程序存在本地，则在应用程序本地创建和使用账户私钥文件。

Web3j既可以生成新的安全以太坊钱包文件，也可以使用现有的钱包文件。创建新的钱包文件：

```
String fileName = WalletUtils.generateNewWalletFile("your password", new File("/path/to/destination"));
```

要从钱包文件加载凭据：

```
Credentials credentials = WalletUtils.loadCredentials("your password", "/path/to/walletfile");
```

然后，这些凭据对象里面就包含了私钥数据，可用于做交易的签名。

1. 获取账户余额

通过指定地址:0x613C023F95f8DDB694AE43Ea989E9C82c0325D3A，查询该地址相应以太坊上面的账户余额；可以直接通过 web3j.ethGetBalance 接口定义来实现该功能。以下给出完整的查询地址的余额的演示代码：

```java
public static void demoEthGetBalance() throws Exception {
    String address = "0x613C023F95f8DDB694AE43Ea989E9C82c0325D3A";
    String ethRpc = "https://mainnet.infura.io/llyrtzQ3YhkdESt2Fzrk";
    Web3j web3j = Web3jFactory.build(new HttpService(ethRpc));
    new Thread(new Runnable() {
        @Override
        public void run() {
            try {
                EthGetBalance responseBalance = web3j.ethGetBalance(address, DefaultBlockParameterName.LATEST).send();
```

```
                System.out.println("账户地址:" + address);
                System.out.println("查询结果:" + new Gson().toJson(response-
Balance));
            } catch (IOException e) {
                e.printStackTrace();
            }
        }
    }).start();
}
```

最终程序输出的结果如下:

2019-06-27 14:32:46.972 11506-11548/com.example.myfirstapp I/System.out:账户地址:0x613C023F95f8DDB694AE43Ea989E9C82c0325D3A

2019-06-27 14:32:46.997 11506-11548/com.example.myfirstapp I/System.out:账户余额:{"id":0,"jsonrpc":"2.0","result":"0x8a7d33cf880901d"}

该输出结果就是地址的余额,单位是 wei,十六进制字符。

2. 获取账户交易数量

通过指定地址:0x613C023F95f8DDB694AE43Ea989E9C82c0325D3A,查询相应以太坊上面的账户发起并已经成功挖矿的交易数量;可以直接通过 web3j.ethGetTransactionCount 方法来实现该功能。实例代码如下:

```
public static void demoEthGetTransactionCount() throws Exception {
    String address = "0x613C023F95f8DDB694AE43Ea989E9C82c0325D3A";
    String ethRpc = "https://mainnet.infura.io/llyrtzQ3YhkdESt2Fzrk";
    Web3j web3j = Web3jFactory.build(new HttpService(ethRpc));
    new Thread(new Runnable() {
        @Override
        public void run() {

            try {
                EthGetTransactionCount response = web3j.ethGetTransactionCount(address, DefaultBlockParameterName.LATEST).send();
                System.out.println("账户地址:" + address);
                System.out.println("查询结果:" + new Gson().toJson(response));
            } catch (IOException e) {
                e.printStackTrace();
            }
        }
    }).start();
}
```

最终程序输出结果如下:

```
2019-06-27 14:39:52.335 11836-11916/com.example.myfirstapp I/System.out: 账户地址:0x613C023F95f8DDB694AE43Ea989E9C82c0325D3A
2019-06-27 14:39:52.357 11836-11916/com.example.myfirstapp I/System.out: 查询结果:{"id":0,"jsonrpc":"2.0","result":"0x4be"}
```

获取结果表示请求命令的时候,该账户已经发起并成功交易的交易数量为1214笔记录。

9.4 交 易

如果已经有了账户私钥,并且这个账户已经有足够的以太币(每一个交易都需要消耗一定的以太币成为Gas),则可使用该账户在以太坊进行交易,Web3j可以使用两种机制与以太坊进行交易:

① 通过以太坊客户端进行交易签名;

② 离线交易签名。

应用程序怎样来与以太坊进行交易是由不同密钥的存储方式决定的。如果密钥存储是以太坊客户端(节点)服务器的方式,那么应用程序将会使用通过以太坊客户端进行签名的方式来交易;如果密钥存储应用程序是在本地,那么应用程序将会使用离线签名的方式来与以太坊进行交易。

1. 通过以太坊客户端进行交易签名

要通过以太坊客户端进行交易,首先需要确保与您交易的以太坊客户端知道您的钱包地址。最好运行自己的以太坊客户端,例如Geth/Parity,以便执行此操作。

很显然,我们首要先通过Web3j将以太坊客户端对应的账户进行解锁,解锁成功后就可以用该账户地址来发送交易。其实解锁的过程就是应用程序根据用户输入的密码,发给以太坊客户端,然后以太坊客户端用该密码来解密私钥keystore文件,如果解密成功,则代表这个用户可以掌控该账户地址,所以就可以使用该账户地址来发起交易:

```
PersonalUnlockAccount personalUnlockAccount = web3j.personalUnlockAccount("0x000...","a password").send();
if (personalUnlockAccount.accountUnlocked()) {
    // send a transaction
}
```

以这种方式发起交易的应该通过调用EthSendTransaction方法来创建事务类型:

```
Transaction transaction = Transaction.createContractTransaction(
```

```
    <from address>,
    <nonce>,
                BigInteger.valueOf(<gas price>),    // we use default gas limit
                "0x...<smart contract code to execute>"
    );

    org.web3j.protocol.core.methods.response.EthSendTransaction
            transactionResponse = parity.ethSendTransaction(ethSendTransaction)
            .send();

    String transactionHash = transactionResponse.getTransactionHash();

    // poll for transaction response via org.web3j.protocol.Web3j.ethGetTransac-
    tionReceipt(<txHash>)
```

这种方式由于钱包的密钥是存放在以太坊客户端节点中,所以密钥文件有一定的安全隐患。另外,由于每次解锁账户,都需要给以太坊客户端传送密码,也存在密码泄漏的风险。这种方式通常是在用户端和以太坊客户端同时存在于一个比较安全的网络环境下的时候采用的。

App 钱包一般不采用该方法,而是采用下面讲到的离线交易签名方法。

2. 离线交易签名

如果不想管理自己的以太坊客户端,或者不想向以太坊客户端提供密码等账户钱包的详细信息,那么离线交易签名就是另外一种选择。

离线交易签名允许使用 Web3j 中的以太坊本地的账户钱包进行签名交易,使您可以完全控制您的私钥,然后可以将离线创建的事务发送到网络上的任何以太坊客户端,只要它是有效的交易,就会将交易传播到其他节点,并记录在账本里面。首先需要从钱包文件加载或者说打开(解密)账户钱包作为凭据:

```
    Credentials credentials = WalletUtils.loadCredentials(
            "your password",
            "/path/to/walletfile");
```

然后,这些凭据就可以用于签名交易。要想实现在离线环境下的签名交易,应使用 RawTransaction 类型来实现此目的。RawTransaction 类似于前面提到的 Transaction 类型,但是它不需要 from 地址,因为这可以从签名中推断出来。

为了创建和签名原始交易,相应执行动作如下:
- 确定当前也就是发起交易的账号下一个可用的 nonce 值是多少
- 创建 RawTransaction 对象
- 对 RawTransaction 对象进行 RLP 递归长度前缀编码
- 对 RawTransaction 对象签名

- 将已签名的 RawTransaction 对象发送到以太坊客户端节点

随机数是一个递增的数值,用于唯一标识同一个账户的不同交易。一个 nonce 只能使用一次,一旦一个 nonce 值使用关联的某一笔交易被成功记账或者说被挖矿了,那么这个 nonce 值就不能再使用了。也就是说,可以使用相同的 nonce 发送多个版本的交易,但是一旦其中一个交易被成功挖矿,任何其他或者后续提交的交易都将被拒绝,视为无效。一般来说,Gas 油耗给的越高,被挖矿的成功率就越高。

一旦获得下一个可用的 nonce 后,可以使用该 nonce 值来创建交易对象:

```
RawTransaction rawTransaction = RawTransaction.createEtherTransaction(
        nonce, <gas price>, <gas limit>, <toAddress>, <value>);
```

然后可以对交易进行签名和编码:

```
byte[] signedMessage = TransactionEncoder.signMessage(rawTransaction, <credentials>);
String hexValue = Numeric.toHexString(signedMessage);
```

其中 credentials 就是根据创建和使用钱包文件加载的凭据。然后可以使用 eth_sendRawTransaction 将交易发送到节点服务器:

```
EthSendTransaction ethSendTransaction = web3j.ethSendRawTransaction(hexValue).sendAsync().get();
String transactionHash = ethSendTransaction.getTransactionHash();
// poll for transaction response via org.web3j.protocol.Web3j.ethGetTransactionReceipt(<txHash>)
```

事务随机数是一个递增的数值,用于唯一标识 Transaction 或者 RawTransaction。可以通过 eth_getTransactionCount 方法获取下一个可用的 nonce:

```
EthGetTransactionCount ethGetTransactionCount = web3j.ethGetTransactionCount(
        address, DefaultBlockParameterName.LATEST).sendAsync().get();

BigInteger nonce = ethGetTransactionCount.getTransactionCount();
```

然后可以使用随机数创建交易对象:

```
RawTransaction rawTransaction = RawTransaction.createEtherTransaction(
        nonce, <gas price>, <gas limit>, <toAddress>, <value>);
```

3. 发送以太币

想要将以太币从一个账户发送到另外一个账户,交易对象最少需要设置 2 个信息:

① to:接受以太币的目标账户或钱包地址;
② value:表示希望发送多少数量的以太币给目标地址。

可以使用 RawTransaction 来发送,代码示例如下:

```
BigInteger value = Convert.toWei("1.0", Convert.Unit.ETHER).toBigInteger();
RawTransaction rawTransaction = RawTransaction.createEtherTransaction(
  <nonce> , <gas price> , <gas limit> , <toAddress> , value);
// send...
```

也可以使用 Transfer 类来发送以太币，它负责 nonce 管理并轮询响应：

```
Web3j web3 = Web3j.build(new HttpService());   // defaults to http://localhost:8545/
Credentials credentials = WalletUtils.loadCredentials("password", "/path/to/walletfile");
TransactionReceipt transactionReceipt = Transfer.sendFunds(
        web3, credentials, "0x <address> | <ensName> ",
        BigDecimal.valueOf(1.0), Convert.Unit.ETHER).send();
```

4. 交易演示代码

发起交易，发起以太币支付，需先获得该地址当前已经发起并成交的交易数量，然后设置"count=nonce"，另外最好先获取账号余额，余额不足要有提示。

向指定地址：0x405a35e1444299943667d47b2bab7787cbeb61fd 发送指定金额的 ETH，除了设置好目标地址以及交易金额，还需要设置 gasLimit 油耗限值以及 gasPrice 单位油耗的价格。

以下代码演示实例中，会向以太坊主节点发送一个交易，我们使用本地线下签名的方式来对交易签名，签名之前的交易对象如下：

```
params: [{
  "to": "0x405a35e1444299943667d47b2bab7787cbeb61fd",
  "gas": "0x23280", //144000
  "gasPrice": "0x2540BE400", // 10000000000
  "value": "0x16345785D8A0000", // 100000000000000000
  "data": "",
  "nonce": "0x1" // 1
}]
```

Java 相应对象定义如下：

```
String to = "0x405a35e1444299943667d47b2bab7787cbeb61fd";
BigInteger gas = new BigInteger("144000");
BigInteger gasPrice = new BigInteger("10000000000");
BigInteger value = new BigInteger("100000000000000000");
String data = "";//Numeric.toHexString(data)
BigInteger nonce = new BigInteger("1");
```

由于是离线签名，所以也可以不用指定 from，因为节点从签名就可以算出公钥并知道是哪个地址的签名。

本文使用地址:0x613C023F95f8DDB694AE43Ea989E9C82c0325D3A,对应的私钥来对以上交易对象进行签名,签名后的数据为:

0xf86d018502540be4008302328094405a35e1444299943667d47b2bab7787cbeb61fd8801634578
5d8a0000801ca0961ef9784a087ccbd0bb61ccbdcd1ce214db1a045555f70b0ae6d1ad441a76faa07fe4c3
cb63c730965a7a642c152f8b13b893a6c58f1cdf82f04af285043f180b

把签名后的数据通过 web3j.ethSendRawTransaction 方法向以太坊主网发起交易请求。实例代码如下:

```
public static void demoEthSendRawTransaction() throws Exception {
    String address = "0x613C023F95f8DDB694AE43Ea989E9C82c0325D3A";
    String ethRpc = "https://mainnet.infura.io/llyrtzQ3YhkdESt2Fzrk";
    String signData = " 0xf86d018502540be4008302328094405a35e144429994366d47b2ba7
b7787cbeb61fd88016345785d8a0000801ca0961ef9784a087ccbd0bb61ccbdcd1ce214db1a045555f70b
0ae6d1ad441a76faa07fe4c3cb63c730965a7a642c152f8b13b893a6c58f1cdf82f04af285043f180b";
    Web3j web3j = Web3jFactory.build(new HttpService(ethRpc));
    new Thread(new Runnable() {
        @Override
        public void run() {
            try {
                EthSendTransaction response = web3j.ethSendRawTransaction(signData)
                        .send();
                System.out.println("账户地址:" + address);
                System.out.println("交易结果:" + new Gson().toJson(response));
            } catch (IOException e) {
                e.printStackTrace();
            }
        }
    }).start();
}
```

最终程序输出的结果如下:

2019 - 06 - 27 14:50:24.387 12437 - 12485/com.example.myfirstapp I/System.out:账户地址:0x613C023F95f8DDB694AE43Ea989E9C82c0325D3A
2019 - 06 - 27 14:50:24.406 12437 - 12485/com.example.myfirstapp I/System.out:交易结果:{"jsonrpc":"2.0","id":1,"result":"0x8595abd24f1f8590681064e3718fd559db3f50e03
42e75b3382a3ec1cc57ce25"}

该结果表示以太坊节点已经成功接受交易申请,并产生了一个交易哈希。

查询交易信息,可以确认发起交易的输入数据,还可以简单查看交易是否挖矿,存在区块信息。交易发送成功返回一个交易哈希并不代表交易成功,真正的交易成功是在交易被以太坊区块链节点挖矿记账后。

可以通过交易哈希,用方法 web3j.ethGetTransactionByHash 获得详细的交易对象信息,通过判断交易对象信息的区块号及区块哈希是否已经存在有效值,来判断该交易是否成功。实例代码如下:

```java
public static void demoEthGetTransactionByHash() throws Exception {
    String ethRpc = "https://mainnet.infura.io/llyrtzQ3YhkdESt2Fzrk";
    String hash = "0x8595abd24f1f8590681064e3718fd559db3f50e0342e75b3382a3ec1cc57
                   ce25";
    Web3j web3j = Web3jFactory.build(new HttpService(ethRpc));
    new Thread(new Runnable() {
        @Override
        public void run() {
            try {
                EthTransaction response = web3j.ethGetTransactionByHash(hash)
                        .send();
                System.out.println("交易哈希:" + hash);
                System.out.println("查询结果:" + new Gson().toJson(response));
            } catch (IOException e) {
                e.printStackTrace();
            }
        }
    }).start();
}
```

最终程序输出的结果如下:

2019 - 06 - 27 15:01:54.256 13011 - 13104/com.example.myfirstapp I/System.out: 交易哈希:0x8595abd24f1f8590681064e3718fd559db3f50e0342e75b3382a3ec1cc57ce25
2019 - 06 - 27 15:01:54.278 13011 - 13104/com.example.myfirstapp I/System.out: 查询结果:{"id":0,"jsonrpc":"2.0","result":{"blockHash":"0x8992e4a540f566480d301bff70eeb46a4e25731e2d959dd406a4fefc95c3ad04","blockNumber":"0x656ce2","from":"0x613c023f95f8ddb694ae43ea989e9c82c0325d3a","gas":"0x23280","gasPrice":"0x2540be400","hash":"0x8595abd24f1f8590681064e3718fd559db3f50e0342e75b3382a3ec1cc57ce25","input":"0x","nonce":"0x1","r":"0xe1f862eb8a4175cd8494301564abfa5541972998ffa0e071f66942fcfe5d7837","s":"0x2fd325c2d99ba27c0281e616951d4f2f297625d22aea162f966857b948797a6d","to":"0x405a35e1444299943667d47b2bab7787cbeb61fd","transactionIndex":"0x48","v":38,"value":"0x16345785d8a0000"}}

从结果可以看到,字段 blockNumer 以及 blockHash 都已经存在有效值,表示该交易已经成功了。

如果交易被挖矿,则存在交易收据,收据有详细交易是否成功的信息。交易收据也是交易被挖矿成功记账后,该笔交易所对应的一个结果更详细的信息对象。它除了有该笔交易所在的区块信息,还会提供一些额外有用的字段信息,例如,status 字段就表示该交易是否成功,gasUsed 表示该笔交易实际消耗了多少 Gas 以及交易输出的日志。实例代码如下:

```
public static void demoEthGetTransactionReceipt() throws Exception {
    String ethRpc = "https://mainnet.infura.io/llyrtzQ3YhkdESt2Fzrk";
    String hash = " 0x8595abd24f1f8590681064e3718fd559db3f50e0342e75b3382a3ec1cc5
        7ce25";
    Web3j web3j = Web3jFactory.build(new HttpService(ethRpc));
    new Thread(new Runnable() {
        @Override
        public void run() {
            try {
                EthGetTransactionReceipt response = web3j.ethGetTransactionReceipt
                (hash).send();
                System.out.println("交易哈希:" + hash);
                System.out.println("查询结果:" + new Gson().toJson(response));
            } catch (IOException e) {
                e.printStackTrace();
            }
        }
    }).start();
}
```

最终程序输出的结果如下:

2019 - 06 - 27 15:09:01.948 13647 - 13744/com.example.myfirstapp I/System.out: 交易哈希:0x8595abd24f1f8590681064e3718fd559db3f50e0342e75b3382a3ec1cc57ce25

2019 - 06 - 27 15:09:01.971 13647 - 13744/com.example.myfirstapp I/System.out: 查询结果:{"id":0,"jsonrpc":"2.0","result":{"blockHash":"0x8992e4a540f566480d301bff70eeb46a4e25731e2d959dd406a4fefc95c3ad04","blockNumber":"0x656ce2","cumulativeGasUsed":"0x40664a","from":"0x613c023f95f8ddb694ae43ea989e9c82c0325d3a","gasUsed":"0x5208","logs":[],"logsBloom":"0x00","status":"0x1","to":"0x405a35e1444299943667d47b2bab7787cbeb61fd","transactionHash":"0x8595abd24f1f8590681064e3718fd559db3f50e0342e75b3382a3ec1cc57ce25","transactionIndex":"0x48"}}

从输出结果来看,status 输出值为 0x1 时,表示交易已经成功;gasUsed 字段值为 0x5208 时,表示本次交易实际耗费了 21000 个 Gas 油耗。

9.5 智能合约

1. 创建智能合约

想要部署新的智能合约,需要提供以下属性:
① value:希望存入智能合约中的以太币金额(如果未提供则为零);
② data:十六进制格式,编译后的智能合约创建代码。

```
// using a raw transaction
RawTransaction rawTransaction = RawTransaction.createContractTransaction(
    <nonce>,
    <gasPrice>,
    <gasLimit>,
    <value>,
    "0x <compiled smart contract code>");
// send...

// get contract address
EthGetTransactionReceipt transactionReceipt =
            web3j.ethGetTransactionReceipt(transactionHash).send();

if (transactionReceipt.getTransactionReceipt.isPresent()) {
    String contractAddress = transactionReceipt.get().getContractAddress();
} else {
    // try again
}
```

如果智能合约包含构造函数,则必须对关联的构造函数字段值进行编码并将其附加到已编译的智能合约代码中:

```
String encodedConstructor =
        FunctionEncoder.encodeConstructor(Arrays.asList(new Type(value), ...));

// using a regular transaction
Transaction transaction = Transaction.createContractTransaction(
    <fromAddress>,
    <nonce>,
    <gasPrice>,
    <gasLimit>,
```

第 9 章 Web3j 开发

```
<value>,
"0x <compiled smart contract code>" + encodedConstructor);

// send...
```

2. 创建智能合约源代码

创建智能合约需要准备好智能合约的编译后字节码,如果初始化对象有参数的话,也要按照一定的格式转化成 RLP 编码附带在字节码后面,一起发起交易到以太坊区块链节点。

以 ERC20 标准智能合约代码为例,《ERC20 标准智能合约字节码》请参考附录;ERC20 初始化带上以下参数:

Name:Bit Bit Coin
Symbol:BBC
decimals:18
totalSupply:1000000000000000000000000000000

创建合约发起的交易对象中,to 必须为空,value 也就是以太币可以为空。
JONS-RPC 的请求对象格式如下:

```
params: [{
  "to": "",
  "gas": "0xDBBA0", //900000
  "gasPrice": "0x2540BE400", // 6000000000
  "value": "0x0", // 0
  "data": "《ERC20 标准智能合约字节码和参数值》",
  "nonce": "0x4BB" // 1211
}]
```

Java 定义相关对象格式如下:

```
String to = "";
BigInteger gas = new BigInteger("900000");
BigInteger gasPrice = new BigInteger("6000000000");
BigInteger value = new BigInteger("0");
String data = "《ERC20 标准智能合约字节码和参数值》";
BigInteger nonce = new BigInteger("1211");
```

《ERC20 标准智能合约字节码和参数值》请参考附录。

一般来说,创建合约所需要的 Gas 油耗远远高于一般的交易所消耗的 Gas 油耗,注意到上面交易对象的 Gas 参数油耗上限参数为九十万个油耗,一般的支付交易只需要两万多个油耗就可以了。

同样的,由于是离线签名,所以也可以不用指定 from,因为节点从签名就可以算出公钥并知道是哪个地址的签名。

本文使用地址：0x613C023F95f8DDB694AE43Ea989E9C82c0325D3A，对应的私钥来对以上交易对象进行签名，签名后的数据《ERC20 标准智能合约字节码和参数值签名》请参考附录。以下为创建智能合约的演示代码：

```java
public static void demoContractCreateEthGetTransactionReceipt() throws Exception {
    String ethRpc = "https://mainnet.infura.io/llyrtzQ3YhkdESt2Fzrk";
    String address = "0x613C023F95f8DDB694AE43Ea989E9C82c0325D3A";
    String signData = "《ERC20 标准智能合约字节码和参数值签名》";
    Web3j web3j = Web3jFactory.build(new HttpService(ethRpc));
    new Thread(new Runnable() {
        @Override
        public void run() {
            try {
                EthSendTransaction response = web3j.ethSendRawTransaction(signData)
                        .send();
                System.out.println("账户地址:" + address);
                System.out.println("交易结果:" + new Gson().toJson(response));
            } catch (IOException e) {
                e.printStackTrace();
            }
        }
    }).start();
}
```

最终程序输出的结果如下：

2019 - 06 - 27 15:15:36.551 14091 - 14148/com.example.myfirstapp I/System.out：账户地址：0x613C023F95f8DDB694AE43Ea989E9C82c0325D3A

2019 - 06 - 27 15:15:36.571 14091 - 14148/com.example.myfirstapp I/System.out：交易结果：

{"jsonrpc":"2.0","id":1,"result":"0x75ca0ef5c43c8556d2cd77aa3aa0da6946a2e4e5ce4a62a86c7e24a9e28c55a5"}

表示创建智能合约的交易申请已经提交，返回为该笔交易的哈希值。创建智能合约交易的申请有可能会失败，例如 gasLimit 设置太低导致油耗不够，智能合约初始化参数错误导致运行失败等，所以要通过交易收据来确定是否成功；通过查询交易收据 web3j.ethGetTransactionReceipt 方法来获得 TransactionReceipt 对象；通过判断该对象的 contractAddress 字段是否存在有效的地址，从而可以判断智能合约是否成功创建。实例代码如下：

```java
public static void demoContractEthGetTransactionReceipt() throws Exception {
    String ethRpc = "https://mainnet.infura.io/llyrtzQ3YhkdESt2Fzrk";
```

```
        String hash = " 0x75ca0ef5c43c8556d2cd77aa3aa0da6946a2e4e5ce4a62a86c7e24a9e28c
55a5";
        Web3j web3j = Web3jFactory.build(new HttpService(ethRpc));
        new Thread(new Runnable() {
            @Override
            public void run() {
                try {
                    EthGetTransactionReceipt response = web3j.ethGetTransactionReceipt
(hash)
                            .send();
                    System.out.println("交易哈希:" + hash);
                    System.out.println("查询结果:" + new Gson().toJson(response));
                } catch (IOException e) {
                    e.printStackTrace();
                }
            }
        }).start();
    }
```

最终程序输出结果如下：

2019 - 06 - 27 15:19:50.879 14592 - 14712/com.example.myfirstapp I/System.out: 交易哈希:0x75ca0ef5c43c8556d2cd77aa3aa0da6946a2e4e5ce4a62a86c7e24a9e28c55a5

2019 - 06 - 27 15:19:50.903 14592 - 14712/com.example.myfirstapp I/System.out: 查询结果:{"id":0,"jsonrpc":"2.0","result":{"blockHash":"0x23898db0b66403fe76282f352a981520904dbe4fda401ecd045c1abf27546cde","blockNumber":"0x697d6a","contractAddress":"0x5949f052e5f26f5822ebc0c48b795b98a465cf58","cumulativeGasUsed":"0x657137","from":"0x613c023f95f8ddb694ae43ea989e9c82c0325d3a","gasUsed":"0xbd916","logs":[],"logsBloom":"0x00","status":"0x1","transactionHash":"0x75ca0ef5c43c8556d2cd77aa3aa0da6946a2e4e5ce4a62a86c7e24a9e28c55a5","transactionIndex":"0x1d"}}

其中字段 contractAddress 存在一个地址:0x5949f052e5f26f5822ebc0c48b795b98a465cf58,它表示创建智能合约已经成功,该合约地址就是收据里的 contractAddress 地址。可以通过对该智能合约地址进行发起交易、查询代币余额等操作。

9.6 代币

1. 调用智能合约

代币是一个 ERC20 标准智能合约,把调用智能合约与调用代币相关的方法放在一起来讲,总的来说,有两种调用智能合约的方法:

① 将调用智能合约的代码转换成相应的格式,直接发送交易到以太坊节点;

② 使用 Web3j 的 Solidity 智能合约包装器,把对智能合约方法的调用代码转换的部分封装起来,让应用调用智能合约就像调用本地对象类的方法一样方便。Web3j 可以用工具把对智能合约的调用自动生成 Java 类对象处理函数。

Web3j 对以上两种方式都支持,此处主要讲解第一种调用方式。

要与现有智能合约进行交易,需要提供以下属性:

to:需调用的目标智能合约的地址;

value:希望存入智能合约中的以太币金额(如果智能合约接受以太币);

data:编码的函数选择器和参数值。

```
Function function = new Function <>(
            "functionName",    // function we're calling
            Arrays.asList(new Type(value),...),
            Arrays.asList(new TypeReference <Type>(){},...));

String encodedFunction = FunctionEncoder.encode(function)
Transaction transaction = Transaction.createFunctionCallTransaction(
 <from>, <gasPrice>, <gasLimit>, contractAddress, <funds>, encodedFunction);
org.web3j.protocol.core.methods.response.EthSendTransaction transactionResponse =
            web3j.ethSendTransaction(transaction).sendAsync().get();
String transactionHash = transactionResponse.getTransactionHash();

// wait for response using EthGetTransactionReceipt...
```

无论消息签名的返回类型如何,都无法从事务函数调用立刻获得返回值,主要是因为发起智能合约更新调用只是发起一个调用的签名,具体执行的结果必须等到该交易被区块链节点打包后,才能够有执行的结果。一般可以通过轮回交易收据输出的日志记录来获得执行结果,也可以使用过滤器捕获函数返回的值,这种方式属于日志的回调机制,一旦调用智能合约的交易被区块链节点打包,相应的调用结果就会产生,那么日志机制就可以触发相关监听的客户端。

2. 查询智能合约的状态

使用 web3j.ethCall 来实现查询智能合约状态,web3j.ethCall 允许调用智能合约上的方法来查询值。通过 web3j.ethCall 来调用的话，是不会产生 Gas 油耗的，因为它没有改变以太坊区块链的数据，或者说它只是查询了用户端关联的某个以太坊节点服务器的数据，并且这种调用方法的返回值是实时返回的。以下代码演示了如何对智能合约的某个只读方法发起查询调用，并立刻获得以太坊客户端节点返回的值：

```
Function function = new Function <> (
        "functionName",
        Arrays.asList(new Type(value)),
        Arrays.asList(new TypeReference <Type> () {}, ...));

String encodedFunction = FunctionEncoder.encode(function)
org.web3j.protocol.core.methods.response.EthCall response = web3j.ethCall(
        Transaction.createEthCallTransaction( <from> , contractAddress, encod-
        edFunction),
        DefaultBlockParameterName.LATEST).sendAsync().get();

List <Type> someTypes = FunctionReturnDecoder.decode(
        response.getValue(), function.getOutputParameters());
```

注意：如果调用了无效的函数或者调用的方法返回的结果值就是 null，那么该方法返回值将是 Collections.emptyList() 的实例。

3. 代币功能演示源代码

查询一个 ERC20 代币指定地址的余额，其实就是对智能合约一个查询方法的调用，这个方法不用发生对区块链状态进行改变，它是通过 web3j.ethCall 方法来实现查询的。

在 Web3j 定义了方法对象 Function，可以通过定义一个方法对象，及其调用的参数对象，然后将 Function 实例作为 web3j.ethCall 方法的参数进行调用。

以下示例演示了查询 0xB8c77482e45F1F44dE1745F52C74426C631bDD52 代币中，账户地址为 0x030e37ddd7df1b43db172b23916d523f1599c6cb 的余额。实例代码如下：

```
public static void getEthCall() throws Exception {
    String ethRpc = "https://mainnet.infura.io/llyrtzQ3YhkdESt2Fzrk";
    String address = "0x030e37ddd7df1b43db172b23916d523f1599c6cb";
    String contractAddress = "0xB8c77482e45F1F44dE1745F52C74426C631bDD52";
    Web3j web3j = Web3jFactory.build(new HttpService(ethRpc));
    org.web3j.abi.datatypes.Function function = new org.web3j.abi.datatypes.Function(
            "balanceOf",
            Collections.singletonList(new Address(address)),
```

```
                Collections.singletonList(new TypeReference<Uint256>() {
                })));
        org.web3j.protocol.core.methods.response.EthCall response = web3j.ethCall(
                Transaction.createEthCallTransaction(address, contractAddress, Func-
tionEncoder.encode(function)),
                DefaultBlockParameterName.LATEST)
                .sendAsync().get();

        System.out.println("合约地址:" + contractAddress);
        System.out.println("查询结果:" + new Gson().toJson(response));
}
```

最终程序输出结果如下:

2019-06-27 15:49:02.665 16048-16048/com.example.myfirstapp I/System.out: 合约地址:0xB8c77482e45F1F44dE1745F52C74426C631bDD52

2019-06-27 15:49:02.688 16048-16048/com.example.myfirstapp I/System.out: 查询结果:{"id":0,"jsonrpc":"2.0","result":"0x0000000000000000000000000000000000000000000000003b8e97d229a2d54800000"}

4. 转发代币

ERC20 标准代币的转发由于需要改变区块链节点中的数据,所以需要通过发起交易的方式来进行,在 Web3j 中是通过 web3j.ethSendRawTransaction 方法来发起代币转发指令的。

接下来主要以 web3j.ethSendRawTransaction 为例来说明。首先看一下代币转账的方法名称及相应的参数如下:

```
transfer(address,uint256)
```

可知代币转账的方法为 transfer,其中参数 address 为目标地址,参数 uint256 表示需要转发多少数量的代币然后要把调用该代币方法及其参数按照规则组合成数据。

以下数据是真实的发起地址、目标代币地址、代币名称和小数位,以及 transfer 方法的 Keccak256 值的前 4 个字节等。它们将用于创建一个发起代币转账的请求对象:

```
transfer(address,uint256) // 0xa9059cbb
发出代币地址:0x613C023F95f8DDB694AE43Ea989E9C82c0325D3A
接受代币地址:0x405a35e1444299943667d47b2bab7787cbeb61fd
代币信息:BBC 1000 / decimal 18
代币地址:0x5949f052e5f26f5822ebc0c48b795b98a465cf58
```

转换为 JSON-RPC 请求对象的格式如下:

```
params:[{
  "to": "0x5949f052e5f26f5822ebc0c48b795b98a465cf58",
  "gas": "0x13880", //80000
  "gasPrice": "0x165A0BC00", // 6000000000
  "value": "0x0", // 0
  "data": "0xa9059cbb0000000000000000000000000405a35e1444299943667d47b2bab7787cbe
          b61fd00000000000000000000000000000000000000000000003635c9adc5dea00000",
  "nonce": "0x4BC" // 1212
}]
```

Java 相关请求对象的定义如下：

```
String to = "0x5949f052e5f26f5822ebc0c48b795b98a465cf58";
BigInteger gas = new BigInteger("80000");
BigInteger gasPrice = new BigInteger("6000000000");
BigInteger value = new BigInteger("0");
String data = "0xa9059cbb0000000000000000000000000405a35e1444299943667d47b2bab7787
cbeb61fd00000000000000000000000000000000000000000000003635c9adc5dea00000";
BigInteger nonceBI = new BigInteger("1212");
```

使用 0x613C023F95f8DDB694AE43Ea989E9C82c0325D3A 私钥签名后的数据如下：

0xf8ac8204bc850165a0bc0083013880945949f052e5f26f5822ebc0c48b795b98a465cf5880b844
a9059cbb0000000000000000000000000405a35e1444299943667d47b2bab7787cbeb61fd0000000000000
00000000000000000000000000000003635c9adc5dea000001ba0f19020f5df4cfd612a256021e99388
a22d6b8b50d58584fc5652c789a621da2aa048275196184c67f4206b94b348ee52a4b9b8d89054586e329
b5754ba78973f8a

以下是 Web3j 调用的实例代码：

```java
public static void demoContractEthSendRawTransaction() throws Exception {
    String contractAddress = "0xB8c77482e45F1F44dE1745F52C74426C631bDD52";
    String ethRpc = "https://mainnet.infura.io/llyrtzQ3YhkdESt2Fzrk";
    String signData = "0xf8ac8204bc850165a0bc0083013880945949f052e5f26f5822ebc0c48
b795b98a465cf5880b844a9059cbb0000000000000000000000000405a35e1444299943667d47b2bab7787
cbeb61fd00000000000000000000000000000000000000000000003635c9adc5dea000001ba0f19020f5d
f4cfd612a256021e99388a22d6b8b50d58584fc5652c789a621da2aa048275196184c67f4206b94b348ee
52a4b9b8d89054586e329b5754ba78973f8a";
    Web3j web3j = Web3jFactory.build(new HttpService(ethRpc));
    new Thread(new Runnable() {
        @Override
        public void run() {
            try {
                EthSendTransaction response = web3j.ethSendRawTransaction(signData)
```

```
                    .send();
            System.out.println("合约地址:" + contractAddress);
            System.out.println("交易结果:" + new Gson().toJson(response));
        } catch (IOException e) {
            e.printStackTrace();
        }
    }
}).start();
}
```

最终程序输出结果如下:

2019 - 06 - 27 16:00:20.684 16569 - 16681/com.example.myfirstapp I/System.out: 合约地址:0xB8c77482e45F1F44dE1745F52C74426C631bDD52

2019 - 06 - 27 16:00:20.704 16569 - 16681/com.example.myfirstapp I/System.out: 交易结果:{"jsonrpc":"2.0","id":1,"result":"0x30459fc2ee1bc4adf2ba26ca1a0ca78f4e0cbe14195af76352e9f84aa4866085"}

表示代币转发的交易申请已经提交,返回为该笔交易的哈希值。

5. 代币日志

交易收据在创建智能合约的时候有合约地址,相应的,在执行智能合约方法的时候,会有日志输出。同样的,在 Web3j 是通过 web3j.ethGetTransactionReceipt 方法来获得交易收据。实例代码如下:

```
public static void demoContract() throws Exception {
    String ethRpc = "https://mainnet.infura.io/llyrtzQ3YhkdESt2Fzrk";
    String hash = "0x30459fc2ee1bc4adf2ba26ca1a0ca78f4e0cbe14195af76352e9f84aa4866085";
    Web3j web3j = Web3jFactory.build(new HttpService(ethRpc));
    new Thread(new Runnable() {
        @Override
        public void run() {

            try {
                EthGetTransactionReceipt response = web3j.ethGetTransactionReceipt(hash)
                        .send();
                System.out.println("交易哈希:" + hash);
                System.out.println("查询结果:" + new Gson().toJson(response));
            } catch (IOException e) {
                e.printStackTrace();
            }

        }
    }).start();
}
```

最终程序输出结果如下：

2019 - 06 - 27 16:09:13.194 17254 - 17303/com.example.myfirstapp I/System.out: 交易哈希：0x30459fc2ee1bc4adf2ba26ca1a0ca78f4e0cbe14195af76352e9f84aa4866085

2019 - 06 - 27 16:09:13.217 17254 - 17303/com.example.myfirstapp I/System.out: 查询结果：{"id":0,"jsonrpc":"2.0","result":{"blockHash":"0x2450164b46b942ead3f5ad15f0c3a7b58b7e0c97a477587d7085aad5a7791c2b","blockNumber":"0x697f4b","cumulativeGasUsed":"0x58c8a7","from":"0x613c023f95f8ddb694ae43ea989e9c82c0325d3a","gasUsed":"0xce97","logs":[{"address":"0x5949f052e5f26f5822ebc0c48b795b98a465cf58","blockHash":"0x2450164b46b942ead3f5ad15f0c3a7b58b7e0c97a477587d7085aad5a7791c2b","blockNumber":"0x697f4b","data":"0x0000000000000000000000000000000000000000000000003635c9adc5dea00000","logIndex":"0x71","removed":false,"topics":["0xddf252ad1be2c89b69c2b068fc378daa952ba7f163c4a11628f55a4df523b3ef","0x000000000000000000000000613c023f95f8ddb694ae43ea989e9c82c0325d3a","0x000000000000000000000000405a35e1444299943667d47b2bab7787cbeb61fd"],"transactionHash":"0x30459fc2ee1bc4adf2ba26ca1a0ca78f4e0cbe14195af76352e9f84aa4866085","transactionIndex":"0x60"}],"logsBloom":"0x00000000000000000000000000000000000040000000000000000000000080000000002000000000000000000000000000000000000000000000000000000000000000000800400000000000000000000000000000000000080000000000000000000000000000000000010000000000000000000000000000000000000000000400000000000000040000000000000000000000000000000000000000000000000002000000000000000000000000000000000040000080000000000000000000000000000000000000000000000000","status":"0x1","to":"0x5949f052e5f26f5822ebc0c48b795b98a465cf58","transactionHash":"0x30459fc2ee1bc4adf2ba26ca1a0ca78f4e0cbe14195af76352e9f84aa4866085","transactionIndex":"0x60"}}

输出日志中各项主要信息表示如下：

data 字段表示代币转发数量

data = 0x0000000000000000000000000000000000000000000000003635c9adc5dea00000；

topics 字段意义分别是：

第一项表示日志输出的事件方法 event Transfer(address,address,int256)的哈希值：0xddf252ad1be2c89b69c2b068fc378daa952ba7f163c4a11628f55a4df523b3ef；

第二项转出代币账户的地址：0x000000000000000000000000613c023f95f8ddb694ae43ea989e9c82c0325d3a；

第三项接受代币账户的地址：0x000000000000000000000000405a35e1444299943667d47b2bab7787cbeb61fd。

6. 代币发行总量

查询代币 totalSupply 方法，具体实例代码如下：

```
public static void getContractEthCall() throws Exception {
    String ethRpc = "https://mainnet.infura.io/llyrtzQ3YhkdESt2Fzrk";
```

```
String emptyAddress = "0x0000000000000000000000000000000000000000";
String contractAddress = "0xB8c77482e45F1F44dE1745F52C74426C631bDD52";
Web3j web3j = Web3jFactory.build(new HttpService(ethRpc));
org.web3j.abi.datatypes.Function function = new org.web3j.abi.datatypes.Function(
        "totalSupply",
        new ArrayList<>(),
        Collections.singletonList(new TypeReference<Uint256>() {
        }));
org.web3j.protocol.core.methods.response.EthCall response = web3j.ethCall(
        Transaction.createEthCallTransaction(emptyAddress, contractAddress,
FunctionEncoder.encode(function)),
        DefaultBlockParameterName.LATEST)
    .sendAsync().get();

System.out.println("合约地址:" + contractAddress);
System.out.println("查询结果:" + new Gson().toJson(response));
}
```

最终程序输出结果如下:

2019-06-27 16:41:58.413 19803-19803/com.example.myfirstapp I/System.out: 合约地址:0xB8c77482e45F1F44dE1745F52C74426C631bDD52

2019-06-27 16:41:58.431 19803-19803/com.example.myfirstapp I/System.out: 查询结果:{"id":0,"jsonrpc":"2.0","result":"0x000000000000000000000000000000000000000000000000db6d96ba61ad264a100b9"}

9.7 区　块

　　Web3j 提供了对以太坊客户端节点查询相应交易的功能,该功能由于没有涉及更新修改区块链数据的操作,但是对于需要从整个区块链查询地址的交易统计信息还是很重要的。

　　如果需要获知以太坊区块链上当前总共有多少个区块(也称为区块高度),可以通过调用以下方法获得:

```
long blockNumber = web3j.ethBlockNumber();
```

　　根据指定区块序号,获得该区块的所有详细信息,包括包含在该区块里面成功挖矿的交易记录信息。方法的原型如下:

```
Request<?, EthBlock> ethGetBlockByNumber(
        DefaultBlockParameter defaultBlockParameter,
        boolean returnFullTransactionObjects);
```

其返回数据对象 EthBlock 里面包含了重要的交易信息,它们在该区块里面包含了挖矿成功的全部交易。可以用其中一个方法来获得交易详细信息,通过交易的 hash 来获得该交易:

```
Request <?, EthTransaction> ethGetTransactionByHash(String transactionHash);
```

其中返回数据对象 EthTransaction 里面包含了该交易的详细信息。

需要注意的是,一个交易的成功可能存在很多不确定性,以下列出了不同状态下交易代表成功的意义:

① 提交的交易立刻返回 hash:表示交易提交成功等待挖矿;
② 区块里面包含的交易 hash:表示交易已经被挖矿并成功记账;
③ 交易获得 Receipt:表示交易已经被执行输出结果,同上;
④ 交易的 Receipt 日志输出成功:表示交易成功执行输出成功结果。

如果不考虑挖矿分支或回滚的情况,只是简单的以太币转账交易,则一旦交易被挖矿,或者交易可以获得 Receipt 的时候,就表示交易成功了。如果是对智能合约发起调用或者创建,那么必须对交易的 Receipt 进行检查,确保其输出的日志是智能合约成功的标志,才表示交易成功执行。

Receipt 里面有一个属性 status,它也可以表示调用智能合约的过程是否成功,如果账户余额不足已支付 Gas 油耗,那么 status 可能是 0x0。可以通过其中一个方法来获得某个指定交易哈希的交易数据:

```
Request <?, EthGetTransactionReceipt> ethGetTransactionReceipt(String transactionHash);
```

从该方法返回的结果对象 TransactionReceipt 中可以获得 status 的值,以及 Log 的一个清单,根据清单来判断交易是否彻底执行成功以及执行的结果是什么。

区块演示源代码实例

最新区块号就是当前以太坊区块高度。在 Web3j 中是通过 web3j.ethBlockNumber 方法来获得的。获得最新的当前区块链的高度,还可以计算出某个交易的确认高度,确认高度就是最高高度减去某交易区块高度。实现代码实例如下:

```java
public static void demoEthBlockNumber() throws Exception {
    String ethRpc = "https://mainnet.infura.io/llyrtzQ3YhkdESt2Fzrk";
    Web3j web3j = Web3jFactory.build(new HttpService(ethRpc));
    new Thread(new Runnable() {
        @Override
        public void run() {
            try {
                EthBlockNumber response = web3j.ethBlockNumber().send();
                System.out.println("查询结果:" + new Gson().toJson(response));
```

```
        } catch (IOException e) {
            e.printStackTrace();
        }
    }
}).start();
```

最终程序输出结果如下:

2019-06-27 16:53:21.464 20711-20746/com.example.myfirstapp I/System.out:查询结果:{"id":0,"jsonrpc":"2.0","result":"0x7aaa79"}

获得区块信息:eth_getBlockByNumber,实例代码如下:

```
public static void demoEthBlockNumber() throws Exception {
    String ethRpc = "https://mainnet.infura.io/llyrtzQ3YhkdESt2Fzrk";
    Web3j web3j = Web3jFactory.build(new HttpService(ethRpc));
    new Thread(new Runnable() {
        @Override
        public void run() {
            try {
                EthBlock response = web3j.ethBlockNumber()(DefaultBlockParameter-
                Name.LATEST,falose).send();
                System.out.println("查询结果:" + new Gson().toJson(response));
            } catch (IOException e) {
                e.printStackTrace();
            }
        }
    }).start();
}
```

最终程序输出结果如下:

2019-06-27 16:57:47.222 21046-21119/com.example.myfirstapp I/System.out:查询结果:{"id":0,"jsonrpc":"2.0","result":{"difficulty":"0x7bd531095b6d5","extraData":"0xd883010817846765746888676f312e31302e34856c696e7578","gasLimit":"0x7a1200","gasUsed":"0x79c209","hash":"0x1103e7ed7c29f60e6b014ae699151d33bc94ba494e01412ae23aa2904caa5e3c","logsBloom":"0x040030c0016044d800132402104204209180a02840210000810080000840805a0298c40202c04230a00100050844001008ae213022c4889012a607044202404518000086018b024f0198e100808106081220042209008022800002212500ad02420882184120ea48c0083305000240800000400528200a632100424017202836004048a836200290112986000418400c0118006854009c8400001564082801118c0c700680020c02980008005a00420944464c246a4410031200001008418213405020000205ac5106201408923520164028040080410800c01260381280a0d20201160818244000080002104088a404140004208050800010c3ef71800d24104","miner":"0x06b8c5883ec71bc3f4b332081519f23834c8706e","mixHash":"0x5a204ff50f1bb5eb7b864eaea635b14b96a8dda7140da11f692290 efd3240dad"," nonce ":" 0x05ecb33c00524673 "," number ":" 0x7aaa8a "," parentHash ": "0x00d00280d903afaac1f6bbb0ca38da72bad4a13840a0c856f8a590bd16537455 "," receiptsRoot ": "0x05c5b6af1d07146517c470b0346b8c9432cea7126e5f22d66bc480b3bae78d64 "," sha3Uncles ": "0x1dcc4de8dec75d7aab85b567b6ccd41ad312451b948a7413f0a142fd40d49347 "," size ":" 0x7f12 ", "stateRoot":"0xa5bf8eb1fd43151fb1348b596fb66eaa2f4e9f053c5b63cec48bacb9b1d03a50","timestamp":"0x5d1484e5","totalDifficulty":"0x247f09c4869cc047fc2","transactions":[{"value":"0x56aaed3f588857d2979b99465103371302ba7afad963620be54a2363f548ce28"},{"value":"0xd493d36e1aaa5f92e7daa50858414547286fb5966061a302feeb899be323d991"},{"value":"0xc2e9577aca7a0e7a3ec75430ed8c25c17dfc17e29afea660ac02f02f3f4dfbad"},{"value":"0x715b7ae0096dc127708c3fc625c1b3b13921f73198a272d5eb9431eabedbc105"}]}}

第10章

Android 钱包项目

10.1 开源软件介绍

开源软件就是常说的开放源代码的项目,最具有代表性的开源项目包括 Linux 操作系统、Apache HTTP Server、Java 开发语言和 Android 等。其中 Java 可以说是开源界的老大哥,它最初是由 SUN 公司带领的正规开源大军,而 Android 是基于 Linux 的一个开源项目,它在开源界可以说是带领着移动应用软件的发展,由 Google 公司及手机联盟主导。为了方便大家下载分享开源软件的源代码,各地纷纷成立了许多开源组织并建立相应的网站。著名的开源组织包括 Apache、SourceForge、GitHub 和 GoolgeCode 等。Apache 属于较早的开源组织,它里面有大量经典的开源项目;SourceForge 是世界最大的开源项目托管网站;GitHub 是方便管理易于使用的代码库管理工具。

现代软件的研发、技术的发展都离不开开源社区。小企业组织单位及个人能够通过开源软件获得顶尖的软件技术,加速软件开发进度及提高开发质量。大型企业如阿里、腾讯、Facebook 和 Twitter 等在各种大型开源项目组织中起着重要作用,当然他们也因此从开源社区中获益匪浅。

全球较知名的开源组织网站列举如下:

SourceForge:https://sourceforge.net/;
GitHub:https://github.com/;
Google Code:https://code.google.com/;
Apache Sorfware foundation:https://apache.org/。
国内也有很多相应的开源组织机构,如 https://gitee.com/。

GitHub

Git 是一个开源的分布式版本控制系统,可以有效、高速地处理从小到非常大的项目版本管理。它是一个面向开源及私有软件项目的托管平台,因为只支持 Git 作为唯一的版本库格式进行托管,故名 GitHub。作为开源代码库以及版本控制系统,Github 拥有超过 900 万开发者用户。随着越来越多的应用程序转移到了云上,Github 已经成为了管理软件开发以及发现已有代码的首选方法。

在 GitHub 查找开源软件非常简单，执行如下指令：

git clone <open-source-github-uri>

即可把相应的开源项目直接克隆到本地当前目录。

更为方便的是，Git 已经被众多的软件开发 IDE 平台作为常用的软件版本管理，不同开发平台能够通过 Git 快速进行开源项目代码复制、软件代码升级和开发分支管理，并且方便项目协同开发，每个人都可以为开源项目做出自己的贡献。

由于开源软件的工具越来越简便，每个人都可以轻松开启一个全新的开源项目，也可以快速加入一个已有的开源项目，甚至可以快速复制一个开源项目，并另起炉灶成立新的分支，所以现在的开源项目数量极速增加。

如果能够在众多的开源项目中找到社群活跃、技术含量高、有延续性、靠谱的开源项目，对一般中小企业及个人团队的应用软件项目开发，是有重大帮助的。除了留意该项目关注人数、标星数量、问题数量和及时回复率，还需要看看该项目的文档支持程度，是否有独立的推广网站及丰富的技术文档支持，该项目在社区论坛中的评价，同类项目对比的优缺点等。

10.2 钱包开源项目

1. Trust Wallet

在众多开源的钱包项目里，Trust Wallet 开源项目是一个功能完善和稳定的项目，代码风格、架构设计以及技术栈都很新颖，并且已经在国外的 AppStore 上架，对应的 Android 版本也已开源。可以在 Trust Wallet 官网（https://trustwallet.com/）下载最新的 TrustWallet 苹果 App 或者 Trust Wallet 安卓 App 试用。

不过很可惜的是，Trust Wallet 团队认为开源 Trust Wallet 的 Android 版应用程序可能会危害加密社区，因为很多复制 Trust Wallet 的其他产品并没有很好地遵循开源的要求，而且几乎不可能在 Android 生态系统中跟踪和删除这些应用程序，因此，Trust Wallet 团队在 2018 年 2 月决定将 Android 的 Trust Wallet 应用程序转移到封闭源代码开发中。不过由于早期版本的 Trust Wallet for Android 仍然保留在开源项目中，该项目架构及基本功能仍然可以查阅。

2018 年 8 月，全球最大加密货币交易所之一"币安"完成了对以太坊移动钱包 Trust Wallet 的收购。

Android App 以及相关的核心库：

https://github.com/TrustWallet/trust-wallet-android-source

https://github.com/TrustWallet/TrustSDK-Android

iOS App 以及相关的核心库：

https://github.com/TrustWallet/trust-wallet-ios

https://github.com/TrustWallet/wallet-core

https://github.com/TrustWallet/TrustSDK-iOS

2. imToken

另外一款比较被国内用户欢迎的以太坊钱包 ImToken，于 2018 年 10 月正式将 ImToken2.0 的核心代码公布到 Github，实现部分代码开源。ImToken 此次开放的 TokenCore，属于在 imToken 应用中对钱包私钥进行管理维护的部分。

ImToken 钱包开源项目相关网址：

安卓核心库：https://github.com/consenlabs/token-core-android

iOS 核心库：https://github.com/consenlabs/token-core-ios

其他涉及以太坊 App 钱包的开源项目很多，以下列出部分项目作为参考。

MyEtherWallet 是一个免费的客户端接口钱包，Vue 版本的客户端，可以同时打包成为 Android 以及 iOS 版本的 App：https://github.com/MyEtherWallet/MyEtherWallet。

ETHWallet 是一款模仿 imToken 实现的 ETH 钱包开源项目，Android App：https://github.com/DwyaneQ/ETHWallet

登链钱包，参考 TrustWallet 及 ETHWallet 等项目开发的一个开源，Android App：https://github.com/xilibi2003/Upchain-wallet

10.3 项目概况

接下来以 Trust Wallet 开源项目 Android 版为主要钱包 App 案例来详细说明，再结合其他开源项目部分功能来深入学习一个完整的 Android App 钱包开发项目。

首先从 Github 上下载 Trust Wallet 整个 Android 开源项目。可以在控制台使用 git clone 命令的方式下载整个项目。可以在控制台使用 git clone 命令的方式下载整个项目，输入以下命令：

git clone https://github.com/TrustWallet/trust-wallet-android-source.git

也可以通过下载完整项目的压缩文档，然后将其解压到电脑准备存放项目的目录下，将其解压即可。具体方法是，进入 Trust Wallet 安卓开源项目链接，单击页面右上方的按钮"clone or download"，然后单击弹出框的 Download ZIP 字样。

https://github.com/TrustWallet/trust-wallet-android-source

打开 Android Studio，单击欢迎页面中功能清单第二个项：Open an existing Android Studio project，然后在文件选择对话框中选择已下载并解压的 Trust Wallet 安卓开源项目目录，单击 Open，开发工具会自动将项目导入到 Android Studio 中，并自动进行编译。编译成功后，在 Android Studio 菜单 Run 单击菜单项"Run 'app'"，

Trust Wallet App 可以在虚拟机上面直接运行,下面截取三个页面进行说明:

第一个页面:创建第一个钱包,只需单击 CREATE NEW WALLET,然后按照要求进行备份即可完成钱包创建。

第二个页面:App 首页显示交易记录,因为该钱包是新建的账号,所以不存在相应的交易记录。

第三个页面:App 设置页面,该页面提供切换或管理钱包,切换网络、技术支持等其他相关的信息功能。

具体功能页面参考图 10-1。

图 10-1 TrustWallet Android 版创建钱包、交易记录、设置页面

接下来讲解该项目的基本配置和主要的文件结构。在项目根目录下名称为 app 的目录,打开里面名为 build.gradle 的本项目 Gradle 配置文件。基本信息相关属性值如下:

```
android {
    compileSdkVersion 27          //本书注释:AndroidSDK 最高版本号
    buildToolsVersion '26.0.2'    //本书注释:打包工具的版本号
    defaultConfig {
        applicationId "com.wallet.crypto.trustapp"
        minSdkVersion 18          //本书注释:AndroidSDK 最低版本号
        targetSdkVersion 26       //本书注释:AndroidSDK 目标版本号
        versionCode 37
        versionName "1.4.2"
    }
}
```

从 Android 配置项的属性值可以看出相应配置情况如下：项目以 API 27 版本的 SDK 环境进行编译，API 26 版本的 SDK 进行开发运行项目，最低可以兼容到 API 18 版本（即手机系统版本最低要求：Android 4.3）开发者需确保正确下载 Android Studio 中的 Android SDK API26 和 API27。如果没有下载，打开项目的时候，开发环境也会提醒，可以按照系统提示安装 Android SDK。第三方插件清单如下：

```
//本书注释:插件的版本变量设置
project.ext {
    retrofitVersion = "2.3.0"
    okhttpVersion = "3.9.0"
    supportVersion = "27.0.2"
    web3jVersion = "3.0.1-android"
    gethVersion = "1.7.0"
    gsonVersion = "2.8.2"
    rxJavaVersion = "2.1.6"
    rxAndroidVersion = "2.0.1"
    daggerVersion = "2.11"
}


//本书注释:第三方依赖插件导入
dependencies {
    // Etherium client
    implementation "org.web3j:core:$project.web3jVersion"
    implementation "org.ethereum:geth:$project.gethVersion"
    // Http client
    implementation "com.squareup.retrofit2:retrofit:$project.retrofitVersion"
    implementation "com.squareup.retrofit2:converter-gson:$project.retrofitVersion"
    implementation "com.squareup.retrofit2:adapter-rxjava2:$project.retrofitVersion"
    implementation "com.squareup.okhttp3:okhttp:$project.okhttpVersion"
    implementation "com.google.code.gson:gson:$project.gsonVersion"
    implementation "android.arch.lifecycle:runtime:1.0.3"
    implementation "android.arch.lifecycle:extensions:1.0.0"
    implementation "com.android.support:appcompat-v7:$project.supportVersion"
    implementation "com.android.support:design:$project.supportVersion"
    implementation "com.android.support:support-vector-drawable:$project.supportVersion"
    implementation "com.android.support:recyclerview-v7:$project.supportVersion"
    implementation "com.android.support:multidex:1.0.2"
    // Bar code scanning
    implementation "com.google.zxing:core:3.2.1"
    implementation "com.google.android.gms:play-services-vision:11.8.0"
    // Sugar
```

```
        implementation "com.android.support.constraint:constraint-layout:1.0.2"
        implementation "com.github.apl-devs:appintro:v4.2.2"
        implementation 'com.romandanylyk:pageindicatorview:1.0.0'
        implementation "com.journeyapps:zxing-android-embedded:3.2.0@aar"
        // ReactiveX
        implementation "io.reactivex.rxjava2:rxjava:$project.rxJavaVersion"
        implementation "io.reactivex.rxjava2:rxandroid:$project.rxAndroidVersion"
        // Dagger 2
        // Dagger core
        implementation "com.google.dagger:dagger:$project.daggerVersion"
        annotationProcessor "com.google.dagger:dagger-compiler:$project.daggerVersion"
        // Dagger Android
        implementation "com.google.dagger:dagger-android-support:$project.daggerVersion"
        annotationProcessor "com.google.dagger:dagger-android-processor:$project.daggerVersion"
        // if you are not using support library, include this instead
        implementation "com.google.dagger:dagger-android:$project.daggerVersion"
        // Tests
        testImplementation "junit:junit:4.12"
        androidTestImplementation("com.android.support.test.espresso:espresso-core:2.2.2", {
            exclude group: "com.android.support", module: "support-annotations"
        })
        androidTestCompile('tools.fastlane:screengrab:1.1.0', {
            exclude group: 'com.android.support', module: 'support-annotations'
        })
        // Fabric
        compile('com.crashlytics.sdk.android:crashlytics:2.8.0@aar') {
            transitive = true;
        }
        compile('com.crashlytics.sdk.android:answers:1.4.1@aar') {
            transitive = true;
        }
        // PW
        compile fileTree(dir: 'libs', include: ['*.jar'])
        compile project(":tn")
    }
```

重要的第三方插件说明：

org.web3j:core:3.0.1-android：一个轻量级、高度模块化、响应式、类型安全的 Java 和 Android 库，用于与智能合约以及与以太坊网络上的客户端（节点）进行集成；

org.ethereum:geth:1.7.0:go-ethereum 的 Android 库，可以用来创建、删除、

导入和导出钱包,打包交易进行签名;

com. squareup. retrofit2:retrofit:2.3.0:网络加载框架,底层使用 OKHttp 封装;

com. google. zxing:core:3.2.1:Google 扫码开源库;

com. google. dagger:dagger:2.11:依赖注入框架,现在由 Google 接手维护;

io. reactivex. rxjava2:2.1.6:基于响应式编程思想,实现并扩展了观察者模式,可以进行异步操作的库;

com. crashlytics. sdk. android:crashlytics:2.8.0@aar:Fabric bug 收集与 App 使用情况分析工具。

从该项目第三方组件依赖情况来看,Trust Wallet 主要依赖 2 大组件库,一个是通过 Web3j 的 Android 库实现对以太坊区块链节点服务的整合;一个是通过 Go-ethereum 的 Android 库来对钱包存储导入导出等进行管理。

在 Android Studio 开发环境主界面左上角"工程文件操作区域"(文件的组织方式选择 Preject),打开名称为 app/src/main 的目录文件名称为 Android Mainfest. xml 的文件,查看其中名为 application 的元素:

```
<application
    android:name = ".App"
    android:allowBackup = "false"
    android:icon = "@mipmap/ic_launcher"
    android:label = "@string/app_name"
    android:roundIcon = "@mipmap/ic_launcher_round"
    android:supportsRtl = "true"
    android:testOnly = "false"
    android:theme = "@style/AppTheme.NoActionBar"
    tools:replace = "android:name, android:theme, android:allowBackup" >
</application>
```

从配置清单文件中的 application 属性值可以看到应用的相关配置信息如下:

Label:设置 App 名字位置;

Icon:设置 App 的通用图标位置;

roundIcon:设置 App 的圆形图标位置;

supportsRtl:设置 App 是否支持从右到左的布局;

theme:设置 App 的样式位置。

另外留意到配置清单最底部,需要设置第三方使用日志统计插件信息:

```
<meta-data
    android:name = "io.fabric.ApiKey"
    android:value = "74d3fa8b5038a154c0c05555d27112a0d4a80d68" />
```

此处的 value 读者需要修改成自己在 fabric 网站建立的项目的 API Key。

10.4　功能架构

我们对项目代码的整体架构进行分析，发现它基本上可以看作是采用 MVVM 模式来开发的，其关系如图 10-2 所示。

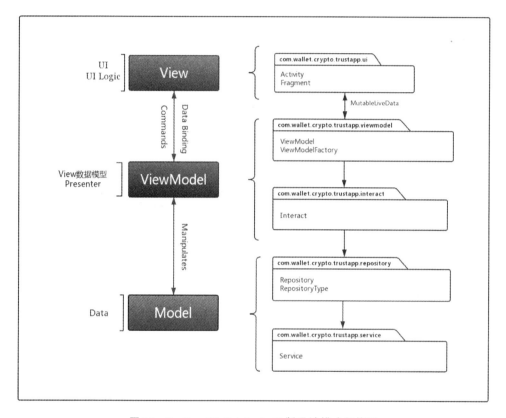

图 10-2　TrustWallet Android 版设计模式架构图

项目代码目录按主要模块分为如下表所列的几部分。

di	dagger2 注入框架基础设置层
entity	实体类
interact	交互接口层
repository	钱包存储层
router	路由层
service	钱包交易、创建、获取钱包信息服务层

续表

ui	界面
util	工具类
viewmodel	存储和管理与 UI 相关的数据
widget	视图组件

di 模块：主要进行项目各模块基于 dagger 的基本配置，di 模块目录中每个类文件的重要功能如下表所列。

di 模块		
文件夹	文件	描述
di	AccountsManageModule	为 WalletsViewModelFactory 提供创建、删除、查找、导出、导入钱包的交互接口依赖的类
	ActivityScope	Activity 作用域标注接口
	AddTokenModule	为 addTokenViewModelFactory 提供添加代币交互接口、查找默认钱包交互接口、钱包地址展示路由的依赖
	AppComponent	注入器接口
	BuildersModule	为 activity 添加依赖的 modules
	ConfirmationModule	为确认交易界面提供依赖的类
	FragmentScope	Fragment 作用域标注接口
	GasSettingsModule	为 Gas 设置界面提供依赖的类
	ImportModule	为导入钱包界面提供依赖的类
	RepositoriesModule	为存储层提供依赖的类
	SendModule	为发送交易界面提供依赖的类
	SettingsFragmentModule	为设置界面提供依赖的类
	SettingsModule	为 SettingsFragment 设置依赖，并设置作用域
	SplashModule	为欢迎界面提供依赖的类
	TokensModule	为 Tokens 界面提供依赖的类
	ToolsModule	为一些工具类(Gson、okhttp)提供依赖的类
	TransactionDetailModule	为交易详细界面提供依赖的类
	TransactionsModule	为交易记录界面提供依赖的类

Entity 模块：定义了项目中用到的所有实体类，例如网络请求模型及钱包交易数据模型等。Entity 模块目录中每个类文件的主要功能，如下表所列。

实体类		
文件夹	文 件	描 述
entity	Address	钱包地址实体类
	ApiErrorException	以太坊浏览器接口出错时的 exception 类
	ErrorEnvelope	viewmodel 的 error 实体类
	GasSettings	Gas 的实体类包含 gaslimit 和 gasprice
	NetworkInfo	主链的实体类
	ServiceErrorException	service 出错的 error 实体类
	ServiceException	service 出错的 error 实体类
	Ticker	以太坊价格的实体类
	Token	代币实体类
	TokenInfo	代币详情实体类
	Transaction	交易的实体类
	TransactionContract	交易的合约实体类
	TransactionOperation	合约交易的实体类
	Wallet	钱包实体类

Interact 模块：用于控制业务功能和数据层的交互、具体的功能流程的实现，例如钱包获取的流程、交易记录获取流程等。Interact 模块目录中每个类文件的主要功能，如下表所列。

交互接口层		
文件夹	文 件	描 述
interact	rx. operator：CompletableErrorProxy-Operator	rxjava 异常处理类
	Operators	保存密码和异常处理入口类
	SavePasswordOperator	保存钱包导入或者生成时产生的随机密码
	AddTokenInteract	添加代币交互类
	CreateTransactionInteract	创建交易交互类
	CreateTransactionInteractType	创建交易交互接口
	CreateWalletInteract	创建钱包交互类
	DeleteWalletInteract	删除钱包交互类
	ExportWalletInteract	导出钱包交互类

续表

文件夹	文件	描述
interact	FetchGasSettingsInteract	获取 Gas 设置交互类
	FetchTokensInteract	获取代币列表交互类
	FetchTransactionsInteract	获取交易记录交互类
	FetchWalletsInteract	获取钱包列表交互类
	FindDefaultNetworkInteract	获取默认选择的主链交互类
	FindDefaultWalletInteract	获取默认钱包交互类
	GetDefaultWalletBalance	获取钱包地址主币数量交互类
	ImportWalletInteract	导入钱包交互类
	SetDefaultWalletInteract	设置默认钱包交互类

Repository 模块：用于控制数据的存取，例如密码存取、交易记录的缓存和钱包存储管理等，主要功能如下表所列。

数据控制层		
文件夹	文件	描述
repository	entity:RealmTokenInfo	代币信息 realm 实体类
	EthereumNetworkRepository	主链信息的处理类
	EthereumNetworkRepositoryType	主链信息的接口
	OnNetworkChangeListener	主链改变监听接口
	PasswordStore	随机密码生成获取接口
	PreferenceRepositoryType	本地存储的接口
	RealmTokenSource	realm 数据库处理 Token 存储的类
	SharedPreferenceRepository	本地存储处理类（存储了默认钱包，默认选择的主链，gasprice、gaslimit 信息）
	TokenLocalSource	realm 数据库处理 token 的接口
	TokenRepository	处理代币的类（获取，创建，交易）
	TokenRepositoryType	处理代币的接口
	TransactionInDiskSource	交易本地缓存（未实现）
	TransactionInMemorySource	交易记录内存缓存处理类
	TransactionLocalSource	交易记录缓存接口
	TransactionRepository	交易记录处理类
	TransactionRepositoryType	交易记录处理接口
	TrustPasswordStore	随机密码处理类
	WalletRepository	钱包管理类
	WalletRepositoryType	钱包管理接口

第10章 Android 钱包项目

Router 模块:用于管理 activity 之间的跳转,主要功能如下表所列。

路由		
文件夹	文 件	描 述
router	AddTokenRouter	添加代币路由
	ConfirmationRouter	确认界面的路由
	ExternalBrowserRouter	调试转浏览器的路由
	GasSettingsRouter	设置界面路由
	ImportWalletRouter	导入钱包界面路由
	ManageWalletsRouter	管理钱包界面路由
	MyAddressRouter	收款地址路由
	MyTokensRouter	代币列表路由
	SendRouter	发送界面路由
	SendTokenRouter	发送代币界面路由
	SettingsRouter	设置界面路由
	TransactionDetailRouter	交易详情路由
	TransactionsRouter	交易记录路由

Service 模块:主要用于数据存取,例如网络请求、数据库存取的实现,主要功能如下表所列。

数据存取		
文件夹	文 件	描 述
service	AccountKeystoreService	钱包管理的底层 service 接口
	BlockExplorerClient	交易记录获取的底层 service
	BlockExplorerClientType	交易记录获取的底层 service 接口
	CoinmarketcapTickerService	Coinmarketcap 价格获取 serivice
	EthplorerTokenService	从以太坊获取代币列表底层 service
	GethKeystoreAccountService	钱包管理的底层 service
	TickerService	获取选择的主链币别的单价底层 service 接口
	TokenExplorerClientType	从以太坊获取代币列表底层 service 接口
	TrustWalletTickerService	获取选择的主链币别的单价底层 service

ui 模块:主要用于界面和业务逻辑的控制,主要功能如下表所列。

界面文件夹	文件	描述
ui	AddTokenActivity	添加代币的 Activity
	BaseActivity	基础 Activity
	ConfirmationActivity	转账交易确认界面的 Activity
	GasSettingsActivity	Gas 调节界面的 Activity
	ImportKeystoreFragment	keystore 导入的 Fragment
	ImportPrivateKeyFragment	私钥导入的 Fragment
	ImportWalletActivity	导入钱包的 Activity
	MyAddressActivity	收款地址显示的 Activity
	SendActivity	发送界面的 Activity
	SettingsActivity	设置界面的 Activity
	SettingsFragment	设置界面的 Fragment
	SplashActivity	欢迎页的 Activity
	TokensActivity	代币列表页面的 Activity
	TransactionDetailActivity	交易详情页面的 Activity
	TransactionsActivity	交易记录页面的 Activity
	WalletsActivity	钱包管理界面的的 Activity
	barcode/BarcodeCaptureActivity BarcodeTracker BarcodeTrackerFactory	二维码扫描功能模块
	camera/CameraSource CameraSourcePreview	摄像头设置和显示模块
	widget/adapter/TabPagerAdapter	底部三个 tab 的 Adapter
	TokensAdapter	代币列表的 Adapter
	TransactionsAdapter	交易记录的 Adapter
	WalletsAdapter	钱包管理界面的 Adapter
	widget/entity/DateSortedItem	交易记录日期的实体类
	SortedItem	交易记录列表的数据实体类
	TimestampSortedItem	交易记录日期 title 的实体类
	TransactionSortedItem	交易记录 item 的实体类
	widget/holder/BinderViewHolder	viewHolder 的基础类
	TokenHolder	代币的 holder
	TransactionDateHolder	交易记录日期 title 的 holder
	TransactionHolder	交易记录的 holder
	WalletHolder	钱包列表的 holder

util 模块:用于工具类的管理,主要功能如下表所列。

工具文件夹	文件	描述
util	BalanceUtils	wei 为单位的值与其他单位的数值的转换
	KeyboardUtils	键盘显示隐藏类
	KS	存储和获取生成的随机密码工具类
	LogInterceptor	打印网络请求的 log 工具类
	PasswordStoreFactory	随机密码获取和存储的工厂类(未使用)
	QRURLParser	解析来自钱包使用的 QR 代码的 URL 的协议、地址和参数
	RootUtil	检查手机是否 root

Viewmodel 模块:用于管理各个界面的数据获取与更新,以及控制业务功能和底层的交互,例如首页获取钱包信息,就是通过 WalletsViewMode 分发到具体实现模块的,主要功能如下表所列。

viewmodel文件夹	文件	描述
viewmodel	AddTokenViewModel	存储和管理与添加代币页面相关的数据
	AddTokenViewModelFactory	添加代币 viewmodel 的工厂类
	BaseViewModel	viewmodel 的基类
	ConfirmationViewModel	存储和管理与转账确认界面页面相关的数据
	ConfirmationViewModelFactory	转账确认界面 viewmodel 工厂类
	CreateAccountViewModel	未实现
	CreateAccountViewModelFactory	未实现
	GasSettingsViewModel	存储和管理与 gas 设置界面页面相关的数据
	GasSettingsViewModelFactory	Gas 设置界面 viewmodel 工厂类
	ImportWalletViewModel	存储和管理与导入钱包界面页面相关的数据
	ImportWalletViewModelFactory	导入钱包界面 viewmodel 工厂类
	SendViewModel	存储和管理与发送界面页面相关的数据
	SendViewModelFactory	发送界面 viewmodel 工厂类
	SplashViewModel	存储和管理与欢迎界面页面相关的数据
	SplashViewModelFactory	欢迎界面 viewmodel 工厂类
	TokensViewModel	存储和管理与代币界面页面相关的数据

续表

文件夹	文 件	描 述
viewmodel	TokensViewModelFactory	代币界面 viewmodel 工厂类
	TransactionDetailViewModel	存储和管理与交易记录详情界面页面相关的数据
	TransactionDetailViewModelFactory	交易记录详情界面 viewmodel 工厂类
	TransactionsViewModel	存储和管理与交易记录界面页面相关的数据
	TransactionsViewModelFactory	交易记录界面 viewmodel 工厂类
	WalletsViewModel	存储和管理与钱包管理界面页面相关的数据
	WalletsViewModelFactory	钱包管理界面 viewmodel 工厂类

Widget 模块：自定义视图的存放管理，主要功能如下表所列。

widget		
文件夹	文 件	描 述
widget	AddWalletView	添加钱包的视图
	BackupView	设置备份钱包密码的视图
	BackupWarningView	备份提醒的视图
	DepositView	购买以太币途径的视图
	EmptyTransactionsView	没有交易记录时显示的视图
	HelperTextInputLayout	Edittext 辅助 layout
	SystemView	一个通用的界面 View，提供三个常用的组件： 第一个是加载进度转圈圈的状态显示， 第二个是显示一个错误信息，并提供用户重试 Try Again 的按钮，并提供监听方法机制， 第三个是空容器 Box，可以根据需求来往里面填充界面组件，灵活使用。 重点就是最下面设计不同场景的显示功能及界面，上面提供 2 个常用的刷新和错误信息，常用就是网络加载和网络错误。

编译运行项目中可能存在的问题：

① 有的手机在 Send Eth 界面打开扫描二维码页面时会弹出提示"您的设备不支持 Google play 服务，因此无法运行 Trust"。原因是扫描组件使用了 google play 服务，如果手机没有安装，则无法使用扫描模块，其解决方法是在 app/build.gradle 文件的 91 行注释掉即可。

② 编译运行时，如果 build failed 提示 Android resource compilation failed，则把 app\src\main\res\values\ids.xml 的第三行注释掉即可。

10.5　导入钱包

导入和导出功能是钱包的基本功能,导入钱包通常有三种:
① 通过私钥导入;
② 通过 KeyStore 导入;
③ 通过助记词导入。

1. 导入钱包模块

私钥导入是最简单的方式,只需输入账户地址所对应私钥的十六进制字符串即可。在这里 KeyStore 是把私钥加密后的数据附上加密算法相关参数的一个文件,每个账户地址都会对应一个私钥,一旦账户需要发起支付转账或调用智能合约等操作,首先需要获得私钥才能够执行。但是如果 App 以私钥明文的方式在本地存储器进行保存,就会存在很大的安全隐患,所以私钥导入方式一般也会将私钥加密成 KeyStore 文件来保存,需要使用私钥的时候,再把 KeyStore 解密获得私钥。助记词导入就是导入符合 BIP-39 助记词标准的字符串,它通常是 12 个或 24 个单词按照一定的顺序以空格分隔组成。

需要注意的是,只有助记词导入的方式,才能够导出助记词;通过 KeyStore 或者 PrivateKey 方式导入钱包的方式,是无法生成及导出助记词的。

首先看钱包导入的功能模块涉及哪些相关的包或类关系图,类关系图如图 10-3 所示。

View 视图由 ImportWalletActivity 组装 ImportPrivateKeyFragment(提供导入私钥的)和 ImportKeystoreFragment(提供 KeyStore 输入以及 KeyStore 密码输入界面)两个 fragment 界面。

ViewModel 由 ImportWalletViewModel 以及 ImportWalletInteract 两个类组成。ImportWalletViewModel 主要负责管理双向绑定的数据变量定义,响应用户动作时间并进行相应导入命令的触发;ImportWalletInteract 负责执行业务逻辑,对数据层进行操控。

Model 主要分两大块,密码管理和私钥管理。密码是用来加密私钥的,因此也显得极其重要;密码管理由 TrustPasswordStore 对象执行,根据手机运行的 Android SDK 版本,小于 Android6.0 以下和 Android6.0 及以上的版本分别采用不同的处理方法,以便于做兼容处理。私钥管理由 WalletRepository 执行业务逻辑,GethKeyStoreAccountService 则进行具体算法和存储方法的调用。如果是 KeyStore 导入,则使用 geth 组件的 KeyStore 账号 Account 管理功能来实现安全存储。如果是导入私钥,则先用 Web3j 组件对私钥进行加密产生 KeyStore,然后再走 KeyStore 存储流程。

View 部分比较简单,不再对代码进行详细讲解。重点看 ViewModel 以及 Mod-

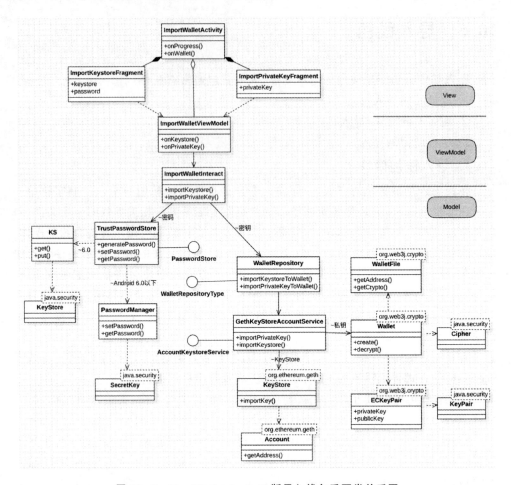

图 10-3 TrustWallet Android 版导入钱包重要类关系图

el 的部分,代码如下:

```
package com.wallet.crypto.trustapp.viewmodel;

import ...

public class ImportWalletViewModel extends BaseViewModel implements OnImportKeystoreListener, OnImportPrivateKeyListener {

    private final ImportWalletInteract importWalletInteract;
    private final MutableLiveData<Wallet> wallet = new MutableLiveData<>();

    ImportWalletViewModel(ImportWalletInteract importWalletInteract) {
        this.importWalletInteract = importWalletInteract;
```

```
    }

    @Override
    public void onKeystore(String keystore, String password) {
        progress.postValue(true);
        importWalletInteract
                .importKeystore(keystore, password)
                .subscribe(this::onWallet, this::onError);
    }

    @Override
    public void onPrivateKey(String key) {
        progress.postValue(true);
        importWalletInteract
                .importPrivateKey(key)
                .subscribe(this::onWallet, this::onError);
    }

    public LiveData<Wallet> wallet() {
        return wallet;
    }

    private void onWallet(Wallet wallet) {
        progress.postValue(false);
        this.wallet.postValue(wallet);
    }
}
```

在 ImportWalletViewModel 中,除了继承 BaseViewModel 里面定义的 error 和 progres 双向绑定属性外,在这个类中主要定义了 2 个重要的全局变量:importWalletInteract 和 wallet。importWalletInteract 是控制逻辑类对象作为关联,由动态注入加载,提供导入 privateKey 及 keyStore 业务逻辑功能的实现;wallet 是类型为 MutableLiveData<Wallet> 的对象,用于实现双向绑定,让 View 层能够通过该变量监听钱包导入成功的事件,并做相应的处理或显示。

在 ImportWalletViewModel 定义 2 个重要的用户导入命令响应及其逻辑调用处理方法:onKeystore 和 onPrivateKey。

这两个方法在 ImportWalletActivity 类里面的 onResume 方法里面进行设置,分别把 onKeystore 方法与 ImportKeystoreFragment 组件、onPrivateKey 方法与 ImportPrivateKeyFragment 组件进行绑定,实现对用户事件触发响应处理,代码如下:

```java
package com.wallet.crypto.trustapp.interact;

import com.wallet.crypto.trustapp.entity.Wallet;
import com.wallet.crypto.trustapp.interact.rx.operator.Operators;
import com.wallet.crypto.trustapp.repository.PasswordStore;
import com.wallet.crypto.trustapp.repository.WalletRepositoryType;
import io.reactivex.Single;
import io.reactivex.android.schedulers.AndroidSchedulers;

public class ImportWalletInteract {

    private final WalletRepositoryType walletRepository;
    private final PasswordStore passwordStore;

    public ImportWalletInteract(WalletRepositoryType walletRepository, PasswordStore passwordStore) {
        this.walletRepository = walletRepository;
        this.passwordStore = passwordStore;
    }

    public Single <Wallet> importKeystore(String keystore, String password) {
        return passwordStore
                .generatePassword()
                .flatMap(newPassword -> walletRepository
                        .importKeystoreToWallet(keystore, password, newPassword)
                        .compose(Operators.savePassword(passwordStore, walletRepository, newPassword)))
                .observeOn(AndroidSchedulers.mainThread());
    }

    public Single <Wallet> importPrivateKey(String privateKey) {
        return passwordStore
                .generatePassword()
                .flatMap(newPassword -> walletRepository
                        .importPrivateKeyToWallet(privateKey, newPassword)
                        .compose(Operators.savePassword(passwordStore, walletRepository, newPassword)))
                .observeOn(AndroidSchedulers.mainThread());
    }
}
```

第 10 章 Android 钱包项目

ImportWalletInteract 主要通过两个 Model 类的关联来实现其相应的功能，一是 walletRepository 存放私钥，一是 passwordStore 存放密码，这个密码是用户加密私钥的。

导入私钥有两种方式：一种是通过私钥，一种是 keyStore，它们的业务流程是一致的。首先通过 passwordStore 生成一个随机的密码，导入的私钥或者 keyStore 会通过 walletRepository 转换成钱包对象，然后用新密码把钱包对象做相应的加密操作（注意 keyStore 传入的密码是一个用于解密 keyStore 的密码，也就是旧密码）；最后把新密码和生成的钱包对象关系保存起来，后续导出钱包或者需要用到钱包来发起交易时，才能找到相应的密码来解开该钱包。

私钥和 KeyStore 导入后的数据，是通过随机生成密码来加密保存的，因此如何保存随机生成密码就显得极为重要。TrustPasswordStore 提供随机生成密码的方法，保存随机密码与钱包对象关系，以及根据钱包对象获得随机密码。TrustPasswordStore 封装了随机密码存储机制，从而提升随机密码在本地存储的安全性。以下列出了 TrustPasswordStore 类中主要的三个方法的源代码：

```
package com.wallet.crypto.trustapp.repository;

import ...

public class TrustPasswordStore implements PasswordStore {

    ...

    @Override
    public Single <String> getPassword(Wallet wallet) {
        return Single.fromCallable(() -> {
            if (Build.VERSION.SDK_INT >= Build.VERSION_CODES.M) {
                return new String(KS.get(context, wallet.address));
            } else {
                try {
                    return PasswordManager.getPassword(wallet.address, context);
                } catch (Exception e) {
                    throw new ServiceErrorException(ServiceErrorException.KEY_STORE_ERROR);
                }
            }
        });
    }

    @Override
```

```java
public Completable setPassword(Wallet wallet, String password) {
    return Completable.fromAction(() -> {
        if (Build.VERSION.SDK_INT >= Build.VERSION_CODES.M) {
            KS.put(context, wallet.address, password);
        } else {
            try {
                PasswordManager.setPassword(wallet.address, password, context);
            } catch (Exception e) {
                throw new ServiceErrorException(ServiceErrorException.KEY_STORE_ERROR);
            }
        }
    });
}

@Override
public Single<String> generatePassword() {
    return Single.fromCallable(() -> {
        byte bytes[] = new byte[256];
        SecureRandom random = new SecureRandom();
        random.nextBytes(bytes);
        return new String(bytes);
    });
}
```

根据手机的版本采用不同的导入私钥方式。Android 6.0 及以上的手机通过 KS 类，最终使用 java.security 的 KeyStore 来存储密码，安全性相对比较高。Android 6.0 以下的手机通过 PasswordManager 类，最终使用 java.security 的加密机制，用 App 固定的一个密码来加密所有的密码并存储在 SharedPreferences，安全度相对比较低；但一般来说，无法轻松地从手机中获得钱包的相应解密密码。

WalletRepository 是一个负责钱包存取管理的对象，先主要看导入保存相关的功能，代码如下：

```java
package com.wallet.crypto.trustapp.repository;

import ...

public class WalletRepository implements WalletRepositoryType {

    ...
```

```java
    private final AccountKeystoreService accountKeystoreService;

    ...

    @Override
    public Single<Wallet> importKeystoreToWallet(String store, String password, String newPassword) {
        return accountKeystoreService.importKeystore(store, password, newPassword);
    }

    @Override
    public Single<Wallet> importPrivateKeyToWallet(String privateKey, String newPassword) {
        return accountKeystoreService.importPrivateKey(privateKey, newPassword);
    }

    ...
}
```

从代码可以看到，其中 importKeystoreToWallet 实现了导入 KeyStore 文件功能，importPrivateKeyToWallet 方法则实现了私钥功能。这两个方法通过调用 accountKeystoreService 对象相应的方法，来实现具体的导入功能逻辑，也就是密钥处理及存储算法。

从架构设计角度来看，这样做的好处是将密钥处理及存储算法等相对复杂的部分单独实现；因为密钥处理及存储算法跟 WalletRepository 类里面包含的其他功能，例如获取当前钱包、获取钱包余额等功能相比较，算是属于不同层级的功能关系，所以将密钥处理及存储算法独立分离出来，逻辑会更加清晰明了，便于维护。

GethKeystoreAccountService 是专注于私钥和 keyStore 导入导出的类，先看其导入的部分功能实现，代码如下：

```java
package com.wallet.crypto.trustapp.service;

import ...

public class GethKeystoreAccountService implements AccountKeystoreService {

    ....

    private final KeyStore keyStore;
```

```java
    public GethKeystoreAccountService(File keyStoreFile) {
        keyStore = new KeyStore(keyStoreFile.getAbsolutePath(), Geth.LightScryptN, Geth.LightScryptP);
    }

    ....

    @Override
    public Single<Wallet> importKeystore(String store, String password, String newPassword) {
        return Single.fromCallable(() -> {
            org.ethereum.geth.Account account = keyStore
                    .importKey(store.getBytes(Charset.forName("UTF-8")), password, newPassword);
            return new Wallet(account.getAddress().getHex().toLowerCase());
        })
                .subscribeOn(Schedulers.io());
    }
```

仔细看其导入私钥的方法,是先将私钥通过调用 Web3j 组件,用一个随机密码加密生成 KeyStore 数据,然后再调用导入 keyStore 的方法导入,代码如下:

```java
    @Override
    public Single<Wallet> importPrivateKey(String privateKey, String newPassword) {
        return Single.fromCallable(() -> {
            BigInteger key = new BigInteger(privateKey, PRIVATE_KEY_RADIX);
            ECKeyPair keypair = ECKeyPair.create(key);
            WalletFile walletFile = create(newPassword, keypair, N, P);
            return new ObjectMapper().writeValueAsString(walletFile);
        }).compose(upstream -> importKeystore(upstream.blockingGet(), newPassword, newPassword));
    }

    ...
}
```

因此存放在 App 里面的私钥都是统一用加密后的 keyStore 数据来存储的。而真正加密及存储 keyStore 数据是通过使用 geth 组件的 KeyStore 及 Account 相关类来实现的。具体请参考 java.security、org.ethereum.geth 及 org.web3j.crypto 第三方组件库使用方法的官方文档,还有 Java 组件开发方法文档。

2. 助记词导入

根据 TrustWallet 开源项目官方声明,该开源项目 Android 版从 1.4.2 版本开始就停止更新了,后续更新的 Android 版本就是闭源了。由于 TrustWallet Android 1.4.2 版本并没有提供助记词功能的实现,为了方便大家对钱包助记词功能的学习,此处在 TrustWallet 开源 Android 版 1.4.2 版本的基础上,增加了助记词功能的简单实现,并把相应的源代码放到 Github 供大家方便下载学习。项目地址请访问:https://github.com/xieyueshu/trust-wallet-android。

使用助记词导入功能,需要在 Gradle 文件引入 bitcoinj-core 第三方库,具体引入方式如下:

```
implementation 'org.bitcoinj:bitcoinj-core:0.14.7'
```

那么如何使用这个库来导入助记词呢?首先分别在以下文件增加对应导入方法。在 ImportWalletInteract 文件增加 importPhraseKey(String privateKey)方法,代码如下:

```java
public Single <Wallet> importPhraseKey(String phraseKey) {
    return passwordStore
            .generatePassword()
            .flatMap(newPassword -> walletRepository
                    .importPhraseKeyToWallet(phraseKey, newPassword)
                    .compose(Operators.savePassword(passwordStore, walletRepository, newPassword)))
            .observeOn(AndroidSchedulers.mainThread());
}
```

在 WalletRepository 文件增加 importPhraseKeyToWallet(String phraseKey, String newPassword)方法,代码如下:

```java
public Single < Wallet > importPhraseKeyToWallet ( String phraseKey, String newPassword) {
    return accountKeystoreService.importPhraseKey(phraseKey, newPassword);
}
```

在 GethKeystoreAccountService 文件中增加一个助记词导入的具体实现方法如下:

```java
importPhraseKey(String phraseKey, String newPassword);
public Single <Wallet> importPhraseKey(String phraseKey, String newPassword) {
    Wallet wallet = new Wallet("");
    return Single.fromCallable(() -> phraseKey)
            .map(string -> {
                wallet.mnemonic = string;
                byte[] seed = MnemonicUtils.generateSeed(string, null);
                DeterministicKey rootPrivateKey = HDKeyDerivation.createMasterPrivateKey(seed);
```

```
        // 由根私钥生成第一个 HD 钱包
        DeterministicHierarchy dh = new DeterministicHierarchy(rootPrivateKey);
        // 定义父路径
        List <ChildNumber> parentPath = HDUtils.parsePath("M/44H/60H/0H/0");
        // 由父路径派生出第一个子私钥 new ChildNumber(0),表示第一个(m/
            44'/60'/0'/0/0)
        DeterministicKey child = dh.deriveChild(parentPath, true, true, new
                        ChildNumber(0));
        byte[] privateKeyByte = child.getPrivKeyBytes();
        // 通过私钥生成公私钥对
        ECKeyPair keyPair = ECKeyPair.create(privateKeyByte);
        // 通过密码和钥匙对生成 WalletFile 也就是 keystore 的 bean 类
        WalletFile walletFile = org.web3j.crypto.Wallet.createLight(new-
                        Password, keyPair);
        if (walletFile != null && walletFile.getAddress() != null && hasAc-
            count(walletFile.getAddress()))
        {
            throw new ServiceException("这个地址的钱包已添加");
        }
        return walletFile.getAddress();
    }).map(address -> {
        String value = address;
        File destination;
        if (Numeric.containsHexPrefix(value)) {
            destination = new File(storeDir, getWalletFileName(Numeric.
                        cleanHexPrefix(value)));
            wallet.address = value;
        } else {
            destination = new File(storeDir, getWalletFileName(value));
            wallet.address = Numeric.prependHexPrefix(value);

        }
        new ObjectMapper().writeValue(destination, wallet.mnemonic);
        return wallet;
    });
}
```

　　助记词生成的流程:生成一个 HD 钱包,此方法在 bitcoinj-core 库的 org.bitcoinj.crypto 中可以找到。通过定义父路径,派生出第一个子私钥并用于公私钥对的生成,然后根据生成的随机密码生成 WalletFile 对象(此对象中存储了 keystore 解密时需要的各种参数)。

　　私钥或者 keystore 导入后保存的都是 keystore 格式的字符串,而助记词导入后最终保存的格式还是字符串。由 keystore 可以导出私钥和 keystore，无法导出助记词，而助记词可以导出 keystore、私钥和助记词。

10.6　导出钱包

1. 导出或备份钱包模块

由于创建一个全新的钱包时，备份（或者说导出钱包）是一个必要环节，所以在 TrustWallet 里创建新钱包和备份钱包功能是放在一起的。把备份钱包的功能一起放在类图里，会发现其只是增加了导出的功能，其他架构是一样的，如图 10-4 所示。

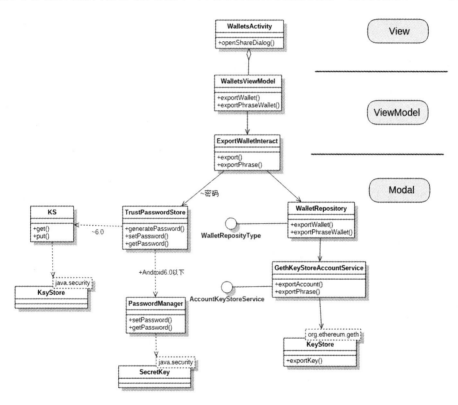

图 10-4　Trust Wallet Android 版导出钱包重要类关系图

在 WalletsViewModel 中导出钱包，主要通过 exportWallet(Wallet wallet, String storePassword)方法来调用导出流程，一共包含两个参数：导出的钱包以及导出的 keystore 对应的密码，对应代码如下：

```
public void exportWallet(Wallet wallet, String storePassword){
    exportWalletInteract
        .export(wallet, storePassword)
```

```
        .subscribe(exportedStore::postValue, this::onExportError);
}
```

从代码中可以看到导出的流程在 ExportWalletInteract 中进行了具体的实现，导出步骤分为两步，一是获取钱包生成或导入时存储的密码；二是通过 geth 组件导出钱包，代码如下：

```
public Single <String> export(Wallet wallet, String backupPassword) {
    return passwordStore
        .getPassword(wallet)
        .flatMap(password -> walletRepository
            .exportWallet(wallet, password, backupPassword))
        .observeOn(AndroidSchedulers.mainThread());
}
```

通过代码可以看到，调用底层组件导出钱包是通过 WalletRepository 这个钱包存取管理类来进一步执行的，这里只是中转作用，代码如下：

```
public Single <String> exportWallet(Wallet wallet, String password, String newPassword) {
    return accountKeystoreService.exportAccount(wallet, password, newPassword);
}
```

导出的具体实现在 GethKeyStoreAccountService 的 exportAccount 类中执行，主要使用 geth 组件的 exportKey 方法进行导出，分两步：一是先查找需要导出的钱包；二是执行导出动作，此步骤中的 exportKey 方法参数有三个，即钱包、keystore 的密码和导出的 keystore 的新密码。

```
public Single <String> exportAccount (Wallet wallet, String password, String newPassword) {
    return Single
        .fromCallable(() -> findAccount(wallet.address))
        .flatMap(account1 -> Single.fromCallable(()
            -> new String(keyStore.exportKey(account1, password, newPassword))))
        .subscribeOn(Schedulers.io());
}
```

2. 助记词导出

在 TrustWallet 开源 Android 版 1.4.2 版本的基础上，增加了助记词功能的简单实现，并把相应的源代码放到 Github 上供大家下载学习，项目地址请访问：https://github.com/xieyueshu/trust-wallet-android。

在上一小节中助记词导入模块加入了助记词，通过助记词导入部分的代码可知，助记词导出只需要把保存的助记词重新读取出来即可，由于导入时只是进行了简单的存储,因此导出只需要找到对应的保存文件读取即可。具体的代码需要在 ExportWalletInteract、WalletRepository 和 GethKeyStoreAccountService 加入导出助记词的代码。

ExportWalletInteract 文件中加入的代码如下:

```
public Single<String> exportPhrase(Wallet wallet){
        return passwordStore
                .getPassword(wallet)
                .flatMap(password -> walletRepository
                        .exportPhraseWallet(wallet, password))
                .observeOn(AndroidSchedulers.mainThread());
}
```

WalletRepository 文件中加入的代码如下:

```
public Single<String> exportPhraseWallet(Wallet wallet, String password){
    return accountKeystoreService.exportPhrase(wallet, password);
}
```

GethKeyStoreAccountService 文件中加入的代码如下(其中 getStoreFile 方法是为了找到对应钱包的助记词存储文件):

```
public Single<String> exportPhrase(Wallet wallet, String password){
    return this.getStoreFile(wallet.address)
        .map(file -> new ObjectMapper().readValue(file, String.class));
}

public Single<File> getStoreFile(final String address){
    return Single.fromCallable(() -> {
        File[] arrfile = storeDir.listFiles();
        String object = Numeric.cleanHexPrefix(address);
        for (File file : arrfile){
            if (! file.getName().contains(object)) continue;
            return file;
        }
        return null;
    });
}
```

10.7 创建钱包

创建钱包模块

创建钱包功能主要是实现随机生成私钥和公钥对,然后按照以太坊账户地址生成规则推导出地址。首先看下创建钱包功能模块涉及哪些相关的包或类,具体参考图 10-5 所示的关系图。

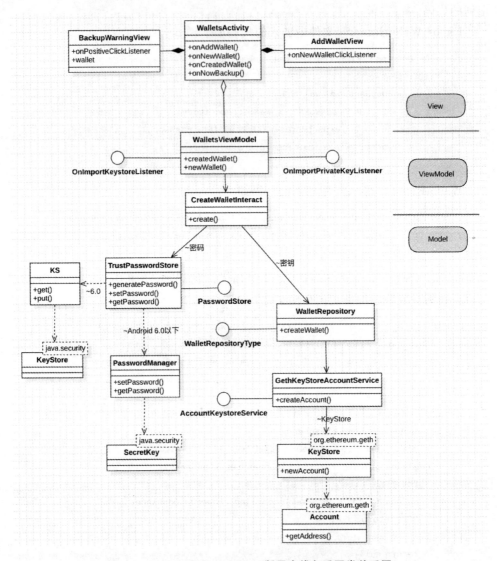

图 10-5　TrustWallet Android 版导出钱包重要类关系图

从图 10-5 可以看出,界面和数据基本也是采用 MVVM 的模式来实现,WalletsActivity 钱包主界面,组装创建钱包的功能界面 AddWalletView 和提示用户备份的界面 BackupWarningView。

WalletsViewModel 提供事件响应及创建新钱包对象的绑定。

CreateWalletInteract 提供创建钱包主要业务逻辑的实现。同样是先生成一个随机密码,然后用随机密码用于加密创建的钱包地址,其形式也是属于 keyStore 数据的形式。

View 视图由 WalletsActivity 提供钱包管理界面。

ViewModel 由 WalletsViewModel 类组成。

WalletsViewModel 主要负责管理双向绑定的数据变量定义，响应用户动作事件并进行相应导入命令的触发，提供了创建钱包和导出钱包等功能。

CreateWalletInteract 负责执行业务逻辑，对数据层进行操控。

Model 主要分两大块，密码管理和钱包管理。密码用来生成创建钱包时加密私钥的密码。WalletRepository 执行业务逻辑，GethKeyStoreAccountService 则进行具体创建钱包算法以及存储方法的实现。密码管理部分上面已经仔细介绍了，这里不再介绍。View 部分比较简单，不再对代码详细讲解。重点来看 ViewModel 的钱包创建，代码如下：

```java
public void newWallet() {
    progress.setValue(true);
    createWalletInteract
        .create()
        .subscribe(account -> {
            fetchWallets();
            createdWallet.postValue(account);
        }, this::onCreateWalletError);
}
```

WalletsViewModel 中此部分代码通过调用 createWalletInteract 去执行业务流程。接下来看 CreateWalletInteract 中如何创建钱包，代码如下：

```java
public class CreateWalletInteract {

    private final WalletRepositoryType walletRepository;
    private final PasswordStore passwordStore;

    public CreateWalletInteract(WalletRepositoryType walletRepository, PasswordStore passwordStore) {
        this.walletRepository = walletRepository;
        this.passwordStore = passwordStore;
    }

    public Single <Wallet> create() {
        return passwordStore.generatePassword()
            .flatMap(masterPassword -> walletRepository
                .createWallet(masterPassword)
                .compose(Operators.savePassword(passwordStore, walletRepository, maste-
```

```
rPassword))
        .flatMap(wallet -> passwordVerification(wallet, masterPassword)));
}

private Single <Wallet> passwordVerification(Wallet wallet, String masterPass-
word) {
        return passwordStore
                .getPassword(wallet)
                .flatMap(password -> walletRepository
                    .exportWallet(wallet, password, password)
                    .flatMap(keyStore -> walletRepository.findWallet(wallet.
                                address)))
                .onErrorResumeNext(throwable -> walletRepository
                    .deleteWallet(wallet.address, masterPassword)
                    .lift(completableErrorProxy(throwable))
                    .toSingle(() -> wallet));
}
```

通过代码可知钱包创建分为四步：

① 生成一个随机密码；

② 创建钱包；

③ 保存钱包创建时的密码；

④ 验证钱包创建的密码是否可以解密保存的 keystore。

随机密码的创建和之前导入钱包的方式一样，此处不做过多解释。具体看下钱包的创建过程，通过 WalletRepository 调用 GethKeyStoreAccountService 中具体的钱包创建实现过程，代码如下：

```
public Single <Wallet> createAccount(String password) {
    return Single.fromCallable(() -> new Wallet(
            keyStore.newAccount(password).getAddress().getHex().toLowerCase()))
        .subscribeOn(Schedulers.io());
}
```

此处也是通过 geth 组件的 KeyStore 及 Account 相关类来实现的。保存钱包创建时的密码，此过程和导入钱包保存方式一致，所以直接看 passwordVerification() 方法，代码如下：

```
private Single <Wallet> passwordVerification(Wallet wallet, String masterPassword) {
        return passwordStore
                .getPassword(wallet)
                .flatMap(password -> walletRepository
```

```
                .exportWallet(wallet, password, password)
                .flatMap(keyStore -> walletRepository.findWallet(wallet.
address)))
                .onErrorResumeNext(throwable -> walletRepository
                    .deleteWallet(wallet.address, masterPassword)
                    .lift(completableErrorProxy(throwable))
                    .toSingle(() -> wallet));
}
```

此处验证过程流程如下：
① 通过生成的钱包取出保存的密码；
② 通过密码导出钱包；
③ 通过 geth 组件查找导出的钱包地址；
④ 查找不到则删除新创建的钱包，可以找到则返回新生成的钱包对象。

10.8 发起交易

转账交易目前分为两种：主币交易和代币交易，交易的基本流程：
① 用户选择转出地址、转入地址和转出金额，如果是代币交易则转入地址为代币的地址；
② 通过转出地址的私钥对转账信息进行签名（用于证明这笔交易确实由本人操作）；
③ 发送交易到区块链进行打包。

交易发送成功后，需等待"矿工挖矿打包"才算交易成功。首先看下钱包发起交易的功能模块涉及哪些相关的包或类关系图，如图 10-6 所示。

View 视图中：
① SendActivity：提供转账的收款地址和转账数量的填写界面；
② ConfirmationActivity：提供交易确认的界面包含转入和转出地址、Gas Price（每个 Gas 单位的价钱）、Gas Limit（用户愿意为执行某个操作或确认交易支付的最大 Gas 量）和 NetWork Fee（交易最大消耗的主币数量）；
③ GasSettingActivity：提供 Gas Price 和 Gas Limit 的设置界面。

ViewModel 由 ConfirmationViewModel、CreateTransactionInteract 和 FetchGasSettingsInteract 三个类组成。ConfirmationViewModel 主要负责管理双向绑定的数据变量定义，响应用户动作事件并进行相应界面提示的触发；CreateTransactionInteract 负责执行创建交易业务逻辑，对数据层进行操控；FetchGasSettingsInteract 用于获取发起交易时的 Gas Price 和 Gas Limit。

Model 业务逻辑层主要负责交易签名管理。交易签名管理由 TransactionRepository 执行业务逻辑，GethKeyStoreAccountService 则进行交易签名算法的调用。

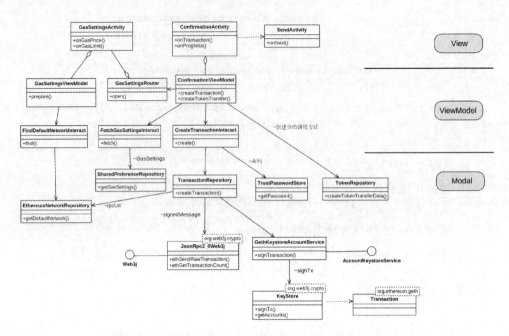

图 10-6 TrustWallet Android 版发起交易重要类关系图

View 部分比较简单,不再对代码详细讲解。重点看 ViewModel 以及 Model 的部分,代码如下:

```
package com.wallet.crypto.trustapp.viewmodel;

import ...

public class ConfirmationViewModel extends BaseViewModel {
    private final MutableLiveData<String> newTransaction = new MutableLiveData<>();
    private final MutableLiveData<Wallet> defaultWallet = new MutableLiveData<>();
    private final MutableLiveData<GasSettings> gasSettings = new MutableLiveData<>();
    private final FindDefaultWalletInteract findDefaultWalletInteract;
    private final FetchGasSettingsInteract fetchGasSettingsInteract;
    private final CreateTransactionInteract createTransactionInteract;
    private final GasSettingsRouter gasSettingsRouter;

    boolean confirmationForTokenTransfer = false;

    public ConfirmationViewModel(FindDefaultWalletInteract findDefaultWalletInteract,
                                 FetchGasSettingsInteract fetchGasSettingsInteract,
                                 CreateTransactionInteract createTransactionInteract,
                                 GasSettingsRouter gasSettingsRouter) {
        this.findDefaultWalletInteract = findDefaultWalletInteract;
```

```java
        this.fetchGasSettingsInteract = fetchGasSettingsInteract;
        this.createTransactionInteract = createTransactionInteract;
        this.gasSettingsRouter = gasSettingsRouter;
    }

    public void createTransaction(String from, String to, BigInteger amount, BigInteger gasPrice, BigInteger gasLimit) {
        progress.postValue(true);
        disposable = createTransactionInteract
                .create(new Wallet(from), to, amount, gasPrice, gasLimit, null)
                .subscribe(this::onCreateTransaction, this::onError);
    }

    public void createTokenTransfer(String from, String to, String contractAddress, BigInteger amount, BigInteger gasPrice, BigInteger gasLimit) {
        progress.postValue(true);
        final byte[] data = TokenRepository.createTokenTransferData(to, amount);
        disposable = createTransactionInteract
                .create(new Wallet(from), contractAddress, BigInteger.valueOf(0), gasPrice, gasLimit, data)
                .subscribe(this::onCreateTransaction, this::onError);
    }

    public LiveData<Wallet> defaultWallet() {
        return defaultWallet;
    }

    public MutableLiveData<GasSettings> gasSettings() {
        return gasSettings;
    }

    public LiveData<String> sendTransaction() { return newTransaction; }

    public void prepare(boolean confirmationForTokenTransfer) {
        this.confirmationForTokenTransfer = confirmationForTokenTransfer;
        disposable = findDefaultWalletInteract
                .find()
                .subscribe(this::onDefaultWallet, this::onError);
    }

    private void onCreateTransaction(String transaction) {
        progress.postValue(false);
```

```
            newTransaction.postValue(transaction);
        }

        private void onDefaultWallet(Wallet wallet) {
            defaultWallet.setValue(wallet);
            if (gasSettings.getValue() == null) {
                onGasSettings ( fetchGasSettingsInteract. fetch ( confirmationForToken-
Transfer));
            }
        }

        private void onGasSettings(GasSettings gasSettings) {
            this.gasSettings.setValue(gasSettings);
        }

        public void openGasSettings(Activity context) {
            gasSettingsRouter.open(context, gasSettings.getValue());
        }
}
```

在 ConfirmationViewModel 中，除了继承 BaseViewModel 里定义的 error 和 progres 双向绑定属性外，在这个类中主要定义了 3 个重要的全局变量，即 createTransactionInteract、newTransaction 和 FetchGasSettingsInteract。createTransactionInteract 是一个控制逻辑类对象作为关联，由动态注入加载，提供创建交易业务逻辑功能的实现；newTransaction 是一个类型为 MutableLiveData <String> 的对象用于实现双向绑定，让 View 层能够通过该变量监听交易是否发起成功的事件，并做相应的处理或显示；FetchGasSettingsInteract 是以控制逻辑类对象作为关联，由动态注入加载，提供 Gas Price 和 Gas Limit 管理功能的实现。

在 ConfirmationViewModel 定义了 2 个重要的用户发起交易命令响应及其逻辑调用处理方法：createTransaction 和 createTokenTransfer。用户单击发送按钮时，将会把 Gas 和转账地址以及数量作为参数，调用这两个方法，代码如下：

```
package com.wallet.crypto.trustapp.interact;

import com.wallet.crypto.trustapp.entity.Wallet;
import com.wallet.crypto.trustapp.repository.PasswordStore;
import com.wallet.crypto.trustapp.repository.TransactionRepositoryType;
import java.math.BigInteger;
import io.reactivex.Single;
import io.reactivex.android.schedulers.AndroidSchedulers;
```

```java
public class CreateTransactionInteract {
    private final TransactionRepositoryType transactionRepository;
    private final PasswordStore passwordStore;

    public CreateTransactionInteract(TransactionRepositoryType transactionRepository, PasswordStore passwordStore) {
        this.transactionRepository = transactionRepository;
        this.passwordStore = passwordStore;
    }

    public Single <String> create(Wallet from, String to, BigInteger subunitAmount, BigInteger gasPrice, BigInteger gasLimit, byte[] data) {
        return passwordStore.getPassword(from)
                .flatMap(password ->
                        transactionRepository.createTransaction(from, to, subunitAmount, gasPrice, gasLimit, data, password)
                .observeOn(AndroidSchedulers.mainThread()));
    }

}
```

CreateTransactionInteract 主要通过两个 Model 类的关联来实现其相应的功能，一是 transactionRepository 创建交易，二是 passwordStore 存放密码，这个密码是用户加密私钥的。交易主要步骤如下：

① 通过 passwordStore 获取导入或创建钱包时生成的随机密码；

② transactionRepository 创建交易，其主要用来负责具体的交易实现流程，代码如下：

```java
package com.wallet.crypto.trustapp.repository;import

import ...

public TransactionRepository(
        EthereumNetworkRepositoryType networkRepository,
        AccountKeystoreService accountKeystoreService,
        TransactionLocalSource inMemoryCache,
        TransactionLocalSource inDiskCache,
        BlockExplorerClientType blockExplorerClient) {
    this.networkRepository = networkRepository;
    this.accountKeystoreService = accountKeystoreService;
    this.blockExplorerClient = blockExplorerClient;
    this.transactionLocalSource = inMemoryCache;
```

```java
        this.networkRepository.addOnChangeDefaultNetwork(this::onNetworkChanged);
    }

    @Override
    public Single<String> createTransaction(Wallet from, String toAddress, BigInteger subunitAmount, BigInteger gasPrice, BigInteger gasLimit, byte[] data, String password) {
        final Web3j web3j = Web3jFactory.build(new HttpService(networkRepository.
                getDefaultNetwork().rpcServerUrl));

        return Single.fromCallable(() -> {
            EthGetTransactionCount ethGetTransactionCount = web3j
                    .ethGetTransactionCount(from.address, DefaultBlockParameterName.LATEST)
                    .send();
            return ethGetTransactionCount.getTransactionCount();
        })
                .flatMap(nonce -> accountKeystoreService.signTransaction(from, password, toAddress, subunitAmount, gasPrice, gasLimit, nonce.longValue(), data, networkRepository.getDefaultNetwork().chainId))
                .flatMap(signedMessage -> Single.fromCallable( () -> {
                    EthSendTransaction raw = web3j
                            .ethSendRawTransaction(Numeric.toHexString(signedMessage))
                            .send();
                    if (raw.hasError()) {
                        throw new ServiceException(raw.getError().getMessage());
                    }
                    return raw.getTransactionHash();
                })).subscribeOn(Schedulers.io());
    }
}
```

交易的具体业务如下：

① 通过 Web3j 的 getTransactionCount 获取 nonce(用于工作量证明,账号每进行一次交易,nonce 即加 1);

② 通过 accountKeystoreService 对交易进行签名,获取签名后的交易信息;

③ 通过 Web3j 的 ethSendRawTransaction 发起交易。

交易结束后会产生一个交易哈希值,在区块链浏览器可以通过此交易哈希查询交易状态。关于步骤②中签名的实现方式则在 GethKeystoreAccountService 实现,代码如下:

```java
package com.wallet.crypto.trustapp.service;
```

```java
import ...
public class GethKeystoreAccountService implements AccountKeystoreService {
    private static final int PRIVATE_KEY_RADIX = 16;
    private static final int N = 1 << 9;
    private static final int P = 1;
    private final KeyStore keyStore;
    public GethKeystoreAccountService(File keyStoreFile) {
        keyStore = new KeyStore(keyStoreFile.getAbsolutePath(), Geth.LightScryptN, Geth.LightScryptP);
    }
    public Single <byte[]> signTransaction(Wallet signer, String signerPassword, String toAddress, BigInteger amount, BigInteger gasPrice, BigInteger gasLimit, long nonce, byte[] data, long chainId) {
                return Single.fromCallable(() -> {
                    BigInt value = new BigInt(0);
                    value.setString(amount.toString(), 10);
                    BigInt gasPriceBI = new BigInt(0);
                    gasPriceBI.setString(gasPrice.toString(), 10);
                    BigInt gasLimitBI = new BigInt(0);
                    gasLimitBI.setString(gasLimit.toString(), 10);

                    Transaction tx = new Transaction(
                            nonce,
                            new Address(toAddress),
                            value,
                            gasLimitBI,
                            gasPriceBI,
                            data);

                    BigInt chain = new BigInt(chainId); // Chain identifier of the main net
                    org.ethereum.geth.Account gethAccount = findAccount(signer.address);
                    keyStore.unlock(gethAccount, signerPassword);
                    Transaction signed = keyStore.signTx(gethAccount, tx, chain);
                    keyStore.lock(gethAccount.getAddress());

                    return signed.encodeRLP();
                })
                        .subscribeOn(Schedulers.io());
    }
}
```

此处需要先根据传递的参数生成 Transaction 交易对象,通过 keyStore.signTx

进行签名,其中 signerPassword 是在导入或创建该钱包时,生成的随机密码。

10.9　交易记录

交易记录包含了主币和代币两种交易记录,每个交易分为三种状态,即等待、成功和失败。另外交易分转入和转出两大类。首先看下交易记录的功能模块涉及哪些相关的包或类关系图,如图 10-7 所示。

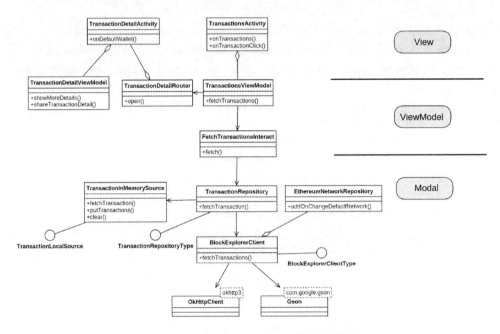

图 10-7　TrustWallet Android 版交易记录重要类关系图

View、TransactionsActivity 提供交易记录列表展示 TransactionDetailActivity 每个交易记录的详细情况。

ViewModel 由 TransactionsViewModel、FetchTransactionsInteract 和 TransactionDetailViewModel 三个类组成。TransactionsViewModel 和 TransactionDetailViewModel 主要负责管理双向绑定的数据变量定义,响应用户动作事件并进行相应导入命令的触发;FetchTransactionsInteract 负责执行业务逻辑,对数据层进行操控。

Model 主要分两大块,交易记录 API 和缓存管理。交易记录 API 主要用于从网络获取交易记录,获取到的记录缓存在内存中;缓存是防止短时间内重复从网络获取交易记录。

View 部分主要用于展示,不再过多介绍。获取 ViewModel 部分的代码如下:

```
package com.wallet.crypto.trustapp.viewmodel;
```

```
import ...
public class TransactionsViewModel extends BaseViewModel {
    private final FetchTransactionsInteract fetchTransactionsInteract;
    ...
    private final MutableLiveData <Transaction[]> transactions = new MutableLiveData <>();

    public void fetchTransactions() {
        progress.postValue(true);
        transactionDisposable = Observable.interval(0, FETCH_TRANSACTIONS_INTERVAL,
                        TimeUnit.SECONDS)
                .doOnNext(l ->
                    disposable = fetchTransactionsInteract
                        .fetch(defaultWallet.getValue())
                        .subscribe(this::onTransactions, this::onError))
                .subscribe();
    }
}
```

在 TransactionsViewModel 中，除了继承 BaseViewModel 里面定义的 error 和 progres 双向绑定属性外，在这个类中主要定义了 2 个重要的全局变量：fetchTransactionsInteract 和 transactions。fetchTransactionsInteract 属于控制逻辑类对象，由动态注入加载，提供获取交易记录业务流程的实现；transactions 是一个类型为 MutableLiveData <Transaction[]> 的对象，用于实现双向绑定，让 View 层能够通过该变量获取交易记录加载结果，并做相应的处理或显示。在 TransactionsViewModel 定义 fetchTransactions 方法，首次加载页面以及刷新界面时会调用此方法。FetchTransactionsInteract 获取交易的方法，是通过调用 TransactionRepository 实例对象来实现的，代码如下：

```
public Observable <Transaction[]> fetch(Wallet wallet) {
    return transactionRepository
            .fetchTransaction(wallet)
            .observeOn(AndroidSchedulers.mainThread());
}
```

在 TransactionRepository 提供了交易记录获取的具体实现流程，代码如下：

```
package com.wallet.crypto.trustapp.repository;
import ...
public class TransactionRepository implements TransactionRepositoryType {
```

```java
        private final EthereumNetworkRepositoryType networkRepository;
        private final AccountKeystoreService accountKeystoreService;
        private final TransactionLocalSource transactionLocalSource;
        private final BlockExplorerClientType blockExplorerClient;

        public TransactionRepository(
                EthereumNetworkRepositoryType networkRepository,
                AccountKeystoreService accountKeystoreService,
                TransactionLocalSource inMemoryCache,
                TransactionLocalSource inDiskCache,
                BlockExplorerClientType blockExplorerClient) {
            this.networkRepository = networkRepository;
            this.accountKeystoreService = accountKeystoreService;
            this.blockExplorerClient = blockExplorerClient;
            this.transactionLocalSource = inMemoryCache;

            this.networkRepository.addOnChangeDefaultNetwork(this::onNetworkChanged);
        }

        @Override
        public Observable<Transaction[]> fetchTransaction(Wallet wallet) {
            return Observable.create(e -> {
                Transaction[] transactions = transactionLocalSource.fetchTransaction(wallet).blockingGet();
                if (transactions != null && transactions.length > 0) {
                    e.onNext(transactions);
                }
                transactions = blockExplorerClient.fetchTransactions(wallet.address).blockingFirst();
                transactionLocalSource.clear();
                transactionLocalSource.putTransactions(wallet, transactions);
                e.onNext(transactions);
                e.onComplete();
            });
        }
        ...
    }
```

此部分代码实现了从缓存和网络获取交易记录的业务流程,首先检查内存中是否有交易记录,有则返回结果,没有则从网络加载交易记录。

具体的缓存机制与算法是通过 TransactionInMemorySource,即缓存的管理类负责加入、清除以及获取缓存数据的方法,代码如下:

```java
package com.wallet.crypto.trustapp.repository;

import ...

public class TransactionInMemorySource implements TransactionLocalSource {

    private static final long MAX_TIME_OUT = DateUtils.MINUTE_IN_MILLIS;
    private final Map <String, CacheUnit> cache = new java.util.concurrent.ConcurrentHashMap <> ();

    @Override
    public Single <Transaction[]> fetchTransaction(Wallet wallet) {
        return Single.fromCallable(() -> {
            CacheUnit unit = cache.get(wallet.address);
            Transaction[] transactions = new Transaction[0];
            if (unit != null) {
                if (System.currentTimeMillis() - unit.create > MAX_TIME_OUT) {
                    cache.remove(wallet.address);
                } else {
                    transactions = unit.transactions;
                }

            }
            return transactions;
        });
    }

    @Override
    public void putTransactions(Wallet wallet, Transaction[] transactions) {
        cache.put(wallet.address, new CacheUnit(wallet.address, System.currentTimeMillis(), transactions));
    }

    @Override
    public void clear() {
        cache.clear();
    }

    private static class CacheUnit {
        final String accountAddress;
        final long create;
        final Transaction[] transactions;
```

```java
        private CacheUnit(String accountAddress, long create, Transaction[] transactions) {
            this.accountAddress = accountAddress;
            this.create = create;
            this.transactions = transactions;
        }
    }
}
```

从上述代码可以看到，交易记录在内存中的缓存有效时间为 1 min，如果缓存的时间超过 1 min，则需要从内存中移除相关的交易记录。如何从网络获取交易记录，其中 BlockExplorerClient 主要负责从网络获取交易记录的 API 实现类，代码如下：

```java
package com.wallet.crypto.trustapp.service;

import ...

public class BlockExplorerClient implements BlockExplorerClientType {

    private final OkHttpClient httpClient;
    private final Gson gson;
    private final EthereumNetworkRepositoryType networkRepository;
    private EtherScanApiClient etherScanApiClient;

    public BlockExplorerClient(
            OkHttpClient httpClient,
            Gson gson,
            EthereumNetworkRepositoryType networkRepository) {
        this.httpClient = httpClient;
        this.gson = gson;
        this.networkRepository = networkRepository; this.networkRepository.addOnChangeDefaultNetwork(this::onNetworkChanged);
        NetworkInfo networkInfo = networkRepository.getDefaultNetwork();
        onNetworkChanged(networkInfo);
    }
    ...

    @Override
    public Observable<Transaction[]> fetchTransactions(String address) {
        return etherScanApiClient
                .fetchTransactions(address)
                .lift(apiError(gson))
```

```
                .map(r -> r.docs)
                .subscribeOn(Schedulers.io());
    }

    private void onNetworkChanged(NetworkInfo networkInfo) {
        buildApiClient(networkInfo.backendUrl);
    }

    private interface EtherScanApiClient {
        @GET("/transactions? limit = 50")Not work now
        Observable <Response <EtherScanResponse>> fetchTransactions(
                @Query("address") String address);
    }
    ...
}
```

从代码中可以看到，BlockExplorerClient 监听了 networkRepository 中主链的变化，用户切换不同主链 API 的接口会有相应的切换。

10.10 账户查询

余额与价格

价格从 API 接口获取，主币数量则需要从区块链查询。如图 10-8 所示，首先看下获取价格和主币数量涉及哪些相关的包或类关系图。

View 是 TransactionsActivity 左上角的 toolbar 提供价格以及主币数量的显示界面。

ViewModel 由 TransactionsViewModel 和 GetDefaultWalletBalance 两个类组成。TransactionsViewModel 主要负责管理双向绑定的数据变量定义，响应用户动作事件并进行相应导入命令的触发；GetDefaultWalletBalance 负责执行业务逻辑，对数据层进行操控。

Model 主要分两大块，价格的 API 和主币数量获取。价格的 API 数据一般来自交易所；主币数量则通过对 ethGetBalance 的调用来获取。

View 部分主要用于展示，不再过多介绍。现在看下获取 ViewModel 部分，代码如下：

```
    private final MutableLiveData <Map <String, String>> defaultWalletBalance = new MutableLiveData <> ();
    private final GetDefaultWalletBalance getDefaultWalletBalance;
    public void getBalance() {
```

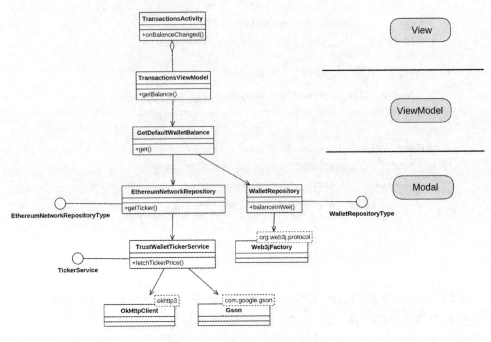

图 10-8　余额及价格重要类图

```
        balanceDisposable = Observable.interval(0, GET_BALANCE_INTERVAL, TimeUnit.SECONDS)
                .doOnNext(l -> getDefaultWalletBalance
                    .get(defaultWallet.getValue())
                    .subscribe(defaultWalletBalance::postValue, t -> {}))
                .subscribe();
    }
```

在 TransactionsViewModel 中,除了继承 BaseViewModel 里面定义的 error 和 progres 双向绑定属性外,在这个类中主要定义了 2 个重要的全局变量,即 getDefaultWalletBalance 和 defaultWalletBalance。getDefaultWalletBalance 属于控制逻辑类对象,由动态注入加载,提供获取价格和主币数量获取业务流程的实现;defaultWalletBalance 是一个类型为 MutableLiveData <Map <String, String>> 的对象,用于实现双向绑定,让 View 层能通过该变量获取价格和主币数量,并做相应的处理或显示。

在 TransactionsViewModel 定义 getBalance 方法,首次加载页面以及刷新界面时会调用此方法。在 GetDefaultWalletBalance 中提供了数据获取和组装的方法,代码如下:

```
package com.wallet.crypto.trustapp.interact;
import ...
```

```java
public class GetDefaultWalletBalance {
    private final WalletRepositoryType walletRepository;
    private final EthereumNetworkRepositoryType ethereumNetworkRepository;

    public GetDefaultWalletBalance(
            WalletRepositoryType walletRepository,
            EthereumNetworkRepositoryType ethereumNetworkRepository) {
        this.walletRepository = walletRepository;
        this.ethereumNetworkRepository = ethereumNetworkRepository;
    }

    public Single <Map <String, String>> get(Wallet wallet) {
        return walletRepository.balanceInWei(wallet)
                .flatMap(ethBallance -> {
                    Map <String, String> balances = new HashMap <> ();
                    balances.put(ethereumNetworkRepository.getDefaultNetwork().symbol,
weiToEth(ethBallance, 5));
                    return Single.just(balances);
                })
                .flatMap(balances -> ethereumNetworkRepository
                    .getTicker()
                    .observeOn(Schedulers.io())
                    .flatMap(ticker -> {
                        String ethBallance = balances.get(ethereumNetworkRepository.
getDefaultNetwork().symbol);
                        balances.put(USD_SYMBOL, BalanceUtils.ethToUsd(ticker.price,
ethBallance));
                        return Single.just(balances);
                    })
                    .onErrorResumeNext(throwable -> Single.just(balances)))
                .observeOn(AndroidSchedulers.mainThread());
    }
}
```

在代码中首先通过 walletRepository 的 balanceInWei 方法获取主币的数量(需要注意,拿到的数量是最小单位的数量,需要使用 weiToEth 方法转化一下才行),并把结果存储在 Map 中,然后获取主币的价格,计算出主币的总价值后,统一保存到 Map 中。

WalletRepository 提供获取主币数量的方法,主要通过 org.web3j.protocol 提供的 Web3jFactory 进行节点查询,代码如下：

```java
public Single <BigInteger> balanceInWei(Wallet wallet) {
    return Single.fromCallable(() -> Web3jFactory
```

```
                    .build(new HttpService(networkRepository.getDefaultNetwork().
rpcServerUrl, httpClient, false))
                    .ethGetBalance(wallet.address, DefaultBlockParameterName.LATEST)
                    .send()
                    .getBalance())
            .subscribeOn(Schedulers.io());
}
```

EthereumNetworkRepository 在此处只是提供一个价格数据获取方法起到调用中转的作用，代码如下：

```
public Single <Ticker> getTicker() {
    return Single.fromObservable(tickerService
        .fetchTickerPrice(getDefaultNetwork().symbol));
}
```

TrustWalletTickerService 对价格接口的实现，提供 fetchTickerPrice 方法供外部调用，代码如下：

```
public Observable <Ticker> fetchTickerPrice(String symbols) {
    return apiClient
        .fetchTickerPrice(symbols)
        .lift(apiError())
        .map(r -> r.response[0])
        .subscribeOn(Schedulers.io());
}
```

价格的对应接口：https://api.trustwalletapp.com/prices?currency=USD&symbols=ETH，项目中定义的价格接口实现代码如下：

```
public interface ApiClient {
    @GET("prices? currency = USD&")
    Observable <Response <TrustResponse> >
fetchTickerPrice(@Query("symbols") String symbols);
}
```

10.11 DApp 浏览器

什么是 DApp？用最简单的一句话来概括就是，把目前依靠 iOS 和 Android 系统开发的 App 抓出来，扔在区块链系统上并结合智能合约，就成了 DApp。

那么如何在我们开发的 Android 项目中兼容和运行 DApp 呢？DApp 应用说白了就是 Web 与区块链的结合体，要在 Andriod 项目运行 DApp 应用，就需要实现一个 Web3 浏览器。此浏览器需要满足以下几点：

① 可以为 DApp 提供一个 Web3j 的环境；
② 可以监听 DApp 中签名和交易事件等。
浏览器实现的主要原理：
① 在 Web3j 的 JS 库中添加签名和交易事件的监听；
② 然后在 WebView 中注入该 JS 库。

根据 Trust Wallet 开源项目官方声明，由于最后开源的 Trust Wallet Android 1.4.2 版本并没有提供 DApp 浏览器功能的实现，为了方便大家对钱包 DApp 浏览器功能的学习，我们在 Trust Wallet 开源 Android 版 1.4.2 版本基础上，增加了 DApp 浏览器功能的简单实现，并把相应的源代码放到 Github 供大家下载学习，项目地址请访问：https://github.com/xieyueshu/trust-wallet-android。

如何在钱包中实现 DApp 浏览器呢？其实在 Trust Wallet 以太坊钱包开源子项目中已经为大家提供了实现好的、名为 Web3View 开源项目的 DApp 浏览器，源码地址：https://github.com/TrustWallet/Web3View。该 Web3View 使用的方式如下：

① 在 project 的 gradle 中添加如下代码：

```
allprojects {
    repositories {
        ...
        maven { url 'https://jitpack.io' }
    }
}
```

② 在 App 的 Gradle 中添加如下代码进行引入：

```
dependencies{
    implementation 'com.github.TrustWallet:Web3View:0.01.6'
}
```

③ 在 layout 中添加组件：

```
<trust.web3.Web3View
    android:id = "@ + id/web3view"
    android:layout_below = "@ + id/go"
    android:layout_width = "match_parent"
    android:layout_height = "match_parent"
/>
```

④ 设置以太坊网络的 chainId、rpc 地址和钱包地址：

```
web3.setChainId(1);
web3.setRpcUrl("https://mainnet.infura.io/llyrtzQ3YhkdESt2Fzrk");
web3.setWalletAddress(newAddress("0x.."));
```

⑤ 添加签名事件以及交易事件的监听：

```
web3.setOnSignMessageListener(message -> { });
web3.setOnSignPersonalMessageListener(message -> { });
web3.setOnSignTransactionListener(transaction -> { });
```

⑥ 监听的返回事件一共有五种：

web3.onSignCancel(Message|Tranasction)

web3.onSignMessageSuccessful(message，"0x....");

web3.onSignPersonalMessageSuccessful(message，"0x...");

web3.onSignTransactionSuccessful(transaction，"0x...");

web3.onSignError(Message|Transaction，"some_error");

项目中增加的 DApp 模块类图如图 10-9 所示。

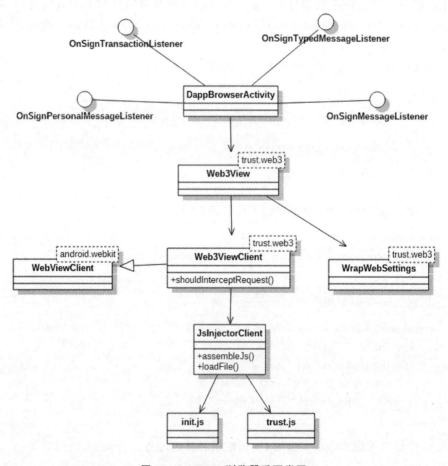

图 10-9　DApp 浏览器重要类图

从图 10-9 可以看到，DApp 模块的核心主要依赖于 Web3ViewClient 和 JsInjectorClient 两个类。

1. Web3ViewClient

Web3ViewClient 的两个主要的方法：

① 拦截请求，shouldInterceptRequest 方法主要负责拦截 H5 代码中发起的 Web3js 请求，该方法需要与下面第二个方法搭配使用来实现；简单地说，就是通过调用第二个方法，将一个由 Trust Wallet 官方修改后且具有监听回调功能的 Web3 的 JS 文件注入到 WebView 组件中，来实现 JS 方法调用的拦截。

shouldInterceptRequest 方法实现代码如下：

```
public WebResourceResponse shouldInterceptRequest(WebView view, WebResourceRequest request) {
    if (request == null) {
        return null;
    }
    if (!request.getMethod().equalsIgnoreCase("GET") || !request.isForMainFrame()) {
        if (request.getMethod().equalsIgnoreCase("GET")
                && (request.getUrl().toString().contains(".js")
                || request.getUrl().toString().contains("json")
                || request.getUrl().toString().contains("css"))) {
            synchronized (lock) {
                if (!isInjected) {
                    injectScriptFile(view);
                    isInjected = true;
                }
            }
        }
        super.shouldInterceptRequest(view, request);
        return null;
    }

    HttpUrl httpUrl = HttpUrl.parse(request.getUrl().toString());
    if (httpUrl == null) {
        return null;
    }
    Map <String, String> headers = request.getRequestHeaders();
    JsInjectorResponse response;
    try {
        response = jsInjectorClient.loadUrl(httpUrl.toString(), headers);
    } catch (Exception ex) {
        return null;
    }
```

```
        if (response == null || response.isRedirect) {
            return null;
        } else {
            ByteArrayInputStream inputStream = new ByteArrayInputStream(response.data.getBytes());
            WebResourceResponse webResourceResponse = new WebResourceResponse(
                    response.mime, response.charset, inputStream);
            synchronized (lock) {
                isInjected = true;
            }
            return webResourceResponse;
        }
    }
```

② 加载需要注入的 JS 文件。此步骤主要是初始化需要注入的 JS 格式字符串，然后调用 JsInjectorClient 的 assembleJs 方法获取具体的 JS 文件内容，代码如下：

```
private void injectScriptFile(WebView view) {
    String js = jsInjectorClient.assembleJs(view.getContext(), "%1$s%2$s");
    byte[] buffer = js.getBytes();
    String encoded = Base64.encodeToString(buffer, Base64.NO_WRAP);

    view.post(() -> view.loadUrl("javascript:(function() {" +
            "var parent = document.getElementsByTagName('head').item(0);" +
            "var script = document.createElement('script');" +
            "script.type = 'text/javascript';" +
            // Tell the browser to BASE64-decode the string into your script !!!
            "script.innerHTML = window.atob('" + encoded + "');" +
            "parent.appendChild(script)" +
            "})()"));
}
```

2. JsInjectorClient

JsInjectorClient 主要实现了对需要注入的 JS 文件的读取，JS 文件分别是在 res/raw 下的 init.js 和 trust.js，init.js 文件，主要对回调接口、rpc 以及钱包地址进行初始化，而 trust.js 主要对 Web3j 的各事件进行监听，读取的主要代码如下：

```
String assembleJs(Context context, String template) {
    if (TextUtils.isEmpty(jsLibrary)) {
        jsLibrary = loadFile(context, R.raw.trust);
    }
    String initJs = loadInitJs(context);
    return String.format(template, jsLibrary, initJs);
```

```
}

private String loadInitJs(Context context) {
    String initSrc = loadFile(context, R.raw.init);
    String address = walletAddress == null ? Address.EMPTY.toString() : walletAddress.
                toString();
    return String.format(initSrc, address, rpcUrl, chainId);
}
```

我们在项目中已经引入了该 Web3View,并实现了交易功能。

苹果篇

- Xcode
- iOS 开发
- iOS 开源库
- iOS 加密库
- Web3 iOS
- iOS 钱包项目

第 11 章

Xcode

11.1 IDE 简介

Xcode 是运行在操作系统 Mac OS X 上的集成开发工具(IDE),由 Apple Inc 开发,其前身是继承自 NeXT 的 Project Builder。Xcode 是开发 MacOS 和 iOS 应用程序的最快捷方式。Xcode 具有统一的用户界面设计,编码、测试和调试都在一个简单的窗口内完成。Xcode 10 包含了为所有 Apple 平台打造出色 App 所需的一切资源。

The Xcode suite 包含 GNU Compiler Collection 自由软件 GCC,apple－darwin9－gcc－4.0.1 以及 apple－darwin9－gcc－4.2.1(默认的是第一个),并支持 C 语言、C++、Fortran、Objective－C、Objective－C++、Java、AppleScript、Python 以及 Ruby,还提供 Cocoa、Carbon 以及 Java 等编程模式。协力厂商更提供了 GNU Pascal、Free Pascal、Ada、CSharp、Perl、Haskell 和 D 语言。Xcode 套件使用 GDB 作为后台调试工具。

除了使用 Xcode 开发 iOS 应用,也可以选择 AppCode 这款由 JetBrains 制作的 IDE,是一个由 Objective－C 和 Swift 语言集成的开发环境,用于帮助开发 Mac、iPhone 和 iPad 的应用程序。由于其基于 IntelliJ IDEA 相同的代码基础,自然继承了 IDEA 的优良传统,代码智能提示以及自动完成、重构等不一而足。在实际开发过程中,如果涉及到一些 XCode 特有的可视化设计功能,AppCode 实际上是调用 XCode 来实现的;而在其他情况下,AppCode 的大部分功能都是完全独立开发,并且不依赖于 XCode 就能独立运行。不过这款 IDE 并不是免费的,需要按年购买使用权。

11.2 版本特性

Xcode 3.0 是开发人员建立 Mac OS X 应用程序最快捷的方式,也是利用新的苹果电脑公司技术的最简单途径。Xcode 3.0 将 Mac OS X 的轻松使用、UNIX 能量以及高性能的开发技术集合在一起。从 Xcode 3.1 开始,Xcode 也可被用作 iPhone OS 的开发环境。2008 年 11 月 24 日,苹果删除了 XCode3.1.2 以前的版本。Xcode 4.0 于 2011 年 3 月 9 日正式发行,该版本非 Apple 开发者注册会员亦能从 Mac App

第11章 Xcode

Store 中付费下载;从 Xcode 4.1 开始,Mac OS Xv10.6 及 Mac OS Xv10.7 可从 Mac App Store 免费下载。Xcode 主要版本是 Xcode 5,支持 iOS7,可以在 Mac App Store 免费下载,亦可在 iOS 开发者计划网站下载。Xcode6 整合了苹果在 WWDC 大会上发布的新语言 Swift1.0 版本。2015 年 9 月 16 日,苹果在开发者官网发布 Xcode7 正式版,并将 Swift 语言升级到 2.0 版本。2018 年 9 月 18 日,苹果在开发者官网发布 Xcode10 正式版,并将 Swift 语言升级到 4.2 版本。2019 年 3 月 25 日,苹果在开发者官网发布 Xcode10.2 正式版,并将 Swift 语言升级到 5 版本。下表列出了 Xcode 每个版本号发布时间,及对应的 MacOS、iOS 及 Swift 版本号的详细对照,可供参考。

版本	日期	Mac OS SDK(s)	iOS SDK(s) included	Swift
1.0	2003/9/28	10.1.x 10.2.x 10.3.x		
2.0	2005/4/29	10.2.x 10.3.x 10.4.x		
3.0	2007/10/26	10.3.x 10.4.x 10.5.x	iOS 2.0.1	
3.1.3	2009/6/17	10.3.x 10.4.x 10.5.x	iOS 3.1.3	
3.2.3	2010/7/7	10.4.x 10.5.x 10.6.x	iOS 4.0.1	
4	2011/3/7	10.6.x	iOS 4.3	
4.2	2011/10/12	10.6.x 10.7.x	iOS 5.0	
4.5	2012/9/19	10.7.x 10.8.x	iOS 6.0	
5.0	2013/9/18	10.8	iOS 7.0	
6.0.1	2014/9/17	10.9	iOS 8.0	1.0
7.0	2015/9/16	10.11	iOS 9	2.0
8.0	2016/9/13	10.12	iOS 10	3.0
9.0	2017/9/19	10.13	iOS 11.0	4.0
10.0	2018/9/17	10.14	iOS 12.0	4.2
10.2	2019/3/25	10.14.4	iOS 12.2	5.0

Xcode10 新特性

1. 黑色模式在 MacOSMojave 系统支持

全新的 xcode and instruments 外观黑色,资源目录(Asset catalogs)添加了黑色和亮色,用以自定义颜色和图像资源界面开发工具(interface builder)可以轻松地在黑色和亮色切换应用界面,调试器也可以在不改变系统设置的前提下切换黑色和亮色。

2. 版本控制

直接在编译器中显示与服务器中不一致的代码(包括没有推送到服务器上的、其他人更新的),提交前与代码管理服务器上有冲突的,可以和 Atlassian Bitbucket、GitLab、GitHub 的自托管以及云服务器进行帐户集成,登录支持 SSH 密钥并上传到服务器。

3. 编译器增强

编译器中可以使用多个光标焦点来同时修改多个位置的代码,代码折叠功能可以折叠任何大括号包裹的代码段,滚动可以轻松地显示最后一行代码到屏幕中间。

4. playground 和机器学习

完全重新设计的 REPL 交互式解释器 playground 更快更稳定,通过单击 SHIFE-RETURN 或者内联的运行按钮,以执行特定行随时运行代码,可直接在 playground 内交互式训练和锻炼一个新的 ML 模型。

5. 测试和调试

从设备上下载调试符号(debug symbols)的速度可提升 5 倍,测试可以同时在多个模拟器上并行运行,从而充分的利用 CPU,自定义工具为代码提供独特的数据可视化,重新设计内存调试器布局,可以更轻松地导航和可视化整个应用程序。

6. 编译的表现

新的编译系统提升了性能,默认对所有的项目启用,Swift 的单个文件编译得更快,并极大地改进了增量编译,二进制文件更小。

11.3 安装与配置

① 在 AppStore 中,在搜索关键字中输入 Xcode 可以找到 Xcode 软件,如图 11-1 所示。

② 通过官网(https://developer.apple.com/cn/xcode/)下载,需要先登陆再下载,具体下载界面如图 11-2 所示。

环境配置

准备一台苹果电脑,可以选择 MacBook、MacBook Air、MacBook Pro、iMac、Mac

第 11 章 Xcode

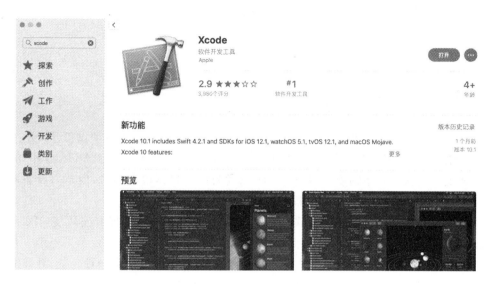

图 11−1 AppStore 中搜索 Xcode

Xcode 10

Xcode 10 包含了为所有 Apple 平台打造出色 app 所需的一切资源。现在，Xcode 和 Instruments 在 macOS Mojave 的全新深色模式下表现非常出色。借助这款源代码编辑器，您可以更轻松地转换或重构代码，与相关行并排查看源代码控制变化，并快速获得有关上游代码差异的详细信息。您可以利用自定可视化和数据分析来构建自己的 Instrument。Swift 编译软件的速度更快，可以让您 app 的速度更快，甚至生成的二进制文件也会更小。测试套件的速度提升了数倍之多，让团队合作变得更加简单安全，还有众多其他优势。

图 11−2 Xcode 官网页面

Pro 或者 Mac mini，考虑到开发项目多且大，如果需要，可以同时打开多个项目进行编译调试等，如果还需要用多个模拟器来适配测试的话，开发的电脑还是推荐硬件更强、散热更好的 MacBook Pro 或者 iMac，如果条件允许的话，可参考以下硬件配置：

处理器：第八代 Intel Core i7 处理器；

内存：16GB 2400MHz DDR4 内存；

硬盘：256GB 固态硬盘；

系统：macOS Mojave 10.14.1；

Xcode：Xcode 10.2。

11.4 开发介绍

  iOS(原名 iPhone OS,自 iOS 4 后改名为 iOS)是苹果公司为移动设备开发的专有移动操作系统,其支持的设备包括 iPhone、iPod touch 和 iPad。与 Android 不同,iOS 不支持任何非苹果的硬件设备。iOS 以优秀的用户体验而闻名,但苹果设备的配置并不比中高端的 Android 设备配置高。

  Xcode 是苹果公司开发的一款产品,用来开发 iOS App 的集成开发环境(IDE)。Xcode 只能运行在苹果系统上,因此要想开发 iOS App 必须要有一台苹果电脑。借助功能强大的 Xcode、简单易用的 Swift 以及 Apple 前沿技术的革命性功能,开发者可以自由发挥,打造前所未有、新颖的 App,可以使用 Xcode 为苹果产品(包括 iPad、iPhone、Apple Watch、Apple TV 和 Mac)构建应用。Xcode 提供了管理整个开发工作流的工具,从创建应用到测试、优化和将其提交到应用商店。

  项目模版提供开发应用所需的文件和资源。若要创建项目,请从其中一个模板开始,然后根据需要对其进行修改。每个平台（iOS、观景操作系统、tvOS 和 macOS)以及常见类型的应用、框架和库都有模板,每个模板都预先配置了默认设置,并已准备好生成和运行。

  开发手机 App 应用选择操作系统就是选择 iOS,然后在类别中选择一个模版,通常会选择 Single View App 类型的模版,然后单击 Next 即可根据模版自动生成相应的项目,如图 11-3 所示。

  创建项目后,将显示主窗口。此窗口是查看、编辑和管理项目所有部分的主要界面。它具有灵活性和可配置性等特点,可适应手头任务的需要,并允许对其进行配置以适合开发者的工作风格,如图 11-4 所示。

  使用工具栏生成和运行开发者的应用,查看运行任务的进度,并配置工作环境。从"方案"菜单中选择一个运行目标（例如,模拟器或设备)。如果工具栏处于隐藏状态,请选择"View→Show Tooler"以显示工具栏；使用位于工具栏右侧的分段控件显示和隐藏主窗口的不同区域,如图 11-5 所示。

  使用导航区域以快速访问项目的不同部分。单击导航栏中的按钮,在导航栏下方的内容区域中显示相应的部分。例如,若要查看项目中的文件,请单击内容区中的文件,文件内容将显示在内容区域中,如图 11-6 所示。

  在"项目"导航器中选择一个文件,以便在编辑器区域中打开该文件。例如,如果选择源文件,该文件将在源编辑器中打开,如果选择用户界面文件,该文件将在接口生成器(Interface Builder)中打开。接口生成器是集成到 Xcode 中的可视化设计编

第 11 章 Xcode

图 11-3 创建项目模版选择界面

图 11-4 Xcode 项目主窗口界面

辑器。如果没有编辑器可用于某种类型的文件,则文档的"快速查找"预览将显示在编辑器区域中,如图 11-7 所示。

图 11-5　Xcode 工具栏

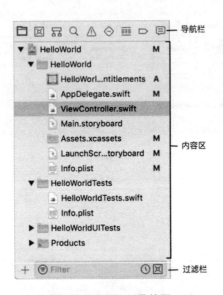

图 11-6　Xcode 导航区

图 11-7　Xcode 文件选择与打开

选择项目编辑器的根文件使用此编辑器可以查看和编辑项目和其他设置。使用选项卡可在不同类型的设置之间切换,如图 11-8 所示。

第 11 章 Xcode

图 11-8 Xcode 项目编辑

使用检查器区域查看和编辑在导航器或编辑器区域中选择的对象信息。若要显示检查器,请单击检查器栏中相应的按钮,如图 11-9 所示。

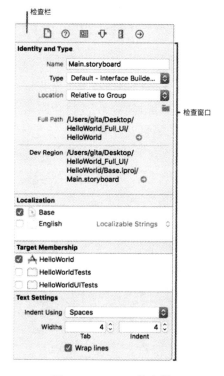

图 11-9 Xcode 检查器

若要查看在编辑器区域中选择的符号、接口对象和生成设置的说明,可以单击

"快速帮助",检查器在检查器栏中,或选择"View→Inspectors→Show Quick Help Inspector"。若要查看符号的完整文档,请单击"快速帮助"检查器底部的"在开发人员文档中打开"链接,如图 11-10 所示。

图 11-10 Xcode 快速帮助

若要使用现成的资源,请在工具栏中选择一个库并将其打开。例如,在项目导航器中选择一个用户界面文件,然后选择"对象"库以访问用户界面视图和控件,然后将所需的对象从库拖到主窗口中的编辑器区域,如图 11-11 所示。

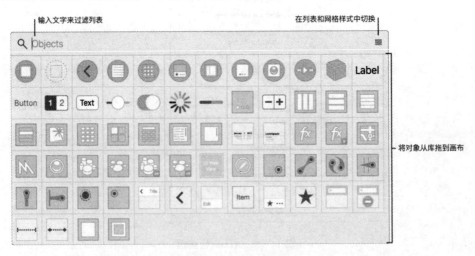

图 11-11 Xcode 对象库

11.5 创建 iOS 项目

① 启动 Xcode,然后在"欢迎使用 Xcode"窗口中单击"创建新的 Xcode 项目",或者选择"文件→新建→项目"。

② 在出现的工作表中,选择目标操作系统。

③ 在"应用程序"下选择一个模板,然后单击"下一步"。例如,若要创建一个带有单个空窗口的 iOS 应用,选择"Single View App"。

④ 在出现的工作表中填写文本字段,然后在弹出的菜单中选择选项以配置项目。必须输入产品名称和组织标识符再到下一页,还应该输入组织名称(如果不属于某个组织,请输入姓名)。如图 11-12 所示的屏幕截图显示了用于创建 iOS 应用的选项。

图 11-12　创建 iOS 项目配置信息

⑤ 从 Team 弹出的菜单中选择您的团队。如果出现"添加帐户"按钮,请单击。(可选)跳过此步骤,稍后该项目不会分配任何团队。

⑥ 从 Language 弹出菜单中选择编程语言。

⑦ 若要将测试目标添加到项目中,请选择 Include Unit Tests 和 Include UI Test。

⑧ 单击 Next,工作表会询问用户将项目保存到何处。

⑨ 指定项目的位置,可以选择 Create Git repository on my Mac 来使用源代码管理(推荐),然后单击 Create。

1. CocoaPods

为了加快开发速度，GitHub 上有丰富的、功能强大的第三方库，可以通过CocoaPods（一个专门为 iOS 工程提供第三方依赖库的管理工具）将第三方库引入到项目中，这里引入常用的 Alamofire 网络请求工具库。

- 打开应用"终端"，进入到当前项目路径下，也就是扩展名为". xcodeproj"文件的一个路径，创建 Podfile 文件终端输入：$ touch Podfile。
- 编辑 Podfile 文件。

需要注意的是，Podfile 中 platform 版本号跟项目中的 Deployment Target 最好保持一致。具体实例如下：

```
platform :ios, '10.0'
use_frameworks!
target 'HelloWorld' do
pod 'Alamofire'
end
```

- 安装第三方库，终端输入：$ pod install。
- 安装成功后，提示"Pod installation complete!"，并且会提示关闭原来的 xcodeproj 项目，并通过打开尾缀为". xcworkspace"的文件来打开项目。

2. iOS 项目结构

（1）AppDelegate. swift

系统在生成项目的时候会自动创建一个 Application 对象，它负责管控整个 App 的生命周期，正如 Android 中的 Application 对象。与此同时，系统也创建一个 AppDelegate 对象来负责控制窗口的显示、绘制和切换等事务，并通过轮询来传递用户输入事件或动作到应用，是整个 iOS App 的入口。

创建 Swift 项目的时候，通常会自动创建 AppDelegate. swift，通过观察该文件就会发现，这一切都是通过属性"@UIApplicationMain"在类名称上面修饰来实现的。使用"@UIApplicationMain"这个属性修饰功能，就等同于执行或调用系统 UIApplicationMain 功能，同时把 AppDelegate 类名称作为参数传递给系统。系统其实创建出了 2 个对象，一个是 Application 对象，一个是 AppDelegate 对象，系统将 AppDelegate 对象传递给 Application 对象，并由 Application 控制把相应的事件传递给 AppDelegate 处理。

AppDelegate 是一个实现 UIApplicationDelegate 接口的类，所以它定义的很多方法可以用于响应及处理 Application 传递过来的事件、App 应用状态改变以及其他应用级的事件。

（2）ViewController. swift

苹果推崇 MVC 架构，每一个 View 都有一个对应的 Controller 来处理对应的业务逻辑和界面交互。ViewController 就是 Xcode 在创建项目时，默认为创建的一个 View 所对应的 Controller。

（3）Main. storyboard

Main. storyboard 负责维护 UI 的展现和一些交互。通过 Main. storyboard 及很多控件，如 ImageView、Label 或 TextField 等，我们可以在这里可视化地利用拖拽实现所需的 UI 效果。

（4）LaunchScreen. soryboard

LaunchScreen. storyboard 主要是 App 启动界面的 UI 维护。App 的启动有启动界面，在此界面上可以添加个性化的配置，如主页图和新手引导等。启动完成后，就会进入 Main. storyboard 界面了。

（5）Assets. xcassets

主要放置资源的文件夹，如图片和数据等。

（6）Info. plist

Info. plist 主要是对 App 的配置，类似 Android 中的 AndroidManifest. xml 文件，在其中可以配置启动界面是否是 LaunchScreen. storyboard，主界面是否绑定 Main. storyboard 中设计的 UI，还可以设置 App 版本号和 App 名称等。

3. 纯代码开发 UI 界面

前面介绍使用 Storyboard 及 Interface Builder 来开发 iOS 应用的 UI 界面方法，是 iOS 开发中最主要的方法。当然 Xcode 的项目也支持不使用任何 UI 界面设计工具，直接通过代码来开发 UI 界面。

如果使用纯代码开发 UI 界面，则不需要使用界面设计工具 Storyboard/InterfaceBuilder 等相应的文件，而是直接在 iOS 应用代理 AppDelegate 对象中 application（_:didFinishLaunchingWithOptions：）方法，初始化 UIWindow 及创建 UI 视图组件。

11.6 打包与上架

Xcode8 之后提供了 Automatically Sign 功能，这个功能给广大开发者提供了便利。开发者可以非常方便地把 App 打包到真机上测试，不用像原来那样手动注册、手动生成证书以及生成 Provision 文件。

1. 打　包

➢ 勾选"Automatically manage signing"，并在 Team 中选择加入苹果开发者计

划的 Apple ID 账号,如果没有则单击"Add an Account"创建账号并加入到苹果开发者计划中。
- 切换目标设备,在工具栏选择方案中选择 Generic iOS Device。
- 单击 Product 菜单栏的 Archive 进行打包。
- 单击界面右上角 Distribute App,根据需求打包生成 ipa 文件或者上传到 App Store,这里包括 iOS App Store、Ad Hoc、Enterprise 和 Development 4 种打包方式,可根据需要选择其中一种方式进行打包。
- 使用 Automatically manage signing 方式打包,Xcode 自动使用账号认证信息与苹果开发者网站对 App 进行签名,方法简单好用。

最后打包成功的界面如图 11-13 所示。

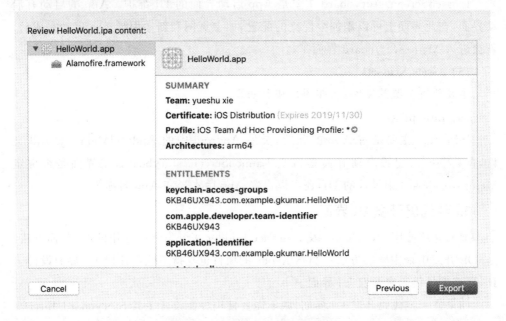

图 11-13　iOS 项目打包签名预览窗口

- 成功打包的结果将包括 App 主程序文件,其扩展名为".ipa"。

2. 上　　架

- 登陆 iTunes Connect(https://itunesconnect.apple.com/login)选择"我的 App",单击左上角"+"选择新建 App,输入应用名称、语言、套装 ID 以及之前在开发者中心创建的对应的 App IDs,创建成功后,编辑应用的基本信息并保存,具体如图 11-14 所示。
- 使用 Application Loader(Xcode→Open Developer Tools→Application Loader)上传 ipa,单击"选取",选择之前打包好的 ipa 包,等待验证上传。
- 回到 iTunes Connect,选择构建版本然后选择提交审核。

图 11 - 14　在 iTunesConnect 新建 App 信息页面

第 12 章

iOS 开发

12.1 Swift 简介

Swift 是一种支持多编程范式和编译式的编程语言,是用来撰写 MacOS/OS X、iOS、watchOS 和 tvOS 的语言之一。设计 Swift 时,苹果公司有意让 Swift 与 Objective-C 共存于苹果公司的操作系统上。

Swift 既是一个高层也是一个底层的语言。Swift 允许开发者像写 Ruby 和 Python 一样用 map 和 reduce,也允许开发者用很容易自定义的高阶函数。Swift 还允许开发者写一些"高速"代码,并直接编译为基于当前平台的二进制码。它具有和 C 语言一样的高性能。

Swift 是一个多范型语言。可以用它来写面向对象的语言,可以只用不可变量写纯函数式的代码,还可以用指针运算完成某些不可避免的、具有 C 语言风格的代码。

Swift 的代码简练又不失可读性。类型推断功能省去了很多无用的类型定义,而这些类型定义其实很明显可以根据上下文推断出来。分号和一些几乎没有价值的插入语也就没有了。

Swift 是一个强类型语言。

1. Swift 历史

2010 年 7 月,苹果开发者工具部门总监克里斯·拉特纳开始着手于 Swift 编程语言的设计工作,他带领团队用一年时间完成基本架构。2014 年 8 月 18 日,发布 Swift 1.0。2015 年 6 月 8 日,苹果于 WWDC2015 上宣布 Swift 将开放源代码,包括编译器和标准库。2015 年 9 月 16 日,更新至 Swift 2.0。

2015 年 12 月 3 日,苹果宣布开源 Swift 并支持 Linux,苹果在新网站 swift.org 和托管网站 Github 上开源了 Swift,但苹果的 App Store 并不支持开源的 Swift,只支持苹果官方的 Swift 版本,官方版本会在新网站(swift.org)上定期与开源版本同步。2016 年 9 月 13 日,更新至 Swift 3.0。2017 年 9 月 19 日,更新至 Swift 4.0。2018 年 9 月 17 日,更新至 Swift 4.2。2019 年 1 月 24 日,更新至 Swift 5.0。

2. 特　性

苹果宣称 Swift 的特点是：快速、现代、安全、互动，而且明显优于 Objective - C 语言。Swift 以 LLVM 编译，可以使用现有的 Cocoa 和 Cocoa Touch 框架。Xcode Playgrounds 功能是 Swift 为苹果开发工具带来的最大创新，该功能提供强大的互动效果，能让 Swift 源代码在撰写过程中即时显示其运行结果。拉特纳本人强调，Playgrounds 很大程度是受布雷特·维克多理念的启发。

3. Swift 与 Objective - C 的关联

Swift 与 Objective - C 共用同一套运行环境，Swift 集成了 Objective - C 的命名参数和动态对象模型，可以兼容 Objective - C 代码，也就是说，同一个项目里即可以用 Swift 代码也可以用 Objective - C 代码。

Swift 大多与 Objective - C 一样，Objective - C 出现过的绝大多数概念，比如引用记数、ARC、属性、协议、接口、初始化、扩展类、命名参数和匿名函数等，在 Swift 中继续有效（可能只是换了个术语）。Swift 大多数概念与 Objective - C 一样，也有些概念在 Objective - C 中没有，比如泛型（Swift 中将操作写一次就可以作用多个类型的语法叫做泛型）。

Swift 取消了 Objective - C 的指针及其他不安全访问的使用，并舍弃了 Objective - C 早期套用 Smalltalk 的语法，全面改为句点表示法（dot - notation）。同许多脚本语言一样，Swift 可以推断变量类型（type inference），同时它提供了类似 C++、C# 的名字空间（namespace）、泛型（generic）和操作数重载（operator overloading）等功能。Swift 被简单的形容为"没有 C 的 Objective - C（Objective - C without the C）"。

在 Swift 项目中创建 Objective - C 文件，Xcode 提示是否创建 Objective - C bridging 头文件，单击 Yes 创建，Xcode 会自动创建一个桥接头文件，文件名的格式是项目名"- Bridging - Header.h"，第一次提示界面如图 12 - 1 所示。

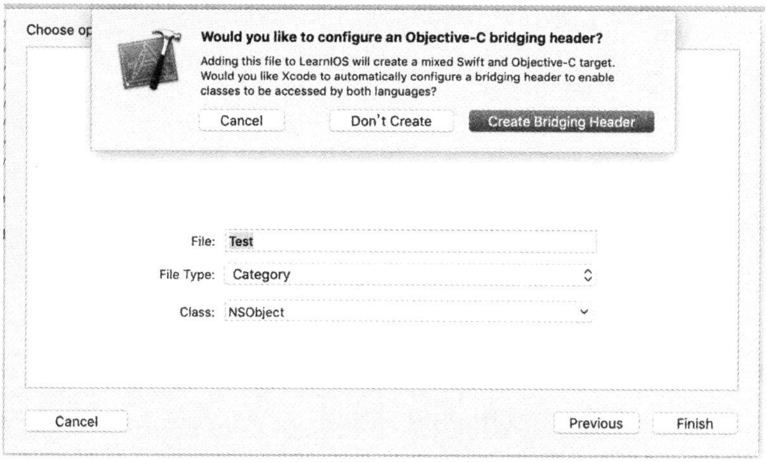

图 12 - 1　创建 Object - C 桥接文件提示框

如果第一次没有自动创建的话，则需要自己创建该文件并将其配置到项目中，单击"Targets → Build Setting → Swift Compiler – general → Objective – C Bridging Header"，双击配置成项目名"- Bridging – Header.h"即可，如图 12 – 2 所示。

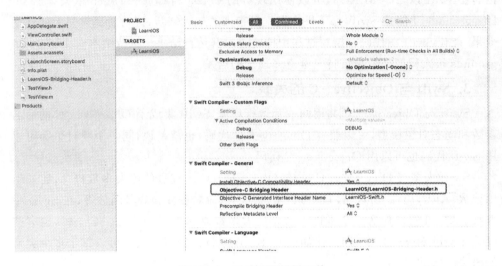

图 12 – 2　手动设置桥接文件

在此桥接头文件中添加创建的 OC/C 文件的引用"♯import "*****.h""。在 main.swift 文件中无需添加头文件，直接使用创建的 OC/C 文件中的类、方法或函数即可，详情参考图 12 – 3 所示界面。

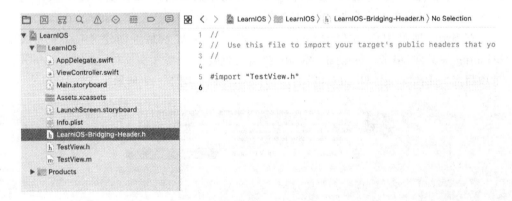

图 12 – 3　在桥接文件里面增加 OC 引用

12.2　开发文档

Xcode 中开发 iOS 有几种能随时获得相应的 API 或其他技术文档的方式，包括在线文档、Xcode 开发者文档和编辑界面快捷查询等。

第 12 章 iOS 开发

(1) 方式一:Apple 的在线文档

通过访问苹果官方开发者在线文档网站,可以获得较全的开发技术帮助,具体网址为:https://developer.apple.com/documentation/,如图 12-4 所示。

图 12-4　Apple 在线文档界面

(2) 方式二:Xcode 开发者文档

快捷键:"command+shift+0",手动查找:Help→Developer Documentation,在搜索栏中输入想要查找的类,就可以得到详细的内容介绍了,如图 12-5 所示。

(3) 方式三:编辑界面快捷查询

按住 Option 键,单击想查询的关键词,就会获得关键词的帮助信息,如图 12-6 所示。

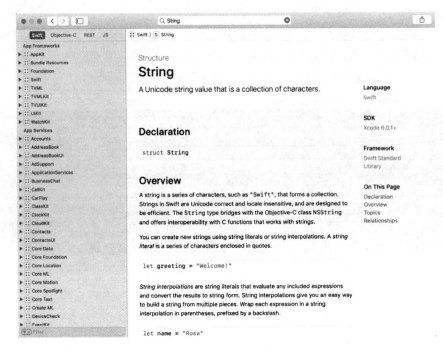

图 12-5 Xcode IDE 开发者文档

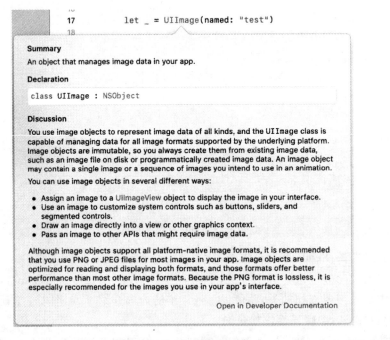

图 12-6 快捷帮助窗口

在开发中,最重要的框架是 Foundation 和 UIKit,前者是框架的基础,和界面无关,其中包含了大量常用的 API;后者是基础的 UI 类库。

1. 关于 Int 帮助

Int 整数类型就是 Foundation 框架中的一部分,这里通过 Xcode 的文档进行查询,在搜索栏中输入 Int,可以看到详细的介绍,同时在界面上部可以看到路径。Int 在 Foundation 框架中,如图 12 - 7 所示。

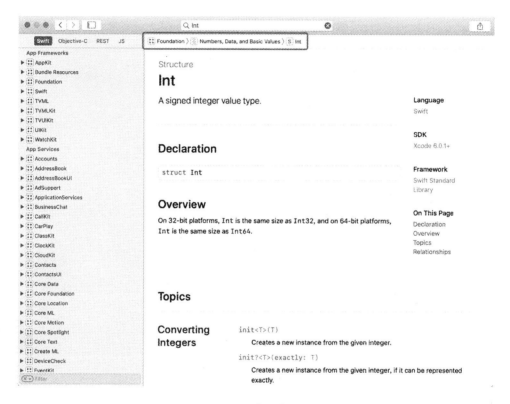

图 12 - 7　Xcode 开发文档关于 Int 帮助

2. 关于 UIImageView 帮助

展示图片的时候,需要用 UIImageView 加载图片控件,单击"Xcode→Help→Developer Documentation"打开文档,键入 UIImageView,可以发现其在 UIKit 框架下。UIKit 包含了所有视图相关的 API,如图 12 - 8 所示。

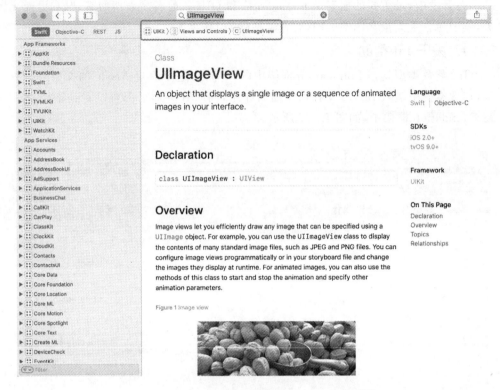

图 12-8　Xcode 开发文档关于 UIImageView 帮助

12.3　基本数据类型

（1）整数：Int

一般来说，不需要专门指定整数的长度。Swift 提供了一个特殊的整数类型 Int，长度与当前平台的原生字长相同：

- 在 32 位平台上，Int 和 Int32 长度相同；
- 在 64 位平台上，Int 和 Int64 长度相同。

除非需要特定长度的整数，一般来说使用 Int 就够了，这可以提高代码的一致性和可复用性。即使是在 32 位平台上，Int 可以存储的整数范围也可以达到 $-2,147,483,648 \sim 2,147,483,647$，这已经足够大了。

（2）浮点数：Float、Double

浮点数是有小数部分的数字，比如，3.14159、0.1 和 -273.15。浮点类型比整数类型表示的范围更大，可以存储比 Int 类型更大或者更小的数字。Swift 提供了两种有符号浮点数的类型：

- Double 表示 64 位浮点数,当需要存储很大或者很高精度的浮点数时使用此类型;
- Float 表示 32 位浮点数,精度要求不高的话可以使用此类型。

(3) 布尔值:Bool

Swift 有一个基本的布尔(Boolean)类型,叫做 Bool。布尔值指逻辑上的值,因为它们只能是真或者假。Swift 有两个布尔常量,即 true 和 false。

(4) 字符串:String

字符串是字符的序列集合,例如:"Hello,World!"。

(5) 字符:Character

字符指的是单个字母,例如:"C"。

(6) 字符编码

Swift 的 String 和 Character 类型是完全兼容的,也就是说可以用 Unicode 表示 Swift 中的任何字符。

12.4 特殊数据类型

NSDecimalNumber 继承自 NSNumber,苹果针对浮点类型计算精度问题提供出来的计算类,基于十进制的科学计数法来计算,同时可以指定舍入模式,一般用于货币计算。

NSNumber 是常用的数据,能把基本数据类型包装成对象,在处理大数据或者需要较高精度数据的时候,容易丢失精度,而 NSDecimalNumber 就是苹果专门用来针对高精度数据处理所创建的类。而 Decimal 就是 Swift 版的 NSDecimalNumber 类,同样可以处理高精度数据。

更多关于 Decimal 的内容,可以通过"Xcode→菜单栏→Help→Developer Documentation"查看,如图 12-9 所示。

接下来用实际代码展示 Decimal 的使用方法,代码如下:

```
let numStr1 = "233.3435445"
let numStr2 = "2003.12389047"
let num1Decimal = Decimal(string: numStr1)!
let num2Decimal = Decimal(string: numStr2)!

// 加法
let addDecimal = num1Decimal + num2Decimal
print(addDecimal)

// 减法
let subDecimal = num1Decimal - num2Decimal
```

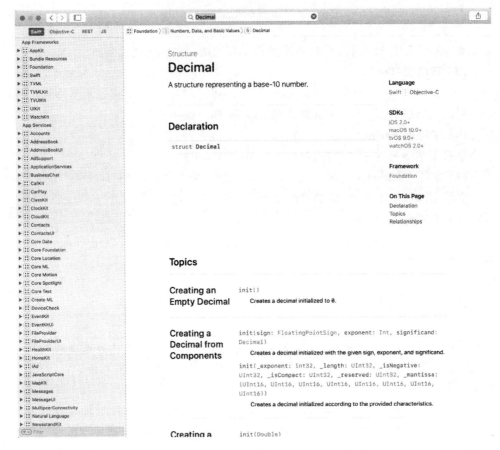

图 12-9　Xcode 开发文档关于 Decimal 帮助

```
print(subDecimal)

// 乘法
let multiplyDecimal = num1Decimal * num2Decimal
print(multiplyDecimal)

// 除法
let divideDecimal = num1Decimal / num2Decimal
print(divideDecimal)

// 比较
let isEqual = num1Decimal == num2Decimal
print(isEqual)

// 求幂
```

```
let result = pow(num1Decimal, 3)
print(result)
```

输出结果：

2236.46743497
-1769.78034597
467416.028674899570915
0.11648982152833781236550600573098460 5
false
12705371.600581204575860746125

12.5 其他开发语言

1. Objective-C

Objective-C 是一种通用、高级、面向对象的编程语言。它扩展了标准的 ANSI C 编程语言，将 Smalltalk 式的消息传递机制加入到 ANSI C 中。当前主要支持的编译器有 GCC 和 Clang(采用 LLVM 作为后端)。

Objective-C 的商标权属于苹果公司，苹果公司也是这个编程语言的主要开发者。苹果在开发 NeXTSTEP 操作系统时使用了 Objective-C，之后被 OS X 和 iOS 继承。现在 Objective-C 与 Swift 是 OS X 和 iOS 操作系统，以及与其相关的 API、Cocoa 和 Cocoa Touch 的主要编程语言。

作为编程语言来说，Objective-C 历史悠久。20 世纪 80 年代早期，Objective-C 被 Stepstone 公司发明，作者是 Brad Cox 和 Tom Love。80 年代后期，NeXT 计算机有限责任公司获得了使用 Objective-C 开发 NeXTStep 框架的授权，也就是后来的 Cocoa。

(1) 语言变化

- Objective-C++

Objective-C++ 是 GCC 的一个前端，它可以编译混合了 C++ 与 Objective-C 语法的源文件。Objective-C++ 是 C++ 的扩展，类似于 Objective-C 是 C 的扩展。

- Objective-C 2.0

2007 年 Objective-C 2.0 发布，增加了自动声明、补全属性、点语法、快速枚举、异常处理、运行时性能提升和支持 64 位机。

- Modern Objective-C

苹果公司在 WWDC 2012 大会上介绍了大量 Objective-C 的新特性，如 Object Literals 字面量、默认生成@synthesize 代码、遍历元素、Subscripting Methods 语法糖等新特性，能够让程序员更加高效地编写代码，这些新特性在 Xcode 4.4 版本中已经可以使用。

Objective-C 是 ANSI C 的超集,扩展了 C 语言使它具备面向对象设计的能力,例如类、消息继承;同时在 Objective-C 的代码中可以有 C 和 C++ 语句,Objective-C 可以调用 C 的函数,也可以通过 C++ 对象访问方法。

Objective-C 属于 Smalltalk 学派,其面向对象与 C++ 面向对象编程的 Simula 67(一种早期面向对象语言)学派不同。

Xcode 支持 C、C++ 和 Objective-C 3 种语言的混编,那么如果想让编译器混编,只需要将实现类的".m"格式修改成".mm"即可,这样编译器即可编译允许 C、C++、OC 的代码。其中,".m"文件就是把源文件当成写有 Objective-C 的 C 文件来编译,".mm"文件就是把源文件当成写有 Objective-C 的 C++ 文件来编译。

(2) 语言分析

Objective-C 是非常"实际"的语言。它用一个很小的、用 C 写成的运行库内存空间的,使得应用程序的大小增加很少,与此相比,大部分 OO 系统运行时需要消耗极大内存空间的虚拟机来执行。Objective-C 写成的程序通常不会比其源代码和库(通常无需包含在软件发行版本中)大太多,不像 Smalltalk 系统,即使只是打开一个窗口也需要大量的容量。由于 Objective-C 的动态类型特征,不能对方法进行内联(inline)一类的优化,使得 Objective-C 的应用程序一般比类似的 C 或 C++ 程序更大。

Objective-C 可以在现存 C 编译器的基础上实现(在 GCC 中,Objective-C 最初作为预处理器引入,后来作为模块存在),而不需要编写一个全新的编译器,这个特性使得 Objective-C 能利用大量现存的 C 代码、库、工具和编程思想等资源。现存 C 库可以用 Objective-C 包装器来提供 Objective-C 使用的 OO 风格界面包装。

以上这些特性极大地降低了进入 Objective-C 的门槛,这是 1980 年代 Smalltalk 在推广中遇到的最大问题。

2. 混合式

Hybrid 开发目前主要有以下几种混合开发的方式:

- Native&H5

Native&H5 模式就是在原生页面加入 H5 的页面,将项目中重复使用又比较耗时的部分用 H5 页面实现,在 iOS、Android 和 H5 以及微信公众号都可以使用。优点是方便快捷、入侵性小,几乎不改变原生 App 的框架且使用成本较低,容易上手;缺点是效果不如原生流畅,体验比较差;如果遇到多级的 H5 页面在 Native 加载,那么实现的效果往往不如预期。

Native 和 H5 职责划分:总的原则是 H5 提供内容,Native 提供容器。

使用 Native 的场景:转场动画、多线程操作(密集型任务)、IO 的调用,当然一些安全性比较高的界面,比如注册、登录界面和支付界面。当然,有些要考虑到终端性能的问题,有些动画 H5 虽然能够实现,但是在低端机器上效果很差,这个时候就要考虑用原生实现了。

使用 H5 的场景:基本信息的展示,简单图表的展示。一句话总结:H5 负责需要快速迭代又不使用系统 IO 交互内容的展示。

● React Native

RN 就是使用 JS 和 React 来构建原生 App。而 RN 并不能算作是 Hybrid,它是通过 JS 直接调用原生组件达到高性能的一种解决方案。其优点是组件化、虚拟 DOM、开发效率高,性能无限接近原生 App,当然还包括死掉的 HotFix;缺点是三方 SDK 开放的 RN 比较少,需要自己桥接。如果想要开发高性能的应用,必须了解 Native 开发。

● Cordova

Cordova 是一个开源的移动开发框架。允许使用标准的 Web 技术 HTML5、CSS3 和 JavaScript 做跨平台开发。应用在每个平台的具体执行被封装了起来,并依靠复合标准的 API 绑定去访问每个设备的功能,比如说传感器、数据和网络状态等。其优点是降低开发成本,一次开发多平台套用,版本更新则动态更新;缺点是原理就是在原生 App 上加了一个 WebView,并提供一套 JS 与原生代码交互的类库。交互效果一般,并且访问原生控件时受限。

● Weex

Weex 是一套简单易用的跨平台开发方案,能以 Web 的开发体验构建高性能、可扩展的 Native 应用。Weex 使用 Vue 作为上层框架,并遵循 W3C 标准实现了统一的 JSEngine 和 DOM API。其优点是轻量级,简单的 DSL 语言易于上手;扩展性好,可以对网络、图片、存储、UT、组件和接口等根据自身 App 和业务的需求进行扩展;Weex 本身编写的界面天然地支持组件化,同时支持大部分组件;开发成本较低。缺点是 bug 很多,作为新推出的解决方案,Weex 还有很多地方需要改进;社区的规模较小,知名度也相对较低。

第13章

iOS 开源库

13.1 BigInt

BigInt 是一个纯 Swift 代码开发并支持任意精度数值的算术类对象。此开源库 100％由 Swift 开发实现，提供任意宽度的整数类型。其底层是基于 2^{64}，也就是使用 Array <UInt64>。当你需要比 UIntMax 还宽的整型，并且不希望添加 GNU 多精度算术库时，这个模块就是最佳的选择。

BigInt 库包含了两个大整数类型：BigUInt 和 BigInt，它们都具有写时复制值的 Swift 结构特性，并且它们可以像任何其他整数类型一样使用。该库提供了很多基于大整数常用的函数方法的实现，包括：

- 全套算术运算符：+、-、*、/、%、+=、-=、*=、/=、%=。当结果为负时，无符号数的减法将崩溃。乘法通过蛮力法最多可以操作 1024 位的数字，然后切换到 Karatsuba 的递归方法。此限制是可配置的。除法使用 Knuth 算法 D，当除数为零时会崩溃。BigUInt.divide 方法可以立即返回商和余数，比单独计算要快。
- 位运算符：~、|、&、^、|=、&=、^=，外加以下只读属性：
  width：存储整数所需的最小位数；
  trailingZeroBitCount：二进制表示中的尾随零位数；
  leadingZeroBitCount：前导零位数（当最后一位数未满时）。
- 移位运算符：>>、<<、>>=、<<=。
- NSData 和大整数之间的转换方法。
- 支持生成指定最大宽度或幅度的随机整数。
- sqrt(n)：整数的平方根（使用牛顿方法）。
- BigUInt.gcd(n, m)：两个整数的最大公约数（Stein 算法）。
- base.power(exponent, modulus)：幂模运算（从右到左的二进制方法）。
- n.inverse(modulus)：模运算中的乘法逆（扩展欧几里德算法）。
- n.isPrime()：米勒罗宾素性测试（Miller – Rabin primality test）判断一个数是否为素数。

CocoaPods 配置方法

在项目 Podfile 文件中加入以下配置命令：

pod 'BigInt', '~> 4.0'

控制台在项目根目录下，执行 pod 更新命令：

pod install

如果没有显示错误信息，并且显示"Pod installation complete!"，就代表成功下载安装且整合到项目中了。如果出现红色的字体错误信息，则可以尝试控制台在项目根目录下，执行 pod 更新命令：

pod update

或者：

pod repo update

为了方便演示，在 HelloWord 项目中增加 ShowBigInt.swift 演示文件，其中定义了 ShowBigInt 类，并创建一个 init() 初始化方法，用于演示 BigInt 库的基本用法：

1. 基本运算

```
import UIKit
import BigInt
class ShowBigInt {
    init() {
        
        //初始化
        let a: BigInt = 1234567890
        let b: BigInt = "12345678901234567890123456789012345678901234567890"
        
        //基本运算
        let c: BigInt = a + b
        let c2: BigInt = b - a
        let c3: BigInt = -b
        let c4: BigInt = a * b
        let c5: BigInt = b / a
        let c6: BigInt = a % b
        let c7: BigInt = a / (b * b)
        
        //获取长度
        let d = String(c4).count
        
        print("a: \(a)")
```

```
        print("b:\(b)")
        print("c:\(c)")
        print("c2:\(c2)")
        print("c3:\(c3)")
        print("c4:\(c4)")
        print("c5:\(c5)")
        print("c6:\(c6)")
        print("c7:\(c7)")
        print("d:\(d)")

    }
}
```

在init()方法里面增加了演示BigInt基本运算的代码示例,为了方便显示每个变量的值,在init()方法最后增加了每个变量输出的print指令。

在Xcode开发界面单击"Command+R"或者单击菜单项Product→Run,可以获得输出如下：

```
a:1234567890
b:123456789012345678901234567890123456789012345678901234567890
c:123456789012345678901234567890123456789012345678902469135780
c2:12345678901234567890123456789012345678900000000000
c3:-123456789012345678901234567890123456789012345678901234567890
c4:15241578751714678875171467887517146788751714678875019052100
c5:100000000010000000001000000000100000001
c6:1234567890
c7:0
d:59
```

从以上示例可以看出,BigInt用起来极为简单方便。初始化可以用数值,也可以用字符串数字。由于其重载了运算符,使用起来跟基本数字类型相似。注意到C7结果为零,因为BigInt不保存小数值,当数值为纯小数的时候,它就等于零了,小数部分直接忽略。

2. 阶乘运算

还可以通过BigInt实现阶乘运算,在ShowBigInt.swift文件的底部,最后一个"}"之前,增加factorial方法,代码如下：

```
//计算阶乘
func factorial(_ n: Int) -> BigInt {
    return (1 ... n).map { BigInt($0) }.reduce(BigInt(1), *)
}
```

然后在 init 方法下增加一行调用代码：

print("factorial 100: \(factorial(100))")

重新执行演示代码，输出结果的最后，显示阶乘结果已经计算出来了，如下所示：

factorial 100:
93326215443944152681699238856266700490715968264381621468592963895217599993229915608941463976156518286253697920827223758251185210916864000000000000000000000000

3. RSA 加密功能

BigInt 模块还提供了简单的 RSA 非对称密钥加密功能的简单实现。例如它可以生成一个 n 位的随机数，是通过 BigInt 提供的生成特定大小的随机整数的函数来实现的。

在 ShowBigInt.swift 文件的底部，最后一个"}"之前，增加 generatePrime 方法，该方法获得随机数后，检测是否为一个素数，如果不是则继续尝试产生新的随机数，直到产生素数才返回结果，代码如下：

```
func generatePrime(_ width: Int) -> BigUInt {
    while true {
        var random = BigUInt.randomInteger(withExactWidth: width)
        random |= BigUInt(1)
        if random.isPrime() {
            return random
        }
    }
}
```

然后在 init 方法下增加一行调用代码：

print("prime1 1024: \(generatePrime(1024))")
print("prime1 1024: \(generatePrime(1024))")

重新执行演示代码，前面演示输出结果的最后，素数产生需要花一点时间，大概需要一分钟左右，等到足够的时间，结果显示符合素数的随机数结果已经计算出来，如下所示：

prime1 1024:
13485204877322043000686090369468394492626338500738510049900340469762932630586879152773506777630580813350853501382269965286320352893668424701555481974456786889944653992144350585153098935012857116692642672067824033531665479013509759283281352943151389253165326542410991290631814175024832116912413461495009995511 9

prime1 1024:
123812886723332510160472724738243521703104515977691456733655992801853456865495988792

303228442329326728012915601523189210258823579811606652202128985874234073059385397978
759437628892305373251004035846665643856733306513588160622726589906150612930844009622
44237607282501165689303201354495486567399339010916840963

当然 BigInt 接下来可以生成密钥,并且做非对称密钥加密和解密的功能运算。大家可以亲自把 BigInt 库导入项目里试一试,这里不再讲解。

13.2 APIKit

APIKit 是一种类型安全的网络抽象层,它将请求类型与响应类型关联起来,是一个轻量的、类型安全的网络请求库,具有简便快速的调用方式特点。APIKit 库的主要对象就是 Request 协议和 Session 类。Request 表示 HTTP / HTTPS 请求的相关属性或参数。Session 是一个工具类,它通过传入一个符合 Request 协议类型的对象实例,根据该对象的属性或参数进行网络请求,然后将请求的结果进行打包,按照 Typealias Response 所指向的对象类型来打包数据,也就是说响应类型是从请求类型的 Response 属性类型推断出来的。

CocoaPods 配置方法

在项目 Podfile 文件中加入以下配置命令:

```
pod 'APIKit', '~> 4.1.0'
```

控制台在项目根目录下,执行 pod 更新命令:

```
pod install
```

如果没有显示错误信息,并且显示"Pod installation complete!",就代表成功下载安装,并整合到项目中了。另外请保证开发环境的 Swift 版本跟 APIKit 版本能够兼容。如果是 Swift 2.2 或者 2.3,那么选择 APIKit 2.0.5;如果是 Swift 4.0 或者 4.2,那么选择 APIKit 4.1.0;如果是 Swift 5.0 或更新版本,那么选择 APIKit 5.0。然后在需要应用 APIKit 组件的 Swift 源代码文件中增加导入模块的命令 import APIKit 就可以了。

功能演示

为了方便演示,在 HelloWord 项目中增加一个 ShowAPIKit.swift 演示文件,其中定义了 ShowAPIKit 类,并创建一个 init() 初始化方法,用于演示 APIKit 库的基本用法。

接下来以请求 github 的 https://api.github.com/rate_limit(一个可供网络访问测试的 API 接口)为例,使用 APIKit 调用的大致流程如下:

(1) 第一步:定义一个符合 Request 协议基类的对象

Request 协议定义了很多属性和方法,大部分属性和方法都有默认的实现,其中

有 5 个是必须实现的,列举如下:

① typealias Response　请求返回结果类型;

② var baseURL：URL　请求目的地址的基本地址;

③ var method：HTTPMethod　请求的方法;

④ var path：String　请求目的地址的目录,与基本地址组成 URL;

⑤ func response(from object：Any, urlResponse：HTTPURLResponse) throws -> RateLimit　组装返回结果到指定类型的方法。

具体操作:在 ShowAPIKit.swift 文件中,ShowAPIKit 类的下面,也就是在最下面"}"的下面新增代码,定义一个实现 Request 协议基类的协议,并定义基本的访问地址:https://api.github.com,具体代码如下:

```
struct RateLimitRequest: Request {
    typealias Response = RateLimit

    var baseURL: URL {
        return URL(string: "https://api.github.com")!
    }
    var method: HTTPMethod {
        return .get
    }

    var path: String {
        return "/rate_limit"
    }

    func response(from object: Any, urlResponse: HTTPURLResponse) throws -> RateLimit {
        return try RateLimit(object: object)
    }
}
```

(2) 第二步:定义返回响应类型对象

具体操作:在 ShowAPIKit.swift 文件中,ShowAPIKit 类的底部继续添加代码,代码如下:

```
struct RateLimit {
    let limit: Int
    let remaining: Int

    init(object: Any) throws {
        guard let dictionary = object as? [String: Any],
            let rateDictionary = dictionary["rate"] as? [String: Any],
```

```
            let limit = rateDictionary["limit"] as? Int,
                let remaining = rateDictionary["remaining"] as? Int else {
                throw ResponseError.unexpectedObject(object)
            }
            self.limit = limit
            self.remaining = remaining
        }
    }
```

(3) 第三步:发送请求并处理响应结果

具体操作:在 init() 方法里增加演示代码示例,代码如下:

```
let request = GetRateLimitRequest()
Session.send(request) { result in
    switch result {
    case .success(let rateLimit):
        print("count: \(rateLimit.count)")
        print("reset: \(rateLimit.resetDate)")
    case .failure(let error):
        print("error: \(error)")
    }
}
```

在 Xcode 开发界面,单击"Command+R"或者单击菜单项 Product→Run,输出如下:

```
limit: 60
remaining: 59
```

在浏览器直接打开网址:https://api.github.com/rate_limit,浏览器里面返回的 JSON 对象如下:

```
{
  "resources": {
    "core": {
      "limit": 60,
      "remaining": 59,
      "reset": 1561115437
    },
    "search": {
      "limit": 10,
      "remaining": 10,
      "reset": 1561111897
    },
```

```
      "graphql": {
        "limit": 0,
        "remaining": 0,
        "reset": 1561115437
      },
      "integration_manifest": {
        "limit": 5000,
        "remaining": 5000,
        "reset": 1561115437
      }
    },
    "rate": {
      "limit": 60,
      "remaining": 59,
      "reset": 1561115437
    }
}
```

可以看到在返回结果中,最后一个 rate 对象属性值跟演示程序所获得的属性值是一致的。

13.3　Moya

Moya 官网描述了传统 iOS App 中使用网络层面临的诸多问题,列举如下:
① 编写新项目很困难(「我从哪儿开始呢?」);
② 维护现有的项目很困难(「天啊,这一团糟……」);
③ 编写单元测试很困难(「我该怎么做呢?」)。
Moya 的基本思想是,提供一些网络抽象层,让它们经过充分地封装,并直接调用 Alamofire。它们应该足够简单,可以很轻松地应对常见任务,也应该足够全面,应对复杂任务也同样容易。因此,Moya 具备的一些特色功能应包含:
① 编译时检查正确的 API 端点访问;
② 允许使用枚举关联值定义不同端点的明确用法;
③ 将 test stub 视为一等公民,单元测试将超级简单。
其实 Moya 与 APIKit 是类似的设计思想,都是将网络层相关的对象、参数或者**数据抽象化**,这样使得网络层结构更加清晰、接口之间更独立和规范,使用起来非常简单。但 Moya 要比 APIKit 更强大,它是基于 Alamofire 库在网络层上的完全封装,开发在应用层可以只单独依赖和调用 Moya 网络层即可。基于 Moya 可以很容易地构建出服务器接口组(API Service),独立性更高,方便维护、测试和移植。

对于很多 Swift 开发的 iOS App 来说,选择 Moya 来管理网络层是一个不错的选择。Swift 用 Alamofire 做网络库，而 Moya 在 Alamofire 的基础上又封装了一层，官方文档给出的结构示意如图 13-1 所示。

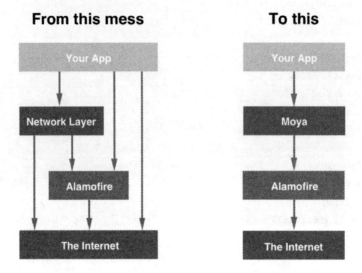

图 13-1　一般网络层结构与 Moya 网络层结构

CocoaPods 配置方法

要想正确配置 Moya，必须保证 Moya 版本与 Swift 版本保持兼容，Moya 版本与其对应的 Swift 版本如下表所列。

Swift	Moya	RxMoya	ReactiveMoya
5.X	>=13.0.0	>=13.0.0	>=13.0.0
4.X	9.0.0 — 12.0.1	10.0.0 — 12.0.1	9.0.0 — 12.0.1
3.X	8.0.0 — 8.0.5	8.0.0 — 8.0.5	8.0.0 — 8.0.5
2.3	7.0.2 — 7.0.4	7.0.2 — 7.0.4	7.0.2 — 7.0.4
2.2	<=7.0.1	<=7.0.1	<=7.0.1

如果当前 Xcode 使用的 Swift 是 4.2 的话，那么应该在项目 Podfile 文件中加入以下配置命令：

pod 'Moya', '~> 12.0'

或者使用为 RxSwift 提供的响应式扩展：

pod 'Moya/RxSwift', '~> 12.0'

或者使用为 ReactiveSwift 提供的响应式扩展：

pod 'Moya/ReactiveSwift', '~> 12.0'

控制台在项目根目录下,执行 pod 更新命令:

pod install

如果没有显示错误信息,并且显示"Pod installation complete!",就代表成功下载安装并整合到项目中了。然后在任何你想使用 Moya 的文件中,使用 import Moya 导入框架。

功能演示

为了方便演示,在 HelloWord 项目中增加一个 ShowMoya.swift 演示文件,其中定义了 ShowMoya 类,并创建一个 init()初始化方法,用于演示 ShowMoya 库的基本用法:

接下来以请求 github 的 https://api.github.com/rate_limit(一个可供网络访问测试的 API 接口)为例,使用 Moya 调用的大致流程如下:

(1)第一步:定义 Service 及其提供的所有接口

在 ShowMoya.swift 文件中,ShowMoya 类的底部添加代码,代码如下:

```
enum GithubService {
    case rateLimit
}
```

(2)第二步:实现 TargetType 协议

本部分需要明确 API 的调用 path、parameters 和 method 等属性参数。在 ShowMoya.swift 文件中,ShowMoya 类的底部添加代码,代码如下:

```
// MARK: - TargetType Protocol Implementation
extension GithubService: TargetType {
    var baseURL: URL { return URL(string: "https://api.github.com")! }
    var path: String {
        switch self {
        case .rateLimit:
            return "/rate_limit"
        }
    }
    var method: Moya.Method {
        switch self {
        case .rateLimit:
            return .get
        }
    }
    var task: Task {
        switch self {
        case .rateLimit: // Send no parameters
            return .requestPlain
```

```
        }
    }
    var sampleData: Data {
        return Data()
    }
    var headers: [String: String]? {
        return ["Content-type": "application/json"]
    }
}
```

(3) 第三步：创建 Service 及具体的 Request 并发送

在 init()方法里增加演示代码示例，代码如下：

```
let provider = MoyaProvider <GithubService>()
provider.request(.rateLimit) { result in
    switch result {
    case let .success(moyaResponse):
        let data = moyaResponse.data
        let statusCode = moyaResponse.statusCode
        // do something with the response data or statusCode
        print("data: \(data)")
        print("statusCode: \(statusCode)")
    case let .failure(error):
        print(error)
        break
    }
}
```

在 Xcode 开发界面单击"Command＋R"或者单击菜单项 Product→Run，输出如下，表示请求成功返回：

```
data: 308 bytes
statusCode: 200
```

Moya 的 provider 就是抽象的 Service 接口组，一个项目可以按照功能模块业务逻辑划分一个或者多个 provider。跟 Moya 不同的是，APIKit 提供了一个全局的 Session 服务对象，在符合 Request 协议的所有对象模型上进行不同业务的划分。

13.4　R. swift

iOS 应用开发项目中存在大量的资源文件或者对象，例如 nib、storyboard、image、file、font、color 和 string 等。引用这些资源基本都是以字符串类型去载入，例如 UIImage.init(named: "setting_icon")，如果对象名称改变或者输入有误都将无法正确载入资源,我们只能万分小心地"复制/粘贴"这些资源名称。

R.swift 就是为解决这个问题而生的,其具有强类型关联、编译错误检查、自动代码填充的功能,即安全又方便。R.Swift 能够把项目的资源如图像或字体等自动完成强类型转换,从而能够让 Swift 代码有如下特点:

① 明确的类型:极少的类型转换或者不需要猜测方法将返回什么类型对象;

② 编译时间检查:不会因为众多可能不正确的字符串指向导致应用程序在运行时出现崩溃;

③ 自动完成:永远不必猜测图像名称会不会有什么变化。

在使用 R.swift 之前,如果需要使用资源,如下所示:

```
let icon = UIImage(named: "settings-icon")
let font = UIFont(name: "San Francisco", size: 42)
let color = UIColor(named: "indictator highlight")
let viewController = CustomViewController(nibName: "CustomView", bundle: nil)
let string = String(format: NSLocalizedString("welcome.withName", comment: ""), locale: NSLocale.current, "Arthur Dent")
```

在使用 R.swift 之后,如果代码使用资源,如下所示:

```
let icon = R.image.settingsIcon()
let font = R.font.sanFrancisco(size: 42)
let color = R.color.indicatorHighlight()
let viewController = CustomViewController(nib: R.nib.customView)
let string = R.string.localizable.welcomeWithName("Arthur Dent")
```

看起来是不是清晰很多,看着有点像 Android 的 R 文件机制。

CocoaPods 设置

在项目根 Podfile 文件中增加一行导入 R.swift 命令:

```
pod 'R.swift'
```

控制台在项目根目录下,执行 pod 更新命令:

```
pod install
```

如果没有显示错误信息,并且显示"Pod installation complete!",就代表成功下载安装,并整合到项目中了。

在 Xcode 开发环境界面,单击左边导航栏当前项目,然后在 TARGETS 下面选择项目的名字,在开发环境中就会显示多个 Tab 项目设置卡的设置界面;选择上面 Build Phases 的 Tab,如果 Tab 从左边 General 开始算起,应该是第六个 Tab;然后单击界面左上角的加号(+),在弹出的功能下拉菜单中,单击"New Run Script Phase"。

将新建的 New Run Script Phase 配置项拖到 Compile Sources 配置项上面及 Check Pods Manifest.lock 配置项的下面；展开"New Run Script"并粘贴以下脚本：

"＄PODS_ROOT/R.swift/rswift" generate "＄SRCROOT/R.generated.swift"

增加以下文本到 Input Files：

＄TEMP_DIR/rswift-lastrun

增加以下文本到 Output Files：

＄SRCROOT/R.generated.swift

正确设置 New Run Script 后的截屏如图 13-2 所示。

图 13-2　正确设置"New Run Script"后的截屏

重新编译项目，在 Xcode 开发界面单击"Command＋B"或者单击菜单项 Product→Build，通过 Finder 查看 ＄SRCROOT 目录（也就是项目的根目录），可以看到一个名为 R.generated.swift 的文件。把 R.generated.swift 文件拖到 Xcode 界面左边文件浏览导航的项目里面，这样就可以看到该文件，单击该文件，就可以看到相应的文本内容。

基本原理就是在 Xcode 每次 build 期间自动读取解析工程目录内引用的资源文

件以及创建的资源文件（例如 TableViewCell. nib），将这些资源以代码的形式封装在一个动态生成的 R. generated. swift 的文件中。现在尝试在项目 Assets. xcassets 中添加了一个 settings_icon 图标，编译后 R. generated. swift 将自动得到下面的代码段：

```
// This 'R.image' struct is generated, and contains static references to 1 images.
struct image {
// Image 'setting_icon'.
    static let setting_icon = Rswift.ImageResource(bundle: R.hostingBundle, name: "setting_icon")

// 'UIImage(named: "setting_icon", bundle: ..., traitCollection: ...)'
    static func setting_icon(compatibleWith traitCollection: UIKit.UITraitCollection? = nil) -> UIKit.UIImage? {
        return UIKit.UIImage(resource: R.image.setting_icon, compatibleWith: traitCollection)
    }

    fileprivate init() {}
}
```

为了方便演示，在 HelloWord 项目中增加一个 ShowR. swift 演示文件，其中定义了 ShowR 类，并创建一个 init() 初始化方法，用于演示 ShowR 库的基本用法：

```
import Foundation
class ShowR {
    init() {
        let icon = R.image.settings_icon()
        print(icon)
    }
}
```

在 Xcode 开发界面单击"Command＋R"或者单击菜单项 Product→Run，输出如下，表示成功获得图片对象：

```
Optional(<UIImage: 0x600000e93e20>, {64, 64})
```

13.5　CryptoSwift

CryptoSwift 是一个用纯 Swift 语言开发的库，可供 Swift 相关项目使用。CryptoSwift 提供了标准的安全加密算法集合的库，支持在字符串与数据之间转换，支持多种算法，方便易用。

Hash (Digest)
MD5 | SHA1 | SHA224 | SHA256 | SHA384 | SHA512 | SHA3

Cyclic Redundancy Check (CRC)
CRC32 | CRC32C | CRC16

Cipher
AES-128，AES-192，AES-256 | ChaCha20 | Rabbit | Blowfish

Message authenticators
Poly1305 | HMAC (MD5，SHA1，SHA256) | CMAC | CBC-MAC

Cipher mode of operation
Electronic codebook (ECB)
Cipher-block chaining (CBC)
Propagating Cipher Block Chaining (PCBC)
Cipher feedback (CFB)
Output Feedback (OFB)
Counter Mode (CTR)
Galois/Counter Mode (GCM)
Counter with Cipher Block Chaining-Message Authentication Code (CCM)

Password-Based Key Derivation Function
PBKDF1 (Password-Based Key Derivation Function 1)
PBKDF2 (Password-Based Key Derivation Function 2)
HKDF (HMAC-based Extract-and-Expand Key Derivation Function)
Scrypt (The scrypt Password-Based Key Derivation Function)

Data padding
PKCS#5 | PKCS#7 | Zero padding | No padding

Authenticated Encryption with Associated Data (AEAD)
AEAD_CHACHA20_POLY1305
CryptoSwift 具有以下特点：
① 方便使用；
② 方便字符串和数据的扩展；

③ 支持增量更新；

④ 支持 iOS、Android、macOS、AppleTV、watchOS 和 Linux 等。

CocoaPods 配置

首先需要确认开发环境的 Swift 版本与需要安装配置的 CryptoSwift 版本保持兼容一致：

Swift 1.2：branch swift12 version <=0.0.13

Swift 2.1：branch swift21 version <=0.2.3

Swift 2.2、2.3：branch swift2 version <=0.5.2

Swift 3.1，branch swift3 version <=0.6.9

Swift 3.2，branch swift32 version =0.7.0

Swift 4.0，branch swift4 version <=0.12.0

Swift 4.2，branch swift42 version <=0.15.0

Swift 5.0，branch master

例如，开发环境是 Swift 4.2，那么就在项目的 Podfile 文件中增加以下命令行：

pod 'CryptoSwift', '~> 0.15.0'

控制台在项目根目录下，执行 pod 更新命令：

pod install

如果没有显示错误信息，并且显示"Pod installation complete!"，就代表成功下载安装，并整合到项目中了。

功能演示

为了方便演示，在 HelloWord 项目中增加一个 ShowCrypto.swift 演示文件，在 ShowCrypto.swift 文件中首先定义一个 ShowCrypto 类，并创建一个 init()初始化方法，用于演示 ShowCrypto 库的基本用法，别忘了在 ShowCrypto.swift 文件开头导入 Crypto 库：

import CryptoSwift

CryptoSwift 使用字节数组（Array <UInt8>）作为所有操作的基本类型。每个数据都可以转换为字节流，以便 Crypto 库的方法进行运算。为了便于使用，Crypto 库也提供了接受字符串或数据参数类型的函数，这些方法将在内部把字符串或数据参数转换为字节数组。

1. 基本数据类型转换

在 ShowCrypto 类里面增加一个 showBasic 方法，演示基本数据类型转换，代码如下：

func showBasic(){

```
let data = Data([0x01, 0x02, 0x03])
let bytes1 = data.bytes                              // [1,2,3]
let bytes2 = Array<UInt8>(hex: "0x010203")    // [1,2,3]
let bytes3: Array<UInt8> = "cipherkey".bytes// Array("cipherkey".utf8)
let hex = bytes2.toHexString()                       // "010203"

print("data: \(data)")
print("bytes1: \(bytes1)")
print("bytes2: \(bytes2)")
print("bytes3: \(bytes3)")
print("hex: \(hex)")
}
```

在 init 方法中增加对 showBasic 方法的调用,在 Xcode 开发界面单击"Command+R"或者单击菜单项 Product→Run,输出如下:

```
data: 3 bytes
bytes1: [1, 2, 3]
bytes2: [1, 2, 3]
bytes3: [99, 105, 112, 104, 101, 114, 107, 101, 121]
hex: 010203
```

2. 数字摘要方法的使用

在 ShowCrypto 类里面增加一个 showDigest 方法,演示基本数据类型转换,代码如下:

```
func showDigest(){
    
    let bytes:Array<UInt8> = [0x01, 0x02, 0x03]
    
    //通过 Digest 对象调用方法获得摘要
    let result = Digest.md5(bytes)
    
    //通过 bytes 扩展的方法获得摘要
    let result1 = bytes.md5()
    print("result: \(result)")
    print("result1: \(result1)")
    
    //通过多个步骤多次输入内容获得摘要
    do {
        var digest = MD5()
        let partial1 = try digest.update(withBytes: [0x01, 0x02])
```

```swift
            let partial2 = try digest.update(withBytes: [0x03])
            let result2 = try digest.finish()
            print("result2: \(result2)")
        } catch { }
        let hash1 = bytes.sha1()
        let hash2 = bytes.sha224()
        let hash3 = bytes.sha256()
        let hash4 = bytes.sha384()
        let hash5 = bytes.sha512()
        
        //通过 string 扩展方法获得摘要
        let hash = "123".md5() // "123".bytes.md5()
        
        print("sha1: \(hash1)")
        print("sha224: \(hash2)")
        print("sha256: \(hash3)")
        print("sha384: \(hash4)")
        print("sha512: \(hash5)")
        print("hash: \(hash)")
    }
```

在 init 方法中增加对 showDigest 方法的调用，在 Xcode 开发界面单击"Command+R"或者单击菜单项 Product→Run，输出如下：

result: [82, 137, 223, 115, 125, 245, 115, 38, 252, 221, 34, 89, 122, 251, 31, 172]
result1: [82, 137, 223, 115, 125, 245, 115, 38, 252, 221, 34, 89, 122, 251, 31, 172]
result2: [82, 137, 223, 115, 125, 245, 115, 38, 252, 221, 34, 89, 122, 251, 31, 172]
sha1: [112, 55, 128, 113, 152, 194, 42, 125, 43, 8, 7, 55, 29, 118, 55, 121, 168, 79, 223, 207]
sha224: [57, 23, 170, 170, 166, 29, 129, 222, 185, 62, 241, 194, 126, 198, 71, 241, 38, 251, 147, 40, 148, 183, 202, 169, 223, 40, 97, 147]
sha256: [3, 144, 88, 198, 242, 192, 203, 73, 44, 83, 59, 10, 77, 20, 239, 119, 204, 15, 120, 171, 204, 206, 213, 40, 125, 132, 161, 162, 1, 28, 251, 129]
sha384: [134, 34, 157, 198, 210, 255, 190, 172, 115, 128, 116, 65, 84, 170, 112, 2, 145, 192, 100, 53, 42, 13, 189, 199, 123, 158, 211, 242, 200, 225, 218, 196, 220, 50, 88, 103, 211, 157, 223, 241, 210, 98, 155, 122, 57, 61, 71, 246]
sha512: [39, 134, 76, 197, 33, 154, 149, 26, 122, 110, 82, 184, 200, 221, 223, 105, 129, 208, 152, 218, 22, 88, 217, 98, 88, 200, 112, 178, 200, 141, 251, 203, 81, 132, 26, 234, 23, 42, 40, 186, 250, 106, 121, 115, 17, 101, 88, 70, 119, 6, 96, 69, 201, 89, 237, 15, 153, 41, 104, 141, 4, 222, 252, 41]
hash: 202cb962ac59075b964b07152d234b70

3. AES 加密解密方法的使用

在 ShowCrypto 类里面增加 showAES 方法，演示 AES 加密解密方法的使用，代码如下：

```
func showAES() {

    //try AES(key: [1,2,3,...,32], blockMode: CBC(iv: [1,2,3,...,16]), padding: .pkcs7)
    //一次性加密使用方式
    do {
        let aes = try AES(key: "keykeykeykeykeyk", iv: "drowssapdrowssap") // aes128
        let ciphertext = try aes.encrypt(Array("My Hello Text.".utf8))

        print("ciphertext: \(ciphertext)")
    } catch {
        print(error)
    }


    //多次输入内容的加密方式
    do {
        var encryptor = try AES(key: "keykeykeykeykeyk", iv: "drowssapdrowssap").makeEncryptor()

        var ciphertext = Array<UInt8>()
        // aggregate partial results
        ciphertext += try encryptor.update(withBytes: Array("My ".utf8))
        ciphertext += try encryptor.update(withBytes: Array("My ".utf8))
        ciphertext += try encryptor.update(withBytes: Array("Text.".utf8))
        // finish at the end
        ciphertext += try encryptor.finish()

        print("ciphertext2: \(ciphertext.toHexString())")

    } catch {
        print(error)
    }


    //加密解密全过程演示
    let input: Array<UInt8> = [0,1,2,3,4,5,6,7,8,9]
    let key: Array<UInt8> = [0x00,0x00,0x00,0x00,0x00,0x00,0x00,0x00,0x00,0x00,0x00,0x00,0x00,0x00,0x00,0x00]
    let iv: Array<UInt8> = AES.randomIV(AES.blockSize)
```

```
        do {
            let encrypted = try AES(key: key, blockMode: CBC(iv: iv), padding: .pkcs7).en-
crypt(input)
            let decrypted = try AES(key: key, blockMode: CBC(iv: iv), padding: .pkcs7).de-
crypt(encrypted)

            print("input: \(input)")
            print("encrypted: \(encrypted)")
            print("decrypted: \(decrypted)")
        } catch {
            print(error)
        }
    }
```

在 init 方法中增加对 showAES 方法的调用,在 Xcode 开发界面单击"Command＋R"或者单击菜单项 Product→Run,输出如下:

key: [141, 105, 31, 244, 251, 100, 92, 208, 83, 121, 234, 165, 54, 103, 62, 180, 105, 66, 134, 233, 21, 124, 194, 95, 228, 131, 46, 142, 121, 154, 99, 132]

key2: [226, 104, 248, 63, 164, 215, 204, 236, 141, 66, 214, 103, 33, 111, 27, 103, 10, 38, 83, 12, 8, 24, 87, 46, 148, 248, 169, 14, 235, 199, 155, 222, 92, 228, 137, 44, 200, 215, 136, 140, 84, 190, 101, 71, 134, 228, 50, 154, 242, 52, 22, 170, 65, 133, 214, 23, 177, 168, 210, 237, 28, 170, 114, 213]

ciphertext: [160, 183, 255, 27, 55, 123, 56, 187, 187, 53, 19, 239, 146, 178, 117, 211]

ciphertext2: 6a70450d47f572f4c070047c3eb3c028

input: [0, 1, 2, 3, 4, 5, 6, 7, 8, 9]

encrypted: [24, 95, 144, 218, 16, 32, 236, 102, 74, 141, 83, 164, 154, 61, 85, 185]

decrypted: [0, 1, 2, 3, 4, 5, 6, 7, 8, 9]

CryptoSwift 库更多的密码学方面大家可以亲自动手尝试运行。

13.6　JSONRPCKit

JSON－RPC 简介

JSON－RPC 是一种设计简单、无状态、轻量级的远程过程调用(RPC)协议。该规范主要定义了几个数据结构和围绕其处理的规则。它与传输无关,因为这些概念可以在同一进程中,通过套接字、http 或在许多不同的消息传递环境中使用。它使用 JSON(RFC 4627)作为数据格式。

1. RequestObject 请求对象

一个 RPC 调用是指通过向服务器发送 Request 对象来表示。Request 对象具有

以下成员:

jsonrpc:用于指定JSON-RPC协议版本的字符串,必须是2.0。

method:包含要调用的方法名称的字符串。

注意:以 RPC 开头,后跟句点字符的方法名称保留用于 RPC 内部方法扩展。

params:结构化值,用于保存在调用方法期间要使用的参数值。该成员可以省略。

id:客户端建立的标识符,只能包含 String、Number 或 NULL 值。如果未包含,则假定为通知。

2. Response Object 响应对象

当进行 RPC 调用时,服务器必须以响应进行回复(除非是通知的情况除外)。回复数据 Response 表示为单个 JSON 对象,称为 Response Object 响应对象,具有以下成员:

jsonrpc:用于指定JSON-RPC协议版本的字符串,必须是2.0。

result:当结果是成功状态时,该值必须有,否则不存在;此成员的值由服务器上调用的方法确定。

error:出错时该成员必须返回相应的错误信息。如果在调用期间没有触发错误,则该成员不得存在。

id:该值必须有,并且必须与 Request Object 中 id 成员的值相同。如果检测到 Request 对象中的 id 出错(例如 Parse error/Invalid Request),则必须为 Null。

可以同时发送多个请求对象到服务器端,多个请求对象应该组成一个数组的方式发出。服务端应该返回一个数组,里面是所有处理完成的响应对象。

JSONRPCKit 简介

JSONRPCKit 是一个用纯 Swift 编写的、类型安全的 JSON-RPC 2.0 库,它是一套基于 JSON-RPC 2.0 协议的远程服务调用框架。这套框架基于 JSON 格式发送请求以及接受返回的数据。基本使用流程如下:

① 定义请求类型;

② 生成请求 JSON;

③ 解析响应 JSON。

CocoaPods 配置

首先需要确认开发环境的 Swift 版本与需要安装配置的 CryptoSwift 版本保持兼容一致。最新的库要求 Swift 4.0 / Xcode 9.0 或者更新的版本。例如,开发环境是 Swift 4.2,那么就在项目的 Podfile 文件中加入以下命令行,导入最新的 JSONRPCKit 库:

pod 'JSONRPCKit', :git => 'https://github.com/bricklife/JSONRPCKit.git'

由于"'JSONRPCKit'"使用 Swift 4.0,可能与编译器的 Swift 版本不一致,所以需要在 Podfile 文件中指定"'JSONRPCKit'"使用的 Swift 版本,同时由于接下来需要使用到的 APIKit 第三方库同样存在版本不一致的问题,所以也需要指定版本,在 Podfile 文件中的末尾加入以下内容:

```
post_install do |installer|
    installer.pods_project.targets.each do |target|
        if ['JSONRPCKit'].include? target.name
            target.build_configurations.each do |config|
                config.build_settings['SWIFT_VERSION'] = '4.0'
            end
        end
        if ['APIKit'].include? target.name
            target.build_configurations.each do |config|
                config.build_settings['SWIFT_VERSION'] = '4.0'
            end
        end
    end
end
```

控制台在项目根目录下,执行 pod 更新命令:

```
pod install
```

如果没有显示错误信息,并且显示"Pod installation complete!",就代表成功下载安装,并整合到项目中了。

功能演示

为了方便演示,在 HelloWord 项目中增加 ShowJSONRPCKit.swift 演示文件,在 ShowJSONRPCKit.swift 文件中首先定义了 ShowJSONRPCKit 类,并创建 init()初始化方法,用于演示 JSONRPCKit 库的基本用法。别忘了在 ShowJSONRPCKit.swift 文件开头导入 JSONRPCKit 库:

```
import JSONRPCKit
```

纯 JSON-RPC Kit 的实现演示

(1) 定义请求参数及返回 result 对象类型

在 ShowJSONRPCKit.swift 文件底部增加结构类型 Subtract,代码如下:

```
struct Subtract: JSONRPCKit.Request {
    typealias Response = Int
    let minuend: Int
    let subtrahend: Int
```

```
    var method: String {
        return "subtract"
    }
    var parameters: Any? {
        return [minuend, subtrahend]
    }

    func response(from resultObject: Any) throws -> Response {
        if let response = resultObject as? Response {
            return response
        } else {
            throw CastError(actualValue: resultObject, expectedType: Response.self)
        }
    }
}
```

其中"typealias Response=Int"表示预先定义 JSON-RPC 响应对象里面的 result 对象的类型;"var parameters: Any?"表示 JSON-RPC 请求对象里面的 params 对象。

可以在结构体初始化的时候对两个请求参数进行设置:

```
let minuend: Int
let subtrahend: Int
```

如果"minuend=1;subtrahend=2",则生成请求参数的格式为 params:[1,2]。response 方法负责检查真实响应的结果与我们期望的响应类型是否一致,也可以做更多的转换处理。

(2) 创建请求 JSON 对象

在 ShowJSONRPCKit.swift 文件的 ShowJSONRPCKit 类里面增加 showBasice 方法,编写以下代码:

```
let batchFactory = BatchFactory(version: "2.0", idGenerator: NumberIdGenerator())
let request1 = Subtract(minuend: 42, subtrahend: 23)
let request2 = Subtract(minuend: 23, subtrahend: 42)
let batch = batchFactory.create(request1, request2)
print(batch.requestObject)
```

要生成请求 JSON,需要先创建 BatchFactory 实例(一般是指定版本为 2.0 并制定一个 id 发生器),然后将 Request 实例传递给 BatchFactory 实例,BatchFactory 实例将使用初始化时指定的 JSON-RPC 版本和标识符生成器。当 BatchFactory 实例创建请求 JSON 时,它首先生成请求对象的 id,并通过组合 id、version、method 和 parameters 来生成请求 JSON。

最终生成的 JSON 对象结果是 JSONRPCKit.Batch 类型的对象 batch，该对象可以用来通过第三方网络传输的方式进行请求，包括 HTTP 和 IPC 等。生成的请求 JSON 对象的结果保存在 batch.requestObject 里，可以通过 print 方法来查看。

(3) 处理响应 JSON 对象并提取 result 对象

在 showBasice 方法里面，继续添加代码如下：

```
//假设服务器处理后返回的JSON结果是如下代码的一部分
let responseObject =
        [
            [
                "result" : 19,
                "jsonrpc" : "2.0",
                "id" : 1,
                "status" : 0
            ],
            [
                "result" : -19,
                "jsonrpc" : "2.0",
                "id" : 2,
                "status" : 0
            ]
        ]
```

在 showBasice 方法里面继续添加以下代码：

```
let (response1, response2) = try! batch.responses(from: responseObject)
print(response1)
print(response2)
```

BatchFactory 实例通过 batch.responses 方法可以提取响应 JSON 对象里面的 result 对象。执行该方法演示，控制器输出结果如下：

```
[["id": 1, "params": [42, 23], "jsonrpc": "2.0", "method": "subtract"], ["id": 2, "params": [23, 42], "jsonrpc": "2.0", "method": "subtract"]]
19
-19
```

JSON-RPC 基于 APIKit 在 HTTP 上的实现

(1) 首先定义 HTTP 请求类型

在 ShowJSONRPCKit.swift 文件最底部增加请求类型定义，代码如下：

```
struct MyServiceRequest <Batch: JSONRPCKit.Batch> : APIKit.Request {
    let batch: Batch
    typealias Response = Batch.Responses
```

```
        var baseURL: URL {
            return URL(string: "https://jsonrpckit-demo.appspot.com")!
        }
        var method: HTTPMethod {
            return .post
        }
        var path: String {
            return "/"
        }
        var parameters: Any? {
            return batch.requestObject
        }

        func response (from object: Any, urlResponse: HTTPURLResponse) throws -> Response {
            print(object)
            return try batch.responses(from: object)
        }
    }
```

使用 JSONRPCKit.Batch 泛型参数来定义 APIKit.Request, 初始化 Request 时可以通过 batch 实例里面的 requestObject (请求 JSON 对象) 来对服务器发起请求, 通过 batch.response 方法处理从服务器返回的响应 JSON 对象, 根据 batch 定义的 result 类型 typealias Response 接收数据。

在 response 方法中, print(object) 输出网络返回原始数据。

(2) 发送 HTTP/HTTPS 请求

在 ShowJSONRPCKit.swift 文件的 ShowJSONRPCKit 类里面增加 showBaseAPIKit 方法, 同样按照 JSONRPCKit 方式进行定义及创建等流程, 重复使用上一个例子定义的 Subtract 对象, 代码如下:

```
let batchFactory = BatchFactory(version: "2.0", idGenerator: NumberIdGenerator())
let request1 = Subtract(minuend: 42, subtrahend: 23)
let request2 = Subtract(minuend: 23, subtrahend: 42)
let batch = batchFactory.create(request1, request2)
let httpRequest = MyServiceRequest(batch: batch)

Session.send(httpRequest) { (result) in
    switch result {
    case .success(let response1, let response2):
        print(response1) // CountCharactersResponse
        print(response2) // CountCharactersResponse
    case .failure(let error):
```

```
        print(error)
    }
}
```

别忘了最后需要在 init 方法中分别添加调用 showBaseAPIKit 方法。执行该方法演示,控制器输出结果如下:

```
(
        {
        id = 1;
        jsonrpc = "2.0";
        result = 19;
        status = 0;
    },
        {
        id = 2;
        jsonrpc = "2.0";
        result = "-19";
        status = 0;
    }
)
19
-19
```

输出结果显示,2 个请求按照 id 序号返回 2 个响应数据对象。

第 14 章

iOS 加密库

14.1 加密库介绍

Apple 在其设备、平台和服务上面提供了很强的安全性和隐私性，并提供了强大的 API 供开发者在应用中使用。iOS 除了内置的安全特性，同样也提供了对开发者开放的外部安全框架 Security.framework 以供应用开发者使用，从而确保应用数据在保存及传输中的安全性。

加密接口（Cryptographic Interfaces）则为 iOS 应用开发者提供了一套全面的低层级的 API，用于在 iOS 的应用程序中提供开发加密解决方案。主要分为两部分，用于非对称密钥的 SecKey API 和常见的加密库 Common Crypto。iOS 应用开发结合使用 CommonCrypto 库与 Security 库从而实现加密与解密，签名与验证签，以及基于密码的密钥输出等基本技术。

1. 用于非对称密钥的 SecKey API

SecKey API 在 Apple 平台上提供统一的非对称密钥 API，主要提供证书、密钥和信任服务及非对称密钥。

Security 提供管理证书、公钥/私钥对和信任策略等的接口，它支持产生加密安全的伪随机数，也支持保存在密钥链的证书和密钥。对于用户敏感的数据，它是安全的知识库（Secure Repository）。

2. 常见的加密库 Common Crypto

Common Crypto 库支持对称加密、基于散列的消息验证代码和摘要；
CommonCrypto 支持对称加密、HMAC 和数据摘要等重要功能。

14.2 接口简介

1. CommonCrypto 接口

CommonCrypto 全部功能接口，都可以在项目的代码文件里通过使用 import CommonCrypto 命令来导入使用。接下来对其中常用的对称加密解密和摘要等功能进行简单说明。

① CCCrypt

CCCrypt 提供对称加密/解密的功能接口,它通过传递 OP 类型来区别是执行加密还是解密的功能,代码如下:

```
CCCryptorStatus CCCrypt(
    CCOperation op,              /* kCCEncrypt, kCCDecrypt 等 */
    CCAlgorithm alg,             /* kCCAlgorithmAES128 等 */
    CCOptions options,           /* kCCOptionPKCS7Padding 等. */
    const void *key,             /* 密钥. */
    size_t keyLength,            /* 密钥长度 */
    const void *iv,              /* 可选的向量 */
    const void *dataIn,          /* 明文输入 */
    size_t dataInLength,
    void *dataOut,               /* 密文输出 */
    size_t dataOutAvailable,
    size_t *dataOutMoved)
```

② CC_MD5

CC_MD5 消息摘要算法是一种被广泛使用的密码散列函数,可以产生一个 128 位(16 字节)的散列值(hash value),用于确保信息传输完整一致。

```
extern unsigned char *CC_MD5(
    const void *data,            /* 待散列运算的数据 */
    CC_LONG len,                 /* 待散列运算数据的长度 */
    unsigned char *md)           /* 返回 MD5 摘要字符串 */
```

③ CC_SHA1

CC_SHA1 产生一个 160 位的消息摘要。SHA1 算法比较安全。

```
extern unsigned char *CC_SHA1(
    const void *data,            /* 待散列运算的数据 */
    CC_LONG len,                 /* 待散列运算数据的长度 */
    unsigned char *md)           /* 返回 SHA1 摘要字符串 */
```

④ CCHmac

CCHmac 利用哈希算法,以一个密钥和一个消息后为输入,生成一个加密后的消息摘要作为输出,其称为消息认证 MAC,代码如下:

```
void CCHmac(
    CCHmacAlgorithm algorithm,   /* kCCHmacAlgSHA1, kCCHmacAlgMD5 */
    const void *key,             /* 密钥 */
    size_t keyLength,            /* 密钥长度 */
    const void *data,            /* 待散列运算数据 */
```

```
    size_t dataLength,           /* 待散列运算数据的长度 */
    void * macOut)               /* MAC 输出 */
```

⑤ CCKeyDerivationPBKDF

从"文本密码/密码短语"中导出密钥,代码如下:

```
int CCKeyDerivationPBKDF(
    CCPBKDFAlgorithm algorithm,  /* 目前只有 PBKDF2 可用 kCCPBKDF2 */
    const char * password,       /* 密码字符串 */
    size_t passwordLen,          /* 密码字符串长度 */
    const uint8_t * salt,        /* 加入的盐 */
    size_t saltLen,              /* 加入的盐的长度 */
    CCPseudoRandomAlgorithm prf, /* 用于推导迭代的伪随机算法 kCCPRFHmacAlgSHA512 等 */
    unsigned rounds,             /* 迭代循环的次数,不能为 0 */
    uint8_t * derivedKey,        /* 生成的密钥 */
    size_t derivedKeyLen)        /* 生成的密钥的长度 */
```

2. Security 接口

Security 可以在项目中直接导入 Security 使用。

① SecKeyCreateRandomKey

用来生成一个公私密钥对:

```
SecKeyRef _Nullable SecKeyCreateRandomKey(
    CFDictionaryRef parameters,  /* 参数字典 */
    CFErrorRef * error)          /* 错误指针 */
```

② SecKeyCopyPublicKey

从密钥对或者私钥中获取公钥,返回公钥或者空:

```
SecKeyRef _Nullable SecKeyCopyPublicKey(
    SecKeyRef key)               /* 用来检索公钥的密钥 */
```

③ SecKeyEncrypt

SecKeyEncrypt 使用密钥对数据进行加密:

```
OSStatus SecKeyEncrypt(
    SecKeyRef      key,          /* 密钥 */
    SecPadding     padding,      /* kSecPaddingNone,kSecPaddingPKCS1 等 */
    const uint8_t * plainText,   /* 明文数据 */
    size_t         plainTextLen, /* 明文数据长度 */
    uint8_t       * cipherText,  /* 密文数据 */
    size_t        * cipherTextLen) /* 密文数据长度 */
```

④ SecKeyDecrypt

SecKeyDecrypt 使用密钥对数据进行解密:

```
OSStatus SecKeyDecrypt(
    SecKeyRef       key,              /* 密钥 */
    SecPadding      padding,          /* kSecPaddingNone,kSecPaddingPKCS1 等 */
    const uint8_t   *cipherText,      /* 密文数据 */
    size_t          cipherTextLen,    /* 密文数据长度 */
    uint8_t         *plainText,       /* 明文数据 */
    size_t          *plainTextLen)    /* 明文数据长度 */
```

⑤ SecKeyRawSign

SecKeyRawSign 可以使用私钥对数据进行摘要并生成数字签名:

```
OSStatus SecKeyRawSign(
    SecKeyRef       key,              /* 私钥 */
    SecPadding      padding,          /* kSecPaddingNone,kSecPaddingPKCS1 等 */
    const uint8_t   *dataToSign,      /* 待签名数据 */
    size_t          dataToSignLen,    /* 待签名数据长度 */
    uint8_t         *sig,             /* 返回签名的指针 */
    size_t          *sigLen)          /* 返回签名的长度 */
```

⑥ SecKeyRawVerify

使用公钥对数字签名和数据进行验证,以确认该数据的来源合法性:

```
OSStatus SecKeyRawVerify(
    SecKeyRef       key,              /* 公钥 */
    SecPadding      padding,          /* kSecPaddingNone,kSecPaddingPKCS1 等 */
    const uint8_t   *signedData,      /* 签名数据 */
    size_t          signedDataLen,    /* 签名数据的长度 */
    const uint8_t   *sig,             /* 指向要验证的签名的指针 */
    size_t          sigLen)           /* 指向要验证的签名的指针的长度 */
```

14.3 对称加密

首先对 CCCrypt 方法进行二次封装,创建一个类名称为 SymmetricCryptor 的对称加密和解密的类。SymmetricCryptor 对称加密解密类封装了对称加密和解密的方法,并提供生成随机密钥的方法,方便调用。

为了方便加密算法及其相关参数的设置,定义一个名称为 SymmetricCryptorAlgorithm 的常用枚举对象,该对象包括可以方便获得加密方法名称及相应 IV 矢量数据的长度、相应密钥的长度等。SymmetricCryptorAlgorithm 枚举对象定义如下:

```swift
enum SymmetricCryptorAlgorithm {
    case des            // DES standard, 64 bits key
    case des40          // DES, 40 bits key
    case tripledes      // 3DES, 192 bits key
    case rc2_40         // RC2, 40 bits key
    case rc2_128        // RC2, 128 bits key
    case rc4_40         // RC4, 40 bits key
    case rc4_128        // RC4, 128 bits key
    case aes_128        // AES, 128 bits key
    case aes_256        // AES, 256 bits key

    func ccAlgorithm() -> CCAlgorithm {
        switch (self) {
        case .des: return CCAlgorithm(kCCAlgorithmDES)
        case .des40: return CCAlgorithm(kCCAlgorithmDES)
        case .tripledes: return CCAlgorithm(kCCAlgorithm3DES)
        case .rc4_40: return CCAlgorithm(kCCAlgorithmRC4)
        case .rc4_128: return CCAlgorithm(kCCAlgorithmRC4)
        case .rc2_40: return CCAlgorithm(kCCAlgorithmRC2)
        case .rc2_128: return CCAlgorithm(kCCAlgorithmRC2)
        case .aes_128: return CCAlgorithm(kCCAlgorithmAES)
        case .aes_256: return CCAlgorithm(kCCAlgorithmAES)
        }
    }

    func requiredIVSize(_ options: CCOptions) -> Int {
        if options & CCOptions(kCCOptionECBMode) != 0 {
            return 0
        }
        switch self {
        case .des: return kCCBlockSizeDES
        case .des40: return kCCBlockSizeDES
        case .tripledes: return kCCBlockSizeDES
        case .rc4_40: return 0
        case .rc4_128: return 0
        case .rc2_40: return kCCBlockSizeRC2
        case .rc2_128: return kCCBlockSizeRC2
        case .aes_128: return kCCBlockSizeAES128
        case .aes_256: return kCCBlockSizeAES128 // AES256 still requires 256 bits IV
        }
    }
}
```

```swift
    func requiredKeySize() -> Int {
        switch (self) {
        case .des: return kCCKeySizeDES
        case .des40: return 5 // 40 bits = 5x8
        case .tripledes: return kCCKeySize3DES
        case .rc4_40: return 5
        case .rc4_128: return 16 // RC4 128 bits = 16 bytes
        case .rc2_40: return 5
        case .rc2_128: return kCCKeySizeMaxRC2 // 128 bits
        case .aes_128: return kCCKeySizeAES128
        case .aes_256: return kCCKeySizeAES256
        }
    }

    func requiredBlockSize() -> Int {
        switch (self) {
        case .des: return kCCBlockSizeDES
        case .des40: return kCCBlockSizeDES
        case .tripledes: return kCCBlockSize3DES
        case .rc4_40: return 0
        case .rc4_128: return 0
        case .rc2_40: return kCCBlockSizeRC2
        case .rc2_128: return kCCBlockSizeRC2
        case .aes_128: return kCCBlockSizeAES128
        case .aes_256: return kCCBlockSizeAES128 // AES256 still requires 128 bits IV
        }
    }
}
```

SymmetricCryptor 对称加密对象，主要包含以下内容：

```swift
class SymmetricCryptor {

    var algorithm: SymmetricCryptorAlgorithm    // Algorithm
    var options: CCOptions                      // Options (i.e: kCCOptionECBMode + kCCOptionPKCS7Padding)
    var iv: Data?                               // Initialization Vector

    init(algorithm: SymmetricCryptorAlgorithm, options: Int) {
        self.algorithm = algorithm
        self.options = CCOptions(options)
    }
```

```swift
    convenience init(algorithm: SymmetricCryptorAlgorithm, options: Int, iv: String, encoding: String.Encoding = String.Encoding.utf8) {
        self.init(algorithm: algorithm, options: options)
        self.iv = iv.data(using: encoding)
    }

    // 加密数据
    func crypt(data: Data, key: String) throws -> Data {
        return try cryptoOperation(data, key: key, operation: CCOperation(kCCEncrypt))
    }

    // 解密数据
    func decrypt(_ data: Data, key: String) throws -> Data {
        return try self.cryptoOperation(data, key: key, operation: CCOperation(kCCDecrypt))
    }

    /*
     * 主要加密/解密的实现方法
     */
    func cryptoOperation( _ inputData: Data, key: String, operation: CCOperation) throws -> Data {
        if iv == nil && (self.options & CCOptions(kCCOptionECBMode)) == 0 {
            throw(SymmetricCryptorError.missingIV)
        }

        // 准备加密或解密的数据

        let keyData: Data = key.data(using: String.Encoding.utf8, allowLossyConversion: false)!
        let keyBytes = keyData.withUnsafeBytes({ (bytes: UnsafePointer<UInt8>) -> UnsafePointer<UInt8> in
            return bytes
        })
        let keyLength = size_t(algorithm.requiredKeySize())
        let dataLength = Int(inputData.count)
        let dataBytes = inputData.withUnsafeBytes { (bytes: UnsafePointer<UInt8>) -> UnsafePointer<UInt8> in
            return bytes
        }
```

```swift
            var bufferData = Data(count: Int(dataLength) + algorithm.requiredBlockSize())
            let bufferPointer = bufferData.withUnsafeMutableBytes { (bytes: UnsafeMutablePointer<UInt8>) -> UnsafeMutablePointer<UInt8> in
                return bytes
            }
            let bufferLength = size_t(bufferData.count)
            let ivBuffer: UnsafePointer<UInt8>? = (iv == nil) ? nil : iv!.withUnsafeBytes({ (bytes: UnsafePointer<UInt8>) -> UnsafePointer<UInt8> in
                return bytes
            })
            var bytesDecrypted = Int(0)

            // 执行加密或解密动作

            let cryptStatus = CCCrypt(
                operation,
                algorithm.ccAlgorithm(),
                options,
                keyBytes,
                keyLength,
                ivBuffer,
                dataBytes,
                dataLength,
                bufferPointer,
                bufferLength,
                &bytesDecrypted)

            if Int32(cryptStatus) == Int32(kCCSuccess) {
                bufferData.count = bytesDecrypted
                return bufferData as Data
            } else {
                throw(SymmetricCryptorError.cryptOperationFailed)
            }
        }

        /*
         * 随机生成指定长度字符串,字符串的内容由大小写字母及数字组成;
         * 返回值类型为 Data
         */
        class func randomDataOfLength(_ length: Int) -> Data? {
            var mutableData = Data(count: length)
            let bytes = mutableData.withUnsafeMutableBytes { (bytes: UnsafeMutablePointer
```

```
            <UInt8>) -> UnsafeMutablePointer<UInt8> in
                return bytes
        }
        let status = SecRandomCopyBytes(kSecRandomDefault, length, bytes)
        return status == 0 ? mutableData as Data : nil
    }

    /*
     * 随机生成指定长度字符串,字符串的内容由大小写字母及数字组成;可用于密钥的
       生成。
     * 返回值类型为 String
     */
    class func randomStringOfLength(_ length:Int) -> String {
        var string = ""
        for _ in (1...length) {
            string.append(kSymmetricCryptorRandomStringGeneratorCharset[Int(arc4random_uniform(UInt32(kSymmetricCryptorRandomStringGeneratorCharset.count) - 1))])
        }
        return string
    }

    /*
     * 根据不同算法需要,可以设置相应的 IV 数据。
     */
    func setRandomIV() {
        let length = self.algorithm.requiredIVSize(self.options)
        self.iv = SymmetricCryptor.randomDataOfLength(length)
    }
}

enum SymmetricCryptorError: Error {
    case missingIV
    case cryptOperationFailed
    case wrongInputData
    case unknownError
}

private let kSymmetricCryptorRandomStringGeneratorCharset: [Character] = "abcdefghijklmnopqrstuvwxyzABCDEFGHIJKLMNOPQRSTUVWXYZ0123456789".map({ $0 })
```

以下是通过调用类 SymmetricCryptor 来实现对称加密解密的演示代码:

```
func symmetricCrypto() {
```

```swift
// AES 256
let algorithm = SymmetricCryptorAlgorithm.aes_256
// 生成随机密钥
let key = SymmetricCryptor.randomStringOfLength(algorithm.requiredKeySize())
print("AES256 随机密钥:\(key)")

// 设置 PKCS7 模式
let option = kCCOptionPKCS7Padding
// 生成对称加密对象
let cypher = SymmetricCryptor(algorithm: algorithm, options: option)
// 设置 iv
cypher.setRandomIV()

// 明文
let clearText = "Hello world! Hello iOS!"
let data = clearText.data(using: String.Encoding.utf8)!
var cypherData = Data()

print("明文:\(clearText)")

// 加密
do {
    cypherData = try cypher.crypt(data: data, key: key)
    print("密文:\(cypherData.toHexString())")
} catch {
    print(error)
}

// 解密
do {
    let clearData = try cypher.decrypt(cypherData, key: key)
    let text = String(data: clearData, encoding: .utf8) ?? ""
    print("解密:\(text)")
} catch {
    print(error)
}
}
```

控制台输出结果如下:

AES256 随机密钥:OioMPTvxsQd5G6jRFID3zbFijE5FjIFk
明文:Hello world! Hello iOS!

密文:c1bdd864c21ada0314e636df7ee680b716301b11efd94cb21b701fceb6e3c885

解密:Hello world! Hello iOS!

14.4　MD消息摘要

MD算法系列最新为MD5,即Message-Digest Algorithm 5(信息—摘要算法5)一种被广泛使用的散列算法,可以生成一个128位的散列值(hash value),用于确保信息传输完整一致。

目前,MD5算法因其普遍、稳定和快速的特点,仍广泛应用于普通数据的错误检查领域。但是MD5演算法无法防止碰撞(collision),因此不适用于安全性认证,如SSL公开密钥认证或是数位签章等用途。MD5算法主要运用在数字签名、文件完整性验证以及口令加密等方面(一致性校验)。

接下来通过具体代码来演示数字摘要接口CC-MD5的使用方法。首先创建一个md5方法,该方法处理相关参数,并执行调用CC-MD5方法,从而简化了数字摘要功能接口的调用,代码如下:

```
func md5(_ text: String) -> String {
    let str = text.cString(using: String.Encoding.utf8)!
    let strLength = CUnsignedInt(text.lengthOfBytes(using: String.Encoding.utf8))
    let digestLen = Int(CC_MD5_DIGEST_LENGTH)
    let result = UnsafeMutablePointer<UInt8>.allocate(capacity: 16)
    CC_MD5(str, strLength, result)
    let hash = NSMutableString()
    for i in 0 ..< digestLen {
        hash.appendFormat("%02x", result[i])
    }
    free(result)
    return hash as String
}
```

以下为MD5方法调用演示代码及输出:

```
func MD5Demo() {
    let text1 = "Hello world"
    let text2 = "Hello world!"
    let text3 = "Hello world! Hello world! fdsafsa 123y8291343712899431 hfdsafds Hello world!"

    print("text1: " + text1)
    print("text2: " + text2)
    print("text3: " + text3)
```

```
        let text1_md5 = md5(text1)
        let text2_md5 = md5(text2)
        let text3_md5 = md5(text3)

        print("MD5_1: " + text1_md5)
        print("MD5_2: " + text2_md5)
        print("MD5_3: " + text3_md5)
    }
```

控制台输出结果如下：

text1：Hello world
text2：Hello world!
text3：Hello world! Hello world! fdsafsa 123y8291343712899431 hfdsafds Hello world!
MD5_1：3e25960a79dbc69b674cd4ec67a72c62
MD5_2：86fb269d190d2c85f6e0468ceca42a20
MD5_3：77c31b4f1dfa0a9ee8bbd1197d3a2406

14.5　MAC 消息认证

MAC（Message Authentication Code，消息认证码算法）结合了 MD5 和 SHA 算法的优势，并加入密钥的支持，是一种更为安全的消息摘要算法。消息认证码的算法中，通常会使用带密钥的散列函数（HMAC）或者块密码的带认证工作模式（如 CBC – MAC）。信息鉴别码不能提供对信息的保密，若要同时实现保密认证，同时需要对信息进行加密。

HMAC 是密钥相关的哈希运算消息认证码（Hash – based Message Authentication Code）。HMAC 运算利用哈希算法，以一个密钥和一个消息为输入，生成的消息摘要作为输出，也就是说 HMAC 通过将哈希算法（SHA1，MD5）与密钥进行计算生成摘要。

为了方便运算的调用，在字符串对象扩展一个方法名称为 hmac，实现消息认证的功能，代码如下：

```
extension String {
    func hmac(algorithm: HmacAlgorithm, key: String) -> String {
        var digest = [UInt8](repeating: 0, count: algorithm.digestLength)
        CCHmac(algorithm.algorithm, key, key.count, self, self.count, &digest)
        let data = Data(bytes: digest)
        return data.map { String(format: "%02hhx", $0) }.joined()
    }
}
```

也定义了一个常用的枚举对象 HmacAlgorithm 存储消息认证常用的算法名称及摘要长度,代码如下:

```
enum HmacAlgorithm {
    case sha1, md5, sha256, sha384, sha512, sha224
    var algorithm: CCHmacAlgorithm {
        var alg = 0
        switch self {
        case .sha1:
            alg = kCCHmacAlgSHA1
        case .md5:
            alg = kCCHmacAlgMD5
        case .sha256:
            alg = kCCHmacAlgSHA256
        case .sha384:
            alg = kCCHmacAlgSHA384
        case .sha512:
            alg = kCCHmacAlgSHA512
        case .sha224:
            alg = kCCHmacAlgSHA224
        }
        return CCHmacAlgorithm(alg)
    }

    var digestLength: Int {
        var len: Int32 = 0
        switch self {
        case .sha1:
            len = CC_SHA1_DIGEST_LENGTH
        case .md5:
            len = CC_MD5_DIGEST_LENGTH
        case .sha256:
            len = CC_SHA256_DIGEST_LENGTH
        case .sha384:
            len = CC_SHA384_DIGEST_LENGTH
        case .sha512:
            len = CC_SHA512_DIGEST_LENGTH
        case .sha224:
            len = CC_SHA224_DIGEST_LENGTH
        }
        return Int(len)
    }
}
```

以下是通过调用字符串对象扩展方法 hmac 消息认证的调用代码：

```
func macDemo() {
    let str = "This is our string."
    let key = "TheKeyForEncryption."

    print("文字:\(str)")
    print("密钥:\(key)")

    let hmac_sha1 = str.hmac(algorithm: .sha1, key: key)
    print("HMAC_SHA1:\(hmac_sha1)")
    let hmac_md5 = str.hmac(algorithm: .sha512, key: key)
    print("HMAC_MD5:\(hmac_md5)")
}
```

控制台输出结果如下：

文字:This is our string.
密钥:TheKeyForEncryption.
HMAC_SHA1:fd4a89c4c43a93a367df7d848250c5685bf80c3a
HMAC _ MD5:6fbc22c3aea4dc8ed4231e791a3db878ac415c6becf088fa08dbefcac3cee2956d32b6d51d46ea8e0a5c3d1230677d3495408a7e40f5340d91bb3a5f99bb5c34

14.6 非对称加密

非对称加密算法需要两个密钥：公开密钥（publickey）和私有密钥（privatekey）。公开密钥与私有密钥是一对，如果用公开密钥对数据进行加密，只有用对应的私有密钥才能解密；如果用私有密钥对数据进行加密，那么只有用对应的公开密钥才能解密。

其特点是，由于有两种密钥，其中一个是公开的，这样就消除了最终用户交换密钥的需要，更安全。但由于算法复杂，加密解密速度没有对称加密解密的速度快。主要算法有：RSA、Elgamal、背包算法、Rabin、D - H 和 ECC（椭圆曲线加密算法）。

以下实例演示 RSA 非对称加密和解密方法，为了更方便地展示功能，此处创建一个封装类 RSA，提供生成随机密钥，通过密钥加密或解密数据，对数据进行签名，对签名进行验证等常用功能。详细代码如下：

```
class RSA {

    // 生成随机的密钥
    static func generateAsymmetricKeyPair(_ tagString: String) throws -> (publicKey: SecKey, privateKey: SecKey) {
```

```swift
        let tag = tagString.data(using: .utf8)!
        let attributes: [String: Any] =
            [kSecAttrKeyType as String:            kSecAttrKeyTypeRSA,
             kSecAttrKeySizeInBits as String:      2048,
             kSecPrivateKeyAttrs as String:
                [kSecAttrIsPermanent as String:    true,
                 kSecAttrApplicationTag as String: tag]
            ]

        var error: Unmanaged<CFError>?
        guard let privateKey = SecKeyCreateRandomKey(attributes as CFDictionary, &error) else {
            throw error!.takeRetainedValue() as Error
        }

        guard let publicKey = SecKeyCopyPublicKey(privateKey) else {
            throw RSACryptorError.generateKeyPairFail
        }

        return (publicKey, privateKey)
    }

    // 加密
    static func encrypt(publicKey: SecKey, data: Data) throws -> Data {
        let cipherBufferSize = SecKeyGetBlockSize(publicKey)
        var encryptBytes = [UInt8](repeating: 0, count: cipherBufferSize)
        var outputSize: Int = cipherBufferSize
        let status = SecKeyEncrypt(publicKey, SecPadding.PKCS1, data.arrayOfBytes(), data.count, &encryptBytes, &outputSize)
        if errSecSuccess != status {
            throw(RSACryptorError.encryptFail)
        }

        return Data(bytes: UnsafePointer<UInt8>(encryptBytes), count: outputSize)
    }

    // 解密
    static func decrypt(privateKey: SecKey, data: Data) throws -> Data {

        let cipherBufferSize = SecKeyGetBlockSize(privateKey)
        var decryptBytes = [UInt8](repeating: 0, count: cipherBufferSize)
        var outputSize = cipherBufferSize
```

```swift
    let status = SecKeyDecrypt(privateKey, SecPadding.PKCS1, data.arrayOfBytes(),
            data.count, &decryptBytes, &outputSize)

    if errSecSuccess != status {
        throw(RSACryptorError.decryptFail)
    }

    return Data(bytes: UnsafePointer<UInt8>(decryptBytes), count: outputSize)
}

// 签名
static func sign(privateKey: SecKey, data: Data) throws -> Data {

    var resultData = Data(count: SecKeyGetBlockSize(privateKey))
    let resultPointer = resultData.withUnsafeMutableBytes({ (bytes: Unsafe-
                    MutablePointer<UInt8>) -> UnsafeMutablePointer
                    <UInt8> in
        return bytes
    })
    var resultLength = resultData.count

    var hashData = Data(count: Int(CC_SHA1_DIGEST_LENGTH))
    let hash = hashData.withUnsafeMutableBytes({ (bytes: UnsafeMutablePointer
            <UInt8>) -> UnsafeMutablePointer<UInt8> in
        return bytes
    })
    CC_SHA1((data as NSData).bytes.bindMemory(to: Void.self, capacity: data.
    count), CC_LONG(data.count), hash)

    // 签名
    let status = SecKeyRawSign(privateKey, SecPadding.PKCS1SHA1, hash, hashData.
            count, resultPointer, &resultLength)
    if status != errSecSuccess {
        throw(RSACryptorError.signFail)
    } else {
        resultData.count = resultLength
    }

    return resultData
}

// 验证
```

```swift
    static func verifySignature(publicKey: SecKey, data: Data, signedData: Data) throws -> Bool {
        // hash data
        var hashData = Data(count: Int(CC_SHA1_DIGEST_LENGTH))
        let hash = hashData.withUnsafeMutableBytes({ (bytes: UnsafeMutablePointer<UInt8>) -> UnsafeMutablePointer<UInt8> in
            return bytes
        })
        CC_SHA1((data as NSData).bytes.bindMemory(to: Void.self, capacity: data.count), CC_LONG(data.count), hash)

        // input and output data
        let signaturePointer = (signedData as NSData).bytes.bindMemory(to: UInt8.self, capacity: signedData.count)
        let signatureLength = signedData.count

        let status = SecKeyRawVerify(publicKey, SecPadding.PKCS1SHA1, hash, Int(CC_SHA1_DIGEST_LENGTH), signaturePointer, signatureLength)

        if status != errSecSuccess {
            throw(RSACryptorError.signVerifyFail)
        }
        return true
    }

}

extension Data {
    // Array of UInt8
    public func arrayOfBytes() -> [UInt8] {
        let count = self.count / MemoryLayout<UInt8>.size
        var bytesArray = [UInt8](repeating: 0, count: count)
        (self as NSData).getBytes(&bytesArray, length: count * MemoryLayout<UInt8>.size)
        return bytesArray
    }
}

enum RSACryptorError: Error {
    case generateKeyPairFail
    case encryptFail
    case decryptFail
```

```
        case signFail
        case signVerifyFail
        case contentDecryptedTooLarge
}
```

对 RSA 封装类进行调用演示的方法代码如下：

```swift
func asymmetricCrypto() {
    
    // 生成密钥对
    guard let keyPairs = try? RSA.generateAsymmetricKeyPair("com.example.keys.mykey")
    else {
        print("生成密钥对失败")
        return
    }
    let publicKey = keyPairs.publicKey
    let privateKey = keyPairs.privateKey
    
    // 明文
    let originalText = "This is our original string."
    let originalData = originalText.data(using: String.Encoding.utf8)!
    print("明文:\(originalText)")
    
    guard let encryData = try? RSA.encrypt(publicKey: publicKey, data: originalData)
    else {
        print("RSA 加密失败")
        return
    }
    print("RSA 加密:\(encryData.toHexString())")
    
    guard let decryptData = try? RSA.decrypt(privateKey: privateKey, data: encryData)
    else {
        print("RSA 解密密失败")
        return
    }
    
    let text = String(data: decryptData, encoding: .utf8) ?? ""
    print("RSA 解密:\(text)")
}
```

控制台输出结果如下：

明文:This is our original string.
RSA 加密:6b7a7fc256edb36508d62605fa1ef71e278005114be27834f26595332c0d0c9af5442a80

34951945aad22039d99ee15840bdd2955a4cdc59ca698c6fcf19edb79d8436a4146b4cae26ddfa7ec2a0f4
5a47d2cbe13a601f5a4b558ed001c09e0b7b1dfa7cd6f9e79c5f666e2cb414a30e92e37d48bf0da62babcf
7dcde85ce06e25ccb800a5cec4668daea10f643181077e8f77abc6c9e36ffd46ad15c139fd3d3aeab0a08e
97d252bf2780ab60d53c25b29de6824cf2472d0238a85a22bb9761bc7d58afd96edaeb66602f1a878e90b8
ad3d3edcd4f8cd80e86a28df7f2837521d573a8163a2477c2c921a1ef854ffec47b08027f9aa80b9834414
6cbe46161a

RSA 解密：This is our original string.

14.7　数字签名

安全哈希算法（Secure Hash Algorithm）主要适用于数字签名标准（Digital Signature Standard DSS）里面定义的数字签名算法（Digital Signature Algorithm DSA）。对于长度小于 2^{64} 位的消息，SHA1 会产生一个 160 位的消息摘要，该算法经过加密专家多年来的改进已日益完善，并被广泛使用。该算法的思想是，接收一段明文，然后以一种不可逆的方式将它转换成一段（通常更小）密文，也可以简单地理解为取一串输入码（称为预映射或信息），并把它们转化为长度较短、位数固定的输出序列即散列值（也称为信息摘要或信息认证代码）的过程。散列函数值可以说是对明文的一种"指纹"或"摘要"，所以对散列值的数字签名就可以视为对此明文的数字签名。

使用前一个例子定义的 RSA 对象类里面封装的方法，实现数字签名以及对签名进行验证，相应的代码如下：

```
    func digitalSignatureAlgorithm() {
// 密钥对
    guard let keyPairs = try? RSA.generateAsymmetricKeyPair("com.example.keys.mykey") else {
        print("生成密钥对失败")
        return
    }

    let publicKey = keyPairs.publicKey
    let privateKey = keyPairs.privateKey

// 明文
    let originalText = "Stay hungry, Stay foolish"
    let originalData = originalText.data(using: String.Encoding.utf8)!

    print("明文:\(originalText)")

    guard let signedData = try? RSA.sign(privateKey: privateKey, data: originalData) else {
```

```
        print("签名过程中失败")
        return
}
print("RSA 签名:\(signedData.toHexString())")

guard let result = try? RSA.verifySignature(publicKey: publicKey, data: originalDa-
            ta, signedData: signedData) else {
    print("验证过程中失败")
    return
}

if result {
    print("签名验证成功")
} else {
    print("签名验证失败")
}
}
```

控制台输出结果如下:

明文:Stay hungry, Stay foolish
RSA 签名:128385a1fc18db24063bf2276955e7ba73d3fa1dad9e10e9bc346f06faa8667d2ed8a4e2
447f10c24c384b7d14e3d877c5fa01f79a59b4a7725f4ae05745670c6f371c2a142074a081bb32ed81cec
82fe4a853126ed927dc8cbb27603e9fa915e2fcea7895b9793df489aca05842a4329968decc18e1fc411d
e7950a517df52bcfda0a7b0c910ea972d3a6c19fc260869490d1a98b8810ef3795a28da07b5ea427fe203c
4e8e03e6b94def74cfaef665387ea051f4b1d31a89151c29f7d215d9738fa70c44e7ad482d94296f7c8895
ca14596cb339f655ee788fc19b126f3e2792211d83a98160e57b03db607b978d223bb7071b6bd9757e5852
fbb7a67237dd

签名验证成功

14.8 密钥生成

通过 PBKDF2 实现基于密码安全地生成密钥,从而可以用密钥加密关键的数据,例如私钥等。为了方便使用,此处创建一个方法封装了 CCKeyDerivationPBK-DF,代码如下:

```
func pbkdf2(hash: CCPBKDFAlgorithm, password: String, salt: String, keyByteCount: Int,
rounds: Int) -> Data? {
    guard let passwordData = password.data(using: .utf8), let saltData = salt.data(u-
sing: .utf8) else { return nil }

    var derivedKeyData = Data(repeating: 0, count: keyByteCount)
```

```
        let derivedCount = derivedKeyData.count
        let derivationStatus = derivedKeyData.withUnsafeMutableBytes { derivedKeyBytes in
            saltData.withUnsafeBytes { saltBytes in
                CCKeyDerivationPBKDF(
                    CCPBKDFAlgorithm(kCCPBKDF2),
                    password,
                    passwordData.count,
                    saltBytes,
                    saltData.count,
                    hash,
                    UInt32(rounds),
                    derivedKeyBytes,
                    derivedCount)
            }
        }

        return derivationStatus == kCCSuccess ? derivedKeyData : nil
}
```

调用 pbkdf2 进行演示密钥生成方法的代码如下：

```
func pbkdf2Demo() {
    let password       = "password"
    let salt           = "fdsjalfdjsakl"
    let keyByteCount   = 16
    let rounds         = 100000

    guard let d = pbkdf2(hash: CCPBKDFAlgorithm(kCCPRFHmacAlgSHA1), password: password, salt: salt, keyByteCount: keyByteCount, rounds: rounds) else {
        print("生成失败")
        return
    }
    print("derivedKey (SHA1): \(d.map { String(format: "%02x", $0) }.joined())")

    guard let d2 = pbkdf2(hash: CCPBKDFAlgorithm(kCCPRFHmacAlgSHA256), password: password, salt: salt, keyByteCount: keyByteCount, rounds: rounds) else {
        print("生成失败")
        return
    }
    print("derivedKey (SHA256): \(d2.map { String(format: "%02x", $0) }.joined())")

    guard let d3 = pbkdf2(hash: CCPBKDFAlgorithm(kCCPRFHmacAlgSHA512), password: password, salt: salt, keyByteCount: keyByteCount, rounds: rounds) else {
```

```
        print("生成失败")
        return
    }
    print("derivedKey (SHA512): \(d3.map { String(format: "%02x", $0) }.joined())")
}
```

控制台输出结果如下：

derivedKey（SHA1）：8566adf6912ba63cd8d1d17b2ecbebcb
derivedKey（SHA256）：429295811cf1eba8a6b026950aa73a18
derivedKey（SHA512）：49a9ebfb0fa295380dbf1fdb933078ac

第 15 章

Web3 iOS

15.1 Web3 简介

基于 Web3 的 iOS 应用开发,可以通过 JSON－RPC API 的方式来进行,通过使用 JSONRPCKit 开源库以及结合 APIKit 网络访问开源库,将能够大大加快项目的开发进展。

可以统一使用 xxxRequest 的命名方式来封装 JSONRPCKit 的 Web3 应用组件,其中定义了 method、parameters 和 response 等的转化,这里的 method 就是调用以太坊 Web3 的接口名称。

15.2 Web3 接口

接下来定义基于 JSONRPCKit 及 APIKit 的 Web3 接口说明。首先定义一个通用基于 JSONRPCKit.Batch 泛型的 APIKit 请求对象,它可用于各种不同 Batch 实例的请求基类:

```
struct EtherServiceRequest <Batch: JSONRPCKit.Batch> : APIKit.Request {
    let batch: Batch
    typealias Response = Batch.Responses

    var baseURL: URL {
        return URL(string: "https://mainnet.infura.io/1f77b2f5344c42238d190c21869681b7")!
    }
    var method: HTTPMethod {
        return .post
    }
    var path: String {
        return "/"
    }
    var parameters: Any? {
```

```
        return batch.requestObject
    }

    func response(from object: Any, urlResponse: HTTPURLResponse) throws -> Batch.Responses {
        return try batch.responses(from: object)
    }
}
```

其中 baseURL 是我在 infura 网站申请的一个账号,对应的以太坊主网的节点地址:https://mainnet.infura.io/1f77b2f5344c42238d190c21869681b7。

response 方法直接调用 batch.responses 方法对响应 JSON 提取 result 的结果并返回 result 对象。

为了方便请求类型 JSON 对象的参数设置,此处提前预定义一个交易对象类型,为了简单方便表示,相关的字段类型尽量用最简单的数据类型来表示,代码如下:

```
public struct SignTransaction {
    let value: BigInt
    let account: String
    let to: String?
    let nonce: BigInt
    let data: Data
    let gasPrice: BigInt
    let gasLimit: BigInt
}
```

其中 BigInt 使用到第三方开源库。

接下来根据 Web3 常用的接口,定义不同的 JSONRPCKit.Request 请求方法及参数类型。

(1) eth_estimateGas

执行并估算一个交易需要的 Gas 用量,该次交易不会写入区块链。注意,由于多种原因,例如 EVM 的机制及节点的性能,估算的数值可能比实际用量大得多。请求的参数对象主要包括准备发起交易的对象及相关参数,代码如下:

```
struct EstimateGasRequest: JSONRPCKit.Request {
    typealias Response = String

    let transaction: SignTransaction

    var method: String {
        return "eth_estimateGas"
    }

    var parameters: Any? {
```

```swift
        return [
            [
                "from": transaction.account,
                "to": transaction.to ?? "",
                "gasPrice": transaction.gasPrice.hexEncoded,
                "value": transaction.value.hexEncoded,
                "data": transaction.data.hexEncoded,
            ]
        ]
    }

    func response(from resultObject: Any) throws -> Response {
        if let response = resultObject as? Response {
            return response
        } else {
            throw CastError(actualValue: resultObject, expectedType: Response.self)
        }
    }
}
```

(2) eth_gasPrice

返回当前的 Gas 价格，单位：wei。

```swift
struct GasPriceRequest: JSONRPCKit.Request {
    typealias Response = String

    var method: String {
        return "eth_gasPrice"
    }

    func response(from resultObject: Any) throws -> Response {
        if let response = resultObject as? Response {
            return response
        } else {
            throw CastError(actualValue: resultObject, expectedType: Response.self)
        }
    }
}
```

(3) eth_getBalance

返回指定地址账户的余额。第一个参数是需要查询余额的地址；第二个参数可以固定为 latest，代码如下：

```
struct BalanceRequest: JSONRPCKit.Request {
    typealias Response = String
    let address: String

    var method: String {
        return "eth_getBalance"
    }
    var parameters: Any? {
        return [address, "latest"]
    }

    func response(from resultObject: Any) throws -> Response {
        if let response = resultObject as? String {
            return response
        } else {
            throw CastError(actualValue: resultObject, expectedType: Response.self)
        }
    }
}
```

(4) eth_getTransactionCount

返回指定地址发生的交易数量。第一个参数是需要查询余额的地址；第二个参数可以固定为 latest。返回的是一个十六进制字符串。代码如下：

```
struct GetTransactionCountRequest: JSONRPCKit.Request {
    typealias Response = String
    let address: String
    let state: String

    var method: String {
        return "eth_getTransactionCount"
    }
    var parameters: Any? {
        return [
            address,
            state,
        ]
    }

    func response(from resultObject: Any) throws -> Response {
        if let response = resultObject as? String {
            return response
```

```
        } else {
            throw CastError(actualValue: resultObject, expectedType: Response.self)
        }
    }
}
```

（5）eth_sendTransaction

创建一个新的消息调用交易，如果 to 为空，则创建一个合约。如果需要调用智能合约或者代币交易等，则 data 数据字段中包含调用的代码。

返回一个交易哈希，是一个十六进制字符串。当创建合约时，通过该交易哈希，在交易生效后，使用 eth_getTransactionReceipt 获取合约地址，代码如下：

```
struct SendTransactionRequest: JSONRPCKit.Request {
    typealias Response = String
    let transaction: SignTransaction

    var method: String {
        return "eth_sendTransaction"
    }
    var parameters: Any? {
        return [
            [
                "from": transaction.from,
                "to": transaction.to ?? "",
                "gas": transaction.gas.hexEncoded,
                "gasPrice": transaction.gasPrice.hexEncoded,
                "value": transaction.value.hexEncoded,
                "data": transaction.data.hexEncoded,
                "nonce": transaction.nonce.hexEncoded
            ]
        ]
    }

    func response(from resultObject: Any) throws -> Response {
        if let response = resultObject as? Response {
            return response
        } else {
            throw CastError(actualValue: resultObject, expectedType: Response.self)
        }
    }
}
```

(6) eth_sendRawTransaction

为签名交易创建一个新的消息调用交易或合约。发送已经签名的交易数据,返回交易哈希。当创建合约时通过该交易哈希,在交易生效后使用 eth_getTransactionReceipt 获取合约地址,代码如下:

```
struct SendRawTransactionRequest: JSONRPCKit.Request {
    typealias Response = String
    let signedTransaction: String

    var method: String {
        return "eth_sendRawTransaction"
    }
    var parameters: Any? {
        return [
            signedTransaction,
        ]
    }

    func response(from resultObject: Any) throws -> Response {
        if let response = resultObject as? Response {
            return response
        } else {
            throw CastError(actualValue: resultObject, expectedType: Response.self)
        }
    }
}
```

(7) eth_call

立刻执行一个新的消息调用,无需在区块链上创建交易。提供两个参数,to 为目标合约地址,data 为调用合约的代码。返回执行合约的返回值,其实都是字符串的格式。程序根据返回的结果类型,自行转换,代码如下:

```
struct CallRequest: JSONRPCKit.Request {
    typealias Response = String
    let to: String
    let data: String

    var method: String {
        return "eth_call"
    }
    var parameters: Any? {
        return [["to": to, "data": data], "latest"]
```

```
    }

    func response(from resultObject: Any) throws -> Response {
        if let response = resultObject as? Response {
            return response
        } else {
            throw CastError(actualValue: resultObject, expectedType: Response.self)
        }
    }
}
```

(8) eth_getTransactionByHash

返回指定哈希对应的交易。如果交易不存在则返回空字符串；如果交易已经生效，则 blockHash 或 blockNumber 具有相应有效的数值，表示已经挖矿。代码如下：

```
struct GetTransactionRequest: JSONRPCKit.Request {
    typealias Response = [String: AnyObject]
    let hash: String

    var method: String {
        return "eth_getTransactionByHash"
    }
    var parameters: Any? {
        return [hash]
    }

    func response(from resultObject: Any) throws -> Response {
        if let response = resultObject as? Response {
            return response
        } else {
            throw CastError(actualValue: resultObject, expectedType: Response.self)
        }
    }
}
```

(9) eth_getTransactionReceipt

返回指定交易的收据，使用哈希指定交易。需要指出的是，挂起的交易无收据。代码如下：

```
struct GetTransactionReceiptRequest: JSONRPCKit.Request {
    typealias Response = [String: AnyObject]
    let hash: String
    var method: String {
```

```
        return "eth_getTransactionReceipt"
    }
    var parameters: Any? {
        return [hash]
    }

    func response(from resultObject: Any) throws -> Response {
        if let response = resultObject as? Response {
            return response
        } else {
            throw CastError(actualValue: resultObject, expectedType: Response.self)
        }
    }
}
```

(10) eth_blockNumber

返回最新区块的数量,代码如下:

```
struct BlockNumberRequest: JSONRPCKit.Request {
    typealias Response = String

    var method: String {
        return "eth_blockNumber"
    }

    func response(from resultObject: Any) throws -> Response {
        if let response = resultObject as? String {
            return response
        } else {
            throw CastError(actualValue: resultObject, expectedType: Response.self)
        }
    }
}
```

(11) eth_getBlockByNumber

返回最新块的编号,代码如下:

```
struct GetBlockByNumberRequest: JSONRPCKit.Request {
    typealias Response = String

    var method: String {
        return "eth_blockNumber"
    }
```

```
    func response(from resultObject: Any) throws -> Response {
        if let response = resultObject as? String {
            return response
        } else {
            throw CastError(actualValue: resultObject, expectedType: Response.self)
        }
    }
}
```

(12) eth_getBlockByHash

返回具有指定哈希的块,代码如下:

```
struct GetBlockByHashRequest: JSONRPCKit.Request {
    typealias Response = String
    let address: String

    var method: String {
        return "eth_getBlockByHash"
    }
    var parameters: Any? {
        return [address, false]
    }

    func response(from resultObject: Any) throws -> Response {
        if let response = resultObject as? String {
            return response
        } else {
            throw CastError(actualValue: resultObject, expectedType: Response.self)
        }
    }
}
```

接下来通过具体的代码演示例子对部分常用的 Web3 功能进行演示。

15.3 账 户

1. 账号余额

通过指定地址:0x613C023F95f8DDB694AE43Ea989E9C82c0325D3A,查询该地址对应以太坊上面的账户余额,直接通过 eth_getBalance 接口定义来实现该功能。

在 ShowWeb3.swfit 新增 showAccountBalance 演示方法,代码如下:

```
func showAccountBalance() {
```

```
let address = "0x613C023F95f8DDB694AE43Ea989E9C82c0325D3A"
let batchFactory = BatchFactory(version: "2.0", idGenerator: NumberIdGenerator())
let balanceRes = BalanceRequest(address: address)
let batch = batchFactory.create(balanceRes)
let request = EtherServiceRequest(batch: batch)

Session.send(request) { result in
    switch result {
    case .success(let response):
        print(response)
    case .failure(let error):
        print(error)
    }
}
```

执行该代码后,控制台输出结果如下:

`0x8a7d33cf880901d`

该输出结果就是地址的余额,单位是 wei,十六进制字符。

2. 交易数量

通过指定地址,查询相应以太坊上面的账户发起并已经成功挖矿的交易数量,直接通过 eth_getTransactionCount 接口定义来实现该功能。在 ShowWeb3.swfit 新增 showTradingVolume 演示方法,代码如下:

```
func showTradingVolume() {
    let address = "0x613C023F95f8DDB694AE43Ea989E9C82c0325D3A"
    let batch = BatchFactory().create(GetTransactionCountRequest.init(address: address, state: "latest"))
    let request = EtherServiceRequest(batch: batch)
    Session.send(request) { result in
        switch result {
        case .success(let response):
            print(response)
        case .failure(let error):
            print(error)
        }
    }
}
```

输出结果如下:

`0x4be`

获取结果表示请求命令的时候，该账户已经发起并成功交易的交易数量为 1214 笔。

15.4 交 易

1. 发起 ETH 支付交易

向指定地址发送指定金额的 ETH，除了设置好目标地址以及交易金额，还需要设置 gasLimit 油耗限值、gasPrice 单位油耗的价格，以及 nonce 值（nonce 值一般通过 eth_getTransactionCount 来指定）。

以下代码演示实例中，会向以太坊主节点发送一个交易，此处使用本地线下签名的方式来对交易签名，签名之前的交易对象如下：

```
params: [{
    "to": "0x405a35e1444299943667d47b2bab7787cbeb61fd",
    "gas": "0x23280", //144000
    "gasPrice": "0x2540BE400", // 10000000000
    "value": "0x16345785D8A0000", // 100000000000000000
    "data": "",
    "nonce": "0x1" // 1
}]
```

由于是离线签名，因此也可以不用指定 from，因为节点从签名就可以算出公钥并知道是哪个地址的签名。本文使用地址：0x613C023F95f8DDB694AE43Ea989E9C82c0325D3A，对应的私钥来对以上交易对象进行签名，签名后的数据为：

0xf86d018502540be4008302328094405a35e1444299943667d47b2bab7787cbeb61fd8801634578
5d8a0000801ca0961ef9784a087ccbd0bb61ccbdcd1ce214db1a045555f70b0ae6d1ad441a76faa07fe4c3
cb63c730965a7a642c152f8b13b893a6c58f1cdf82f04af285043f180b

把签名后的数据通过 eth_sendRawTransaction 方法向以太坊主网发起交易请求，代码如下：

```
func sendTransaction() {
    let signedTransaction = "0xf86d018502540be4008302328094405a35e1444299943667d47b2bab7787cbeb61fd88016345785d8a0000801ca0961ef9784a087ccbd0bb61ccbdcd1ce214db1a045555f70b0ae6d1ad441a76faa07fe4c3cb63c730965a7a642c152f8b13b893a6c58f1cdf82f04af285043f180b"
    
    let batch = BatchFactory().create(SendRawTransactionRequest.init(signedTransaction: signedTransaction))
    let request = EtherServiceRequest(batch: batch)
    Session.send(request) { result in
        switch result {
```

```
        case .success(let response):
            print(response)
        case .failure(let error):
            print(error)
        }
    }
}
```

第一次执行成功控制台输出结果如下：

0x8595abd24f1f8590681064e3718fd559db3f50e0342e75b3382a3ec1cc57ce25

该结果表示以太坊节点已经成功接受交易申请，并产生了一个交易哈希。

如果重复执行该命令，则控制台会输出如下结果，表示交易提交重复了：

responseError(JSONRPCKit.JSONRPCError.responseError(code: -32000, message: "nonce too low", data: nil))

2. 查询交易

交易发送成功产生一个交易哈希并不代表交易成功，真正的成功是指交易被以太坊区块链节点挖矿记账后，才算成功交易。

可以通过交易哈希，用 eth_getTransactionByHash 获得详细的交易对象信息，通过判断交易对象信息的区块号及区块哈希是否已经存在有效值，来判断该交易是否成功，代码如下：

```
func checkTransaction() {
    let tranactionHash = "0x8595abd24f1f8590681064e3718fd559db3f50e0342e75b3382a
                         3ec1cc57ce25"
    let batch = BatchFactory().create(GetTransactionRequest.init(hash: tranactionH-
                ash))
    let request = EtherServiceRequest(batch: batch)
    Session.send(request) { result in
        switch result {
        case .success(let response):
            print(response)
        case .failure(let error):
            print(error)
        }
    }
}
```

执行代码程序后控制台输出结果如下：

["hash": 0x8595abd24f1f8590681064e3718fd559db3f50e0342e75b3382a3ec1cc57ce25, "from":

0x613c023f95f8ddb694ae43ea989e9c82c0325d3a, "r": 0xe1f862eb8a4175cd8494301564abfa5541972998ffa0e071f66942fcfe5d7437, "transactionIndex": 0x48, "gas": 0x23280, "gasPrice": 0x2540be400, "input": 0x, "nonce": 0x1, "v": 0x26, "blockNumber": 0x656ce2, "to": 0x405a35e1444299943667d47b2bab7787cbeb61fd, "s":
0x2fd325c2d99ba27c0281e616951d4f2f297625d22aea162f966857b948797a6d, "value": 0x16345785d8a0000, "blockHash":
0x8992e4a540f566480d301bff70eeb46a4e25731e2d959dd406a4fefc95c3ad04]

从结果可以看到,字段 blockNumer 以及 blockHash 都已经存在有效值,表示该交易已经成功了。

3. 交易收据

交易收据也是交易被挖矿成功记账后,该笔交易对应结果的更详细信息。它除了有该笔交易所在的区块信息,主要还会提供一些额外有用的字段信息,例如 status 字段就表示该交易是否成功;gasUsed 表示该笔交易实际消耗了多少 Gas,以及交易输出的日志,代码如下:

```
func getTransactionReceipt() {
    let tranactionHash = " 0x8595abd24f1f8590681064e3718fd559db3f50e0342e75b3382a3ec1cc57ce25"
    let batch = BatchFactory().create(GetTransactionReceiptRequest.init(hash: tranactionHash))
    let request = EtherServiceRequest(batch: batch)
    Session.send(request) { result in
        switch result {
        case .success(let response):
            print(response)
        case .failure(let error):
            print(error)
        }
    }
}
```

执行以上演示代码,在控制台输出结果如下:

["from": 0x613c023f95f8ddb694ae43ea989e9c82c0325d3a, "logs": < _ _ NSArray0 0x280b90080>(
)
, "cumulativeGasUsed": 0x40664a, "transactionIndex": 0x48, "blockNumber": 0x656ce2, "status": 0x1, "blockHash":
0x8992e4a540f566480d301bff70eeb46a4e25731e2d959dd406a4fefc95c3ad04, "gasUsed": 0x5208, "logsBloom":

0x00000000000000000000000000000000000000000000000000000000
0000000000000000000000000000000000000000000000000000000000
0000000000000000000000000000000000000000000000000000000000
0000000000000000000000000000000000000000000000000000000000
0000000000000000000000000000000000000000000000000000000000
0000000000000000000000000000000000000000000000000000000000
000000000000000", "to":

0x405a35e1444299943667d47b2bab7787cbeb61fd, "contractAddress": <null>, "transactionHash":

0x8595abd24f1f8590681064e3718fd559db3f50e0342e75b3382a3ec1cc57ce25]

从输出结果看，status 输出值为 0x1，表示交易已经成功；gasUsed 字段值为 0x5208，表示本次交易实际耗费了 21000 个 Gas。

注意在输出结果中，存在部分字段值跟纯 JSON‑RPC 通讯命令显示不大一致，例如 logs 为空，但是显示为"<__NSArray0 0x280b90080>"，contractAddress 为空显示"<null>"，这跟 Xcode 输出有关系，但不影响程序执行及对象信息读取的功能逻辑判断。

15.5　智能合约

1. 创建合约

创建智能合约需要准备好智能合约的编译后字节码，如果初始化对象有参数的话，也要按照一定的格式，转化成 RLP 编码附带在字节码后面，一起发起交易到以太坊区块链节点。以 ERC20 标准智能合约代码为例，《ERC20 标准智能合约字节码》请参考附录。ERC20 初始化带上以下参数：

Name:Bit Bit Coin
Symbol:BBC
decimals:18
totalSupply:1000000000000000000000000000000

创建合约发起的交易对象中，to 必须为空，value 可以为空，代码如下：

```
params:[{
    "to": "",
    "gas": "0xDBBA0",  //900000
    "gasPrice": "0x2540BE400",  // 6000000000
    "value": "0x0",  // 0
    "data": "《ERC20 标准智能合约字节码和参数值》",
    "nonce": "0x4BB"  // 1211
}]
```

《ERC20标准智能合约字节码和参数值》请参考附录。

一般来说，创建合约所需要的Gas远远高于一般的交易所消耗的Gas，注意到上面交易对象的Gas参数油耗上限参数为九十万个油耗，一般的支付交易只需要两万多个油耗就可以了。同样的，由于是离线签名，所以也可以不用指定from，因为节点从签名就可以算出公钥并知道是哪个地址的签名。

本文使用地址：0x613C023F95f8DDB694AE43Ea989E9C82c0325D3A，对应的私钥来对以上交易对象进行签名，签名后的数据《ERC20标准智能合约字节码和参数值签名》请参考附录，代码如下：

```
func createERC20Contract() {
    let signedTransaction = "《ERC20标准智能合约字节码+参数值签名》"
    let batch = BatchFactory().create(SendRawTransactionRequest.init(signedTransac-
            tion: signedTransaction))
    let request = EtherServiceRequest(batch: batch)
    Session.send(request) { result in
        switch result {
        case .success(let response):
            print(response)
        case .failure(let error):
            print(error)
        }
    }
}
```

执行以上演示代码，在控制台输出结果如下：

{"jsonrpc":"2.0","id":1,"result":"0x75ca0ef5c43c8556d2cd77aa3aa0da6946a2e4e5ce4a62a86c7e24a9e28c55a5"}

表示创建智能合约的交易申请已经提交，返回为该笔交易哈希。

如果重复执行该命令，则控制台会输出如下结果，表示交易提交重复了：

responseError(JSONRPCKit.JSONRPCError.responseError(code: -32000, message: "nonce too low", data: nil))

2. 合约收据

创建智能合约交易的申请有可能会失败，例如gasLimit设置太低导致油耗不够，智能合约初始化参数错误导致运行失败等。所以要通过交易收据来确定是否成功；通过查询交易收据 eth_getTransactionReceipt 方法来获得 TransactionReceipt 对象；通过判断该对象的 contractAddress 字段是否存在有效的地址，从而可以判断智能合约是否成功创建，代码如下：

```
func contractRecepit() {
```

```
let hash = "0x75ca0ef5c43c8556d2cd77aa3aa0da6946a2e4e5ce4a62a86c7e24a9e28c55a5"
let batch = BatchFactory().create(GetTransactionReceiptRequest.init(hash: hash))
let request = EtherServiceRequest(batch: batch)
Session.send(request) { result in
    switch result {
    case .success(let response):
        print(response)
    case .failure(let error):
        print(error)
    }
}
```

执行以上演示代码,在控制台输出结果如下:

["cumulativeGasUsed": 0x657137, "blockNumber": 0x697d6a, "blockHash": 0x23898db0b66403fe76282f352a981520904dbe4fda401ecd045c1abf27546cde, "transactionIndex": 0x1d, "gasUsed": 0xbd916, "transactionHash": 0x75ca0ef5c43c8556d2cd77aa3aa0da6946a2e4e5ce4a62a86c7e24a9e28c55a5, "from": 0x613c023f95f8ddb694ae43ea989e9c82c0325d3a, "to": < null >, "contractAddress": 0x5949f052e5f26f5822ebc0c48b795b98a465cf58, "status": 0x1, "logsBloom": 0x00, "logs": <__NSArray0 0x6000009600b0>()]

其中字段 contractAddress 存在一个地址:0x5949f052e5f26f5822ebc0c48b795b98a465cf58,它表示创建智能合约已经成功,该合约地址就是收据里 contractAddress 的地址。可以通过对该智能合约地址进行发起交易,查询代币余额等操作。

15.6 代 币

通常说的以太坊代币一般是指 ERC20 标准智能合约代币,它具备标准的属性和动作行为,有名称 name、简称 symbol、小数位 decimal、供应量 totalSupply、代币数量与账户持有人的对照表 balanceOf。

1. 代币余额

查询一个 ERC20 代币指定地址的余额,其实就是对智能合约查询方法的调用,这个方法不用对区块链状态进行修改，它是通过 eth_call 方法来实现查询的。以下示例演示了查询地址 0xB8c77482e45F1F44dE1745F52C74426C631bDD52 的代币中，账户地址为 0x030e37ddd7df1b43db172b23916d523f1599c6cb 的余额，代码如下：

```
func tokenBalance() {
    let data = "0x70a08231000000000000000000000000030e37ddd7df1b43db172b23916d523
                f1599c6cb"
    let to = "0xB8c77482e45F1F44dE1745F52C74426C631bDD52"
    let batch = BatchFactory().create(CallRequest.init(to: to, data: data))
    let request = EtherServiceRequest(batch: batch)
    Session.send(request) { result in
        switch result {
        case .success(let response):
            print(response)
        case .failure(let error):
            print(error)
        }
    }
}
```

执行以上演示代码，在控制台输出结果如下：

0x0000000000000000000000000000000000000000000000003b8e97d229a2d54800000

2. 转发代币

ERC20 标准代币的转发，由于需要改变区块链节点中的数据，所以需要通过发起交易的方式来进行，是通过 eth_sendRawTransaction 方法来发起代币转发的指令。代币转账的方法为 transfer，参数为目标地址以及需要转发多少数量的代币，transfer 方法数字摘要的前 4 个字节及相关信息组成的代币转发交易对象如下：

```
transfer(address,uint256) // 0xa9059cbb
发出代币地址:0x613C023F95f8DDB694AE43Ea989E9C82c0325D3A
接受代币地址:0x405a35e1444299943667d47b2bab7787cbeb61fd
代币信息:BBC 1000 / decimal 18
代币地址:0x5949f052e5f26f5822ebc0c48b795b98a465cf58
代币数量:1000000000000000000000
```

将上述信息转化成 JSON-RPC 请求对象的格式如下：

```
params:[{
    "to": "0x5949f052e5f26f5822ebc0c48b795b98a465cf58",
    "gas": "0x13880", //80000
    "gasPrice": "0x165A0BC00", // 6000000000
    "value": "0x0", // 0
```

```
    "data": "0xa9059cbb000000000000000000000000405a35e1444299943667d47b2bab7787
            cbeb61fd00000000000000000000000000000000000000000000003635c9adc5dea0
            0000",
    "nonce": "0x4BC" // 1212
}]
```

通过使用地址 0x613C023F95f8DDB694AE43Ea989E9C82c0325D3A 的私钥对上述 TSON - RPC 请求对象进行签名后的数据如下：

0xf8ac8204bc850165a0bc0083013880945949f052e5f26f5822ebc0c48b795b98a465cf5880b844
a9059cbb000000000000000000000000405a35e1444299943667d47b2bab7787cbeb61fd0000000000000
00000000000000000000000000000000000003635c9adc5dea000001ba0f19020f5df4cfd612a256021e99388
a22d6b8b50d58584fc5652c789a621da2aa048275196184c67f4206b94b348ee52a4b9b8d89054586e329
b5754ba78973f8a

下面是一个完整的代币转发代码演示：

```
func transferToken() {
    let signedTransaction = "0xf8ac8204bc850165a0bc0083013880945949f052e5f26f5822
ebc0c48b795b98a465cf5880b844a9059cbb000000000000000000000000405a35e1444299943667d47b2
bab7787cbeb61fd00000000000000000000000000000000000000000000003635c9adc5dea000001ba0f1
9020f5df4cfd612a256021e99388a22d6b8b50d58584fc5652c789a621da2aa048275196184c67f4206b9
4b348ee52a4b9b8d89054586e329b5754ba78973f8a"
    let batch = BatchFactory().create(SendRawTransactionRequest.init(signedTransac-
            tion: signedTransaction))
    let request = EtherServiceRequest(batch: batch)
    Session.send(request) { result in
        switch result {
        case .success(let response):
            print(response)
        case .failure(let error):
            print(error)
        }
    }
}
```

执行以上演示代码，在控制台输出结果如下：

{"jsonrpc":"2.0","id":1,"result":"0x30459fc2ee1bc4adf2ba26ca1a0ca78f4e0cbe14195af76352e9f84aa4866085"}

表示代币转发的交易申请已经提交，返回为该笔交易哈希。

如果重复执行该命令，则控制台输出如下结果，表示交易提交重复了：

responseError(JSONRPCKit.JSONRPCError.responseError(code: -32000, message: "nonce too low", data: nil))

3. 代币日志

同样使用 eth_getTransactionReceipt 方法可以获得代币转发交易对应的收据对象信息，详细演示代码如下：

```
func tokenRecord() {
    let token = "0x30459fc2ee1bc4adf2ba26ca1a0ca78f4e0cbe14195af76352e9f84aa4866085"
    let batch = BatchFactory().create(GetTransactionReceiptRequest.init(hash: token))
    let request = EtherServiceRequest(batch: batch)
    Session.send(request) { result in
        switch result {
        case .success(let response):
            print(response)
        case .failure(let error):
            print(error)
        }
    }
}
```

输出结果如下：

[" from ":   0x613c023f95f8ddb694ae43ea989e9c82c0325d3a,   " cumulativeGasUsed ": 0x58c8a7,"contractAddress": <null>, "gasUsed": 0xce97,"transactionIndex": 0x60,"block-Number": 0x697f4b, "logsBloom":

0x00000000000000000000000000000000000000004000000000000000000800000000
02000000000000000000000000000000000000000000000000000000008004000000
00000000000000000000000080000000000000000000000000000000000000000
10000000000000000000000000000000000000000004000000000000000000000
40000000000000000000000000000000000000000000020000000000000000000
00000000000000000000000400000080000000000000000000000000000000000
00000000000000, "blockHash":

0x2450164b46b942ead3f5ad15f0c3a7b58b7e0c97a477587d7085aad5a7791c2b, " logs ":   <__NSSingleObjectArrayI 0x600002cf4880>(
    {
        address = 0x5949f052e5f26f5822ebc0c48b795b98a465cf58;
        blockHash
= 0x2450164b46b942ead3f5ad15f0c3a7b58b7e0c97a477587d7085aad5a7791c2b;
        blockNumber = 0x697f4b;
        data = 0x0000000000000000000000000000000000000000000003635c9adc5dea00000;
        logIndex = 0x71;
        removed = 0;
        topics = (

```
            0xddf252ad1be2c89b69c2b068fc378daa952ba7f163c4a11628f55a4df523b3ef,
            0x000000000000000000000000613c023f95f8ddb694ae43ea989e9c82c0325d3a,
            0x000000000000000000000000405a35e1444299943667d47b2bab7787cbeb61fd
        );
        transactionHash
= 0x30459fc2ee1bc4adf2ba26ca1a0ca78f4e0cbe14195af76352e9f84aa4866085;
        transactionIndex = 0x60;
    }
)
, "status": 0x1, "to": 0x5949f052e5f26f5822ebc0c48b795b98a465cf58, "transactionH-
ash": 0x30459fc2ee1bc4adf2ba26ca1a0ca78f4e0cbe14195af76352e9f84aa4866085]
```

由于智能合约的调用有可能会失败，最终是否成功一般可通过智能合约执行输出的日志来判断。日志中最重要的信息项包括 data 和 topics，现简单说明如下：

data 字段表示代币转发数量，把以上 data 数值转化为十进制，即可获知代币转发数量为：1000000000000000000000，与最初提交的演示数据一致。

topics 是一个数组，数组中每个数值的意义分别说明如下：

数组的第一个值表示本日志对象输出的事件方法 Transfer（address，address，int256）的哈希值：0xddf252ad1be2c89b69c2b068fc378daa952ba7f163c4a11628f55a4df523b3ef，这个哈希值可通过 web3_sha3 方法来验证；

数组的第二个值表示代币转出账户的地址（注意前面的 0 为填充数）：0x000000000000000000000000613c023f95f8ddb694ae43ea989e9c82c0325d3a；

数组的第二个值表示接受代币账户的地址（注意前面的 0 为填充数）：0x000000000000000000000000405a35e1444299943667d47b2bab7787cbeb61fd；

从以上日志输出来看，表示该笔代币转账交易已经成功执行，是从地址 0x613c023f95f8ddb694ae43ea989e9c82c0325d3a 转了 1000000000000000000000 个代币到地址 0x405a35e1444299943667d47b2bab7787cbeb61fd。

15.7 区　块

1. 获得最新区块号

也就是当前以太坊区块高度，通过 eth_blockNumber 获得，代码如下：

```
func blockNumber() {
    let batch = BatchFactory().create(BlockNumberRequest.init())
    let request = EtherServiceRequest(batch: batch)
    Session.send(request) { result in
        switch result {
        case .success(let response):
```

```
            print(response)
        case .failure(let error):
            print(error)
        }
    }
}
```

输出结果如下：

0x7a7659

2. 获得区块信息

获得指定区块号的区块信息，通过 eth_getBlockByNumber 方法来获得的，代码如下：

```
func blockByNumber() {
    let data = "0x656CE2"
    let batch = BatchFactory().create(GetBlockByNumberRequest.init(data: data))
    let request = EtherServiceRequest(batch: batch)
    
    Session.send(request) { result in
        switch result {
        case .success(let response):
            print(response)
        case .failure(let error):
            print(error)
        }
    }
}
```

输出结果如下：

responseError(JSONRPCKit.JSONRPCError.resultObjectParseError(HelloWorld.CastError<Swift.String>(actualValue: {
    difficulty = 0xa4a54c5c2e97a;
    extraData = 0xe4b883e5bda9e7a59ee4bb99e9b1bc;
    gasLimit = 0x7a1200;
    gasUsed = 0x79c632;
    hash = 0x8992e4a540f566480d301bff70eeb46a4e25731e2d959dd406a4fefc95c3ad04;
    logsBloom = 0x00080100010800000a0015020044000800020548ab2801a001340002020800
04b404808200a00009020140120310000480304020000033100b88801020a8104000210204a1780110ab
04488c80005000844024c004800288c02200008280003030200004701089602202000000044649008100
4e01201200400103001c085001271a01800040170000000088019800970000000010001208001004001
070410048111a00002000006508a10250800a000106c240104002080011001140010901804407504200
040088060100212a2001600440d300011202000224800100100001000c1c109044001000c80408010002
```
```

```
010124101004c00c2480000090000;
        miner = 0x829bd824b016326a401d083b33d092293333a830;
        mixHash = 0x87bdee1e978bb5697d9de987945ee310ffcf0fb085b54cc8af40afda37f33617;
        nonce = 0x6c13a9681d249e08;
        number = 0x656ce2;
        parentHash = 0xf8c450eca0fd54195583080976b6ad17e2f12fa0f3c74b645fc8fc64e593be72;
        receiptsRoot = 0x03708efb6384723894c48428c0f40a3a383553279f464848d084f697677794cf;
        sha3Uncles = 0x1dcc4de8dec75d7aab85b567b6ccd41ad312451b948a7413f0a142fd40d49347;
        size = 0x540d;
        stateRoot = 0x66fb7ac8c20717c4ddaa837337fa6ef6e591452e22731b931a8a3af78f9f27d3;
        timestamp = 0x5be0032f;
        totalDifficulty = 0x19dd26275e0a7843f3d;
        transactions =     (
            0x5e9a44ba8c3a7dd6ad95c88588fddbff09e7b89d95a16efdb16f5133926bbf31,
……
            0xc799b306df5a08d76c68d6065238d9d281c633133870c2a33515172580c32542
        );
        transactionsRoot = 0x8641554a8a70d3f68e1787d3d02fbcfed3d6e075222eb610380d4d128
018cee3;
        uncles =     (
        );
}, expectedType: Swift.String)))
```

其中 transactions 由于内容过多,这里不再展示。

第 16 章

iOS 钱包项目

16.1 项目概况

目前市面上开源的以太坊钱包有很多，包括 Trust Wallet、MyEther Wallet、imToken 等。在众多开源的钱包项目里，TrustWallet 开源项目是一个功能完善并且稳定的项目，其代码风格、架构设计、技术栈都很新颖，并且已经在国外的 AppStore 上架。

Trust Wallet 是一个开源的、主打安全性的以太坊钱包，可与任何 ERC20 和 ERC223 令牌配合使用，并支持以太坊生态系统中的主要区块链——以太坊（ETH）、以太经典 Ethereum Classic（ETC）、POANetwork（PoA）和 Callisto（CLO）等，以及支持以太坊测试网络，如 Kovan（KETH）、Ropsten（ETH）等。到目前为止，可以通过 Trust Wallet 应用程序方便访问基于以太坊构建的将近 20 万个代币。

Trust Wallet 为用户提供统一的钱包地址，可用于管理以太坊和所有代币。这意味着用户可以使用相同的地址参与 DApp，并可以发送和接收以太币以及代币。

Trust Wallet 是直观的，易于理解，充满了大量有用的功能。

Trust Wallet 具有有一个可执行 Web3.js 功能的 WebView 内嵌浏览器，理论上它可以与 H5 开发的分布式的应用程序配合使用。Trust Wallet 通过原生方式开发密钥管理功能，并嵌入 WebView 来支持 Web3，从而实现在以太坊网络与分散式应用程序之间提供无缝、简单和安全的连接。

由于每个 DApp 都有各自的特性，Trust Wallet 还提供与开发人员的合作渠道，以确保 DApp 能够为用户提供最佳体验。那些已经针对 Trust Wallet 进行审查和优化的分散式应用程序（DApps），就可以成为 Marketplace 的一部分。而该 DApps 列表则不断扩展。Trust Wallet 还有一个目标是创建一个分散式应用程序社区，任何人都可以通过移动设备访问该社区。

Trust Wallet 把用户的安全和匿名放在第一位。它的主要原则如下：
① 无服务器开发架构完全本地化每个已安装的应用程序；
② 基于原生客户端的开发架构可确保密钥是在本地设备上存储的；
③ 银行级安全保护用户的数字资产免受潜在威胁；

④ 应用级认证系统可以防止未经授权的设备进行访问。

Trust Wallet 主要界面如图 16-1 所示：

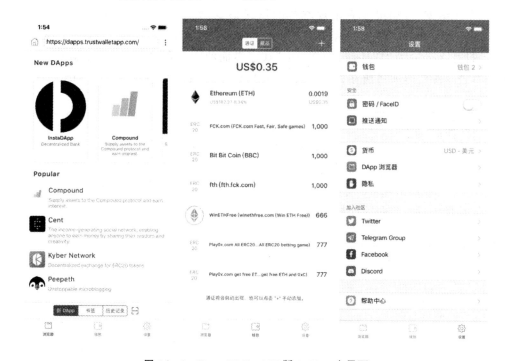

图 16-1 Trust Wallet iOS 版 1.72.0 主界面

1. 导入项目

接下来我们以 Trust Wallet 开源项目 iOS 版为主的以太坊钱包 App 案例来进行详细说明。我们将结合其他开源项目部分功能完善的方式来深入学习一个完整的 iOS 以太坊 App 钱包开发项目。

首先从 Github 上下载 Trust Wallet 的整个 iOS 开源项目。

可以在控制台使用 git clone 命令的方式下载整个项目。在控制台进入准备存放该项目的电脑目录，输入以下下载命令：

```
git clone https://github.com/TrustWallet/trust-wallet-ios.git
```

当然也可以通过下载项目的完整压缩文档，然后将其解压到电脑准备存放项目的目录下，将其解压即可。具体方法是进入 Trust Wallet 的 iOS 开源项目链接：https://github.com/TrustWallet/trust-wallet-ios，单击页面右上方标注"clone or download"的绿色按钮，然后单击弹出框里面的 Download ZIP 字样。选择需要保存开源项目的本地磁盘目录，下载完毕后，双击解压缩即可。

2. CocoaPod 配置

用终端命令行的方式进入 Trust Wallet 的 iOS 开源项目所在的根目录，分别执行以下命令：

pod repo update 和 pod install

命令结束后，如果没有出现红色的错误信息，并且最后显示"Pod installation complete!"这几个字，就表示项目所依赖的组件安装成功了。

打开 Xcode，在"Welcom to Xcode"欢迎界面的右下角单击"Open another project"，选择源代码项目所在目录 trust – wallet – ios，找到"Trust. xcworkspace"文件并打开。

3. 配置项目

在 Xcode 开发界面左边项目导航栏选择"Trust→TARGETS→Tust"，可以看到项目的基本信息如图 16 – 2 所示的界面：

其中 Main Interface 设置为空，表示该项目属于自定义 UI 控件的开发方式，由 Swift 纯代码对 UI 界面组件进行创建管理。

图 16 – 2　TrustWallet iOS 项目配置

Trust 项目的主要信息如下：
① App 显示名称：Trust；
② App 的唯一标志：com.sixdays.trust；
③ App 版本：1.72.0；
④ App 版本号：260；
⑤ App 支持最低版本：iOS 10.0。

4. 依赖第三方库

Trust Wallet 项目中，使用了许多功能强大的第三方插件，其中有一些插件是 Trust Wallet 团队编写的，这些插件是通过 Pod 来管理的，通过查看 Podfile 文件，就可以看到依赖的第三方插件清单。

在 Xcode 开发界面左边项目导航栏选择"Pods→Podfile"，可以看到 Podfile 文件显示如下：

```
platform :ios, '10.0'
inhibit_all_warnings!
source 'https://github.com/CocoaPods/Specs.git'
target 'Trust' do
  use_frameworks!

  pod 'BigInt', '~> 3.0'
  pod 'R.swift'
  pod 'JSONRPCKit', :git => 'https://github.com/bricklife/JSONRPCKit.git'
  pod 'PromiseKit', '~> 6.0'
  pod 'APIKit'
  pod 'Eureka'
  pod 'MBProgressHUD'
  pod 'StatefulViewController'
  pod 'QRCodeReaderViewController', :git => 'https://github.com/yannickl/QRCodeReaderViewController.git', :branch => 'master'
  pod 'KeychainSwift'
  pod 'SwiftLint'
  pod 'SeedStackViewController'
  pod 'RealmSwift'
  pod 'Moya', '~> 10.0.1'
  pod 'CryptoSwift', '~> 0.10.0'
  pod 'Kingfisher', '~> 4.0'
  pod 'TrustCore', :git => 'https://github.com/TrustWallet/trust-core', :branch => 'master'
  pod 'TrustKeystore', :git => 'https://github.com/TrustWallet/trust-keystore', :branch => 'master'
```

```
    pod 'TrezorCrypto'
    pod 'Branch'
    pod 'SAMKeychain'
    pod 'TrustWeb3Provider', :git => 'https://github.com/TrustWallet/trust-web3-provider', :commit => 'f4e0ebb1b8fa4812637babe85ef975d116543dfd'
    pod 'URLNavigator'
    pod 'TrustWalletSDK', :git => 'https://github.com/TrustWallet/TrustSDK-iOS', :branch => 'master'

    target 'TrustTests' do
        inherit! :search_paths
        # Pods for testing
    end

    target 'TrustUITests' do
        inherit! :search_paths
        # Pods for testing
    end
end

post_install do |installer|
    installer.pods_project.targets.each do |target|
        if ['JSONRPCKit'].include? target.name
            target.build_configurations.each do |config|
                config.build_settings['SWIFT_VERSION'] = '3.0'
            end
        end
        if ['TrustKeystore'].include? target.name
            target.build_configurations.each do |config|
                config.build_settings['SWIFT_OPTIMIZATION_LEVEL'] = '-Owholemodule'
            end
        end
        # if target.name != 'Realm'
        #     target.build_configurations.each do |config|
        #         config.build_settings['MACH_O_TYPE'] = 'staticlib'
        #     end
        # end
    end
end
```

其中每个组件库名称及其功能描述如下表所列，方便大家参考，其中部分功能组件库已经在"iOS 开源库"章节做了部分讲解。

库名称	描述
Alamofire	轻量级网络库,方便异步请求,Afnetworking 的 Swift 版本
APIKit	类型安全的网络抽象层,将请求类型与响应类型相对应
Result	成功和失败的枚举(.success(value).failure(error))。APIKit 和 Moya 均依赖这个库
BigInt	大长度的整型数据 2^{64},可处理超过 UIntMax 范围的数据,并提供了很多常用基于大数据的方法
R.swift	使用类似语法 R.资源类型.资源名称来对某资源进行引用构建,仿 Android 的"R 机制"
JSONRPCKit	类型安全的 JSON-RPC 2.0 库
PromiseKit	函数化集成第三方库,封装回调嵌套 Callback Hell,让 Objective-C 或者 Swift 能够更容易的实现函数化编程
Eureka	简单优雅地实现动态 table-view 表单,由 rows,sections 和 forms 组成
MBProgressHUD	定制 HUD
StatefulViewController	用于显示基于内容的占位视图的加载,错误或者空状态
QRCodeReaderViewController	二维码扫描控制器
KeychainSwift	封装 Keychain 的保存文本和数据功能
SwiftLint	强制检查 Swift 代码风格和规定的一个工具
SeedStackViewController	一个基于 UIStackView,简化构造静态表格的框架
RealmSwift	跨平台的移动数据库引擎
Moya	Moya 在 Alamofire 的基础上又封装了一层网络管理层
CryptoSwift	一个标准的安全加密算法集合的库,支持多种加密算法,如:MD5/SHA1
TrezorCrypto	基于 C 语言的 trezor-crypto 库,针对 iOS 打包的加密算法库
Kingfisher	图片加载框架
Branch	Deep Linking 处理框架,mobile app 在 handle 特定 URI 的时候可以直接跳转到对应的内容页或触发特定逻辑,而不仅仅是启动 app。深度链接(Deeplink)可以让 app 开发者能够链接到应用内特定的页面
SAMKeychain	用于在 Mac OS X 和 iOS 上使用系统 Keychain 访问帐户,获取密码,设置密码和删除密码
TrustCore	区块链核心的数据结构和算法
TrustKeystore	用于管理钱包的通用以太坊密钥库
TrustWeb3Provider	Web3 的 JavaScript 包装提供商

Trust Wallet 所依赖的第三方开源组件库的使用方法,可以直接到组件库的 Github 链接查看或者访问其官方网站了解,这里不再详述。

16.2 功能架构

1. 应用框架概述

Trust Wallet 项目并非是使用 iOS 标准的 MVC 方式架构来开发的,它没有用 Interface Builder 来构建界面,而是使用纯代码构建 UI 的方式来进行开发。

该项目是采用 MVVM 的架构模式进行开发,不过并没有使用动态绑定,但这并不影响该项目结构清晰的逻辑。相对于 MVC 的架构模式来说,Controller 的负载就变小了,易于测试性则提高了。当然它也具备 MVVM 架构的优缺点,如图 16-3 所示。

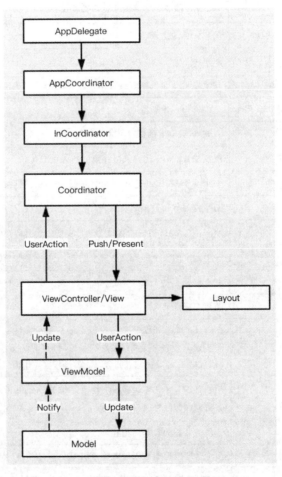

图 16-3 Trust Wallet iOS 版功能架构图

整个项目绝大部分使用纯代码编写 View 层,且代码规范性较强,也没有过多的继承,所以代码可读性高。布局方式采用 Autolayout 方式,在具体模块中还以 Layout 为功能模块进行开发,使 View 层的代码更加清晰。

业务层:

Trust 的主要业务逻辑是由 ViewModel 来承担的,另外还配合了 Coordinator (或者说路由)的使用,在页面之间的跳转逻辑上实现了统一管理。这样就减少了横向依赖,也让跨层访问的业务更加容易开展。

数据层:

主要的数据持久化方式是使用 Realm 数据库,这是个轻量级、高性能、高效率、可跨平台的移动数据库。核心数据如钱包账户、交易、Token 等都存储于此。另外,也使用了 keychain 来保存比较重要且轻量的数据,如私钥、应用锁设置和密码、最近使用的钱包、Browser 的 cookies 等。还有一些数据,如当前货币种类、启动次数、当前版本启动次数、是否分享、是否评分等,都是采用 UserDefaults 的形式进行数据保存的。

从程序启动 AppDelegate 开始,AppCoordinator 作为 App 间的路由,判断当前 App 内是否有钱包账户,若没有则进入以 WelcomeViewController 为根控制器的页面进行钱包账户创建;若有最近使用过的钱包账户,则进入 App 内部的路由 InCoordinator。在这里,钱包账号创建的页面和钱包使用页面已经划分为两条业务线。从业务角度来说,也可以理解为这是 Trust Wallet 部的两个应用。

进入 InCoordinator 后,才真正开始创建 TabBarController、NavigationController 以及各个业务模块的 Coordinator 和 VC。图 16-3 中明确表示了这个过程,也对主要的业务模块 Coordinator 和其对应的 VC 进行了说明。

2. 框架流程说明

本书在前面的"Xcode 开发"一节中介绍过通过模版生成项目的目录结构,Trust Wallet 项目由于并没有完全采用模版自动生成方式以及 storyboard 自动界面构建工具 Interface Builder 来构建 UI 界面,而是采用源代码来构建 UI 界面,所以相关的 Application 类及 MVC 类的搭配方式稍微有些不一样。下面将主要的界面构建源文件以及业务逻辑协调运行类对象的框架进行详细讲解。

(1)AppDelegate

在所有项目中的功能基本上是一样的,通过 @UIApplicationMain 属性修饰,让 AppDelegate 能够承担程序的初始化以及整个应用生命周期所影响的应用业务逻辑。

我们通过在 Xcode 开发界面左边的文件导航栏展开项目及其根目录:Trust→Trust,就可以看到 AppDelegate.swift 源文件在项目目录的根目录中,单击该文件,可以看到 App 启动将会调用以下 application 的方法来初始化应用程序,接下来做简单说明。

```swift
func application (_ application: UIApplication, didFinishLaunchingWithOptions
launchOptions: [UIApplicationLaunchOptionsKey: Any]?) -> Bool {
    window = UIWindow(frame: UIScreen.main.bounds)

    let sharedMigration = SharedMigrationInitializer()
    sharedMigration.perform()
    let realm = try! Realm(configuration: sharedMigration.config)
    let walletStorage = WalletStorage(realm: realm)
    let keystore = EtherKeystore(storage: walletStorage)

    coordinator = AppCoordinator(window: window!, keystore: keystore, navigator:
            urlNavigatorCoordinator)
    coordinator.start()

    if ! UIApplication.shared.isProtectedDataAvailable {
        fatalError()
    }

    protectionCoordinator.didFinishLaunchingWithOptions()
    urlNavigatorCoordinator.branch.didFinishLaunchingWithOptions(launchOptions:
                    launchOptions)
    return true
}
```

代码首先对窗口进行初始化,然后初始化数据库版本管理信息;接下来就初始化本地存储数据对象,如果初始化失败,App 将会无法启动。

```swift
let realm = try! Realm(configuration: sharedMigration.config)
```

如果数据库初始化成功,将会在此基础上,建立钱包存储及密钥管理对象,从而为后续提供对钱包及私钥的操作。

```swift
let walletStorage = WalletStorage(realm: realm)
let keystore = EtherKeystore(storage: walletStorage)
```

接下来是初始化 AppCoordinator,该对象负责 App 启动时期的工作,包括欢迎页、第一次进入等。

```swift
coordinator = AppCoordinator(window: window!, keystore: keystore, navigator: urlNavi-
            gatorCoordinator)
coordinator.start()
```

然后启动密码防护检测功能模块。ProtectionCoordinator 主要实现的功能聚焦在应用的安全方面,如应用锁、解锁以及当应用失去焦点后保护应用内部页面不被暴露的功能。

protectionCoordinator.didFinishLaunchingWithOptions()

最后初始化 URLNavigatorCoordinator，该功能是由 URLNavigator 和 Branch 的功能组成的。URLNavigator 是对 Browser 进行监听的，并对检测到约定好的 URL 进行映射和处理。Branch 是关于延迟深度链接（Deferred Deep Linking）的。Branch 在启动应用时进行初始化，并将在应用程序生命周期中多次调用，当应用由后台向前台切换时也将调用。用于处理从外部跳转后，根据传入的参数要跳转进入指定的页面。

urlNavigatorCoordinator.branch.didFinishLaunchingWithOptions(launchOptions: launchOptions)

在 AppDelegate 中，ProtectionCoordinator 需要跟随应用的生命周期进行功能的调整。URLNavigatorCoordinator 中的 Navigator 用来处理响应 URL Scheme 这种由其他 App 的跳入，而 Branch 用来处理响应 Universal Links 这种通用链接的跳入形式。

（2）AppCoordinator

Coordinator 可以说是路由，在业务上一般可以分为 App 间的路由和 App 内的路由。在此项目中，AppCoordinator 是一个 App 间的路由，InCoordinator 是一个 App 内的路由。

AppCoordinator 承担了一些应用功能模块上层的协调功能，例如 App 启动欢迎页面、消息推送、长时间离开锁屏输入密码或指纹功能。

同样的，我们通过在 Xcode 开发界面左边文件导航栏，展开项目及其根目录：Trust→Trust，就可以看到 AppCoordinator.swift 源文件在项目目录的根目录中，单击该文件可以看到，主要是用 start 方法来启动相应的功能，下面做简单说明。

```
func start() {
    inializers()
    appTracker.start()
    handleNotifications()
    applyStyle()
    resetToWelcomeScreen()

    if keystore.hasWallets {
        let wallet = keystore.recentlyUsedWallet ?? keystore.wallets.first!
        showTransactions(for: wallet)
    } else {
        resetToWelcomeScreen()
    }
```

```
    pushNotificationRegistrar.reRegister()

    navigator.branch.newEventClosure = { [weak self] event in
        guard let coordinator = self?.inCoordinator else { return false }
        return coordinator.handleEvent(event)
    }
}
```

首先执行 Initializers 的初始化工作,在该方法中,可以看到主要进行统计工具的参数设置:

```
inializers()
```

其中 CrashReportInitializer 是统计崩溃的,用到 Fabric 的一些工具,如 Crashlytics、Answers 等,而 SkipBackupFilesInitializer 是防止文件被备份的。AppTracker 则记录应用启动次数、当前版本启动次数、是否分享、是否评分等一些仅保存于本地的应用层统计数据:

```
appTracker.start()
```

对消息推送做简单的设置:

```
handleNotifications()
```

设置应用的统一风格:

```
applyStyle()
```

其中数据结构 AppGlobalStyle 能够让应用统一风格,包括导航栏外观、UITexfield 外观和 TableView 分割线风格(边距,颜色)等。这个统一风格是整个应用一致的,一定要区别于统一管理的字体和颜色的类(如项目中的 Colors 类和 AppStyle 类)。

管理欢迎页面根据应用运行的情况来显示。如果监测到当前没有任何有效的钱包,就会显示欢迎页面,提示用户先创建一个钱包,如下所示:

```
resetToWelcomeScreen()
if keystore.hasWallets {
    let wallet = keystore.recentlyUsedWallet ?? keystore.wallets.first!
    showTransactions(for: wallet)
} else {
    resetToWelcomeScreen()
}
```

管理远程推送授权和注册相关的业务,如下所示:

```
PushNotificationsRegistrar
```

设置功能模块内的路由,如下所示:

```
navigator.branch.newEventClosure = { [weak self] event in
    guard let coordinator = self?.inCoordinator else { return false }
    return coordinator.handleEvent(event)
}
```

(3) InCoodinator

这是 App 应用功能模块内的路由,是与具体业务模块有间接联系的路由,负责创建和管理各个业务模块的 Coordinator 和各个业务模块之间的跳转逻辑。

同样的,我们通过在 Xcode 开发界面左边文件导航栏,展开项目及其根目录:Trust→Trust,就可以看到 InCoordinator.swift 源文件在项目目录的根目录中。单击该文件,我们主要分析一下 start 方法,其中包括了相应的主要功能,下面对其简单说明。

start 方法代码如下:

```
func start() {
    showTabBar(for: initialWallet)
    checkDevice()
    helpUsCoordinator.start()
    addCoordinator(helpUsCoordinator)
}
```

其中 showTabBar 方法主要用于创建 Tab 界面及相应的控制器:

showTabBar(for: initialWallet)

在 showTabBar 方法中,对以下几个重要的步骤分别进行说明。

URLNavigable、URLNavigator:

对在 Browser 中进行监听,一旦检测到有约定好的 URL 后,可以在对应的 block 中做出想要的映射或者处理。

MigrationInitializer、Realm、WalletSession:

对 Realm 数据库和数据库迁移进行处理,所以这里包括 WalletSession 等类。

Coordinators:

指 InCoordinator 所管理的具体业务模块的 Coordinator,包括 BrowserCoordinator、TokensCoordinator 和 settingsCoordinator。

TabBarController:

创建上述 Coordinators 中各个具体业务模块的 Coordinator 所管理的 NavigationController 和 ViewController。

检测当前设备是否是越狱设备,如果是越狱设备则会提醒用户不安全,因为这样在 keychain 中存储的钱包账户的私钥就可能被盗。毕竟在区块链中,私钥是你作为钱包主人的唯一证明。指令如下：

CheckDevice()

通过本地对启动次数的监听，在达到指定的启动次数时对用户进行应用分享和评分的提醒。指令如下：

helpUsCoordinator.start()
addCoordinator(helpUsCoordinator)

3. 功能模块概述

在 Trust Wallet 项目源文件主目录中，是以功能模块来切分源代码的，主模块命名组成第一层目录。

本文将其稍做分类，包括：核心功能模块，扩展通用功能，通用界面样式，本地化等模块和各应用功能模块。

核心功能模块：Core、EtherClient、Foundation、Models；

扩展通用功能/界面样式本地化等：Extensions、UI、Style、Localization；

各应用功能模块：Welcom、Export、Accounts、Wallet、Browser、Transfer、Tokens、Transactions、Settings、Lock、Deposit、Vendors。

在各个应用模块中，功能比较复杂的模块，一般会将第二层及以下目录按照功能再次分为 Coordinators、Views、ViewModels、ViewControllers、Layouts 等，方便代码维护与扩展。详情参考图 16-4。

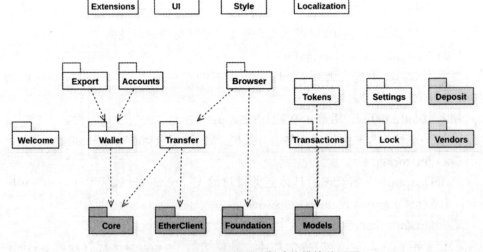

图 16-4　Trust Wallet iOS 版功能模块关系图

Trust Wallet 项目源代码的主要功能模块目录及其简单功能描述清单如下表所列（按照 Xcode 开发界面左边文件导航栏的排列顺序排列的）。

包名称	功能描述
Lock	密码保护模块
Browser	DApp 浏览器模块
Deposit	购买第三方代币功能封装
Foundation	基类,常用的数据类型对象,通用功能模块
Localization	国际化
Core	核心功能模块,包括网络请求等
Transfer	转账模块
Export	钱包备份模块
Settings	设置模块
Accounts	钱包账号模块
Models	通用模型
Welcome	引导页模块
Tokens	代币模块
Transactions	交易记录模块
Wallet	钱包模块
EtherClient	以太坊模块
Vendors	第三方交易所封装
UI	通用 UI 模块
Style	样式
Extensions	类扩展

密码保护模块:

主要提供 App 使用锁的工具类,设置安全密码、删除安全密码等功能都属于本模块。

提供相应的 UI 视图类及视图的控制器,如输入密码设置密码等界面。文件夹及其功能如下表所列。

Lock 文件夹	文 件	描 述
	Lock.swift	应用锁工具类,包括设置和删除密码
Coordinators	AuthenticateUserCoordinator.swift	负责跳转验证密码的协调器
	LockCreatePasscodeCoordinator.swift	负责跳转创建密码的协调器
	LockEnterPasscodeCoordinator.swift	负责跳转输入密码的协调器

续表

文件夹	文件	描述
Views	LockView.swift	密码输入控件
	PasscodeCharacterView.swift	密码输入的单个密码的控件
ViewModels	LockCreatePasscodeViewModel.swift	创建密码视图模型
	LockEnterPasscodeViewModel.swift	输入密码视图模型
	LockViewModel.swift	密码视图模型
ViewControllers	LockCreatePasscodeViewController.swift	创建密码控制器,继承 LockPasscodeViewController
	LockEnterPasscodeViewController.swift	输入密码控制器,继承 LockPasscodeViewController
	LockPasscodeViewController.swift	密码控制器
Protection/Coordinators	ProtectionCoordinator.swift	负责跳转隐私控制器和输入密码控制器的协调器
	SplashCoordinator.swift	负责跳转隐私控制器的协调器
Protection/ViewControllers	SplashViewController.swift	App 保护隐私控制器
Protection/Views	SplashView.swift	App 保护隐私页面控件

DApp 浏览器模块:

DApp 浏览器模块主要实现一个支持 Web3.js 功能的 App 内嵌 WebView 功能界面组件,主要实现 Web3.js 的注入,以及截获 H5 调用 Web3.js 的请求,然后将部分请求,例如钱包密钥签名等功能转化为 App 本地请求实现立刻返回。

除此之外,DApp 浏览器模块还提供部分增值功能,例如书签的保存、历史浏览记录管理。

同样地,DApp 浏览器模块提供相应功能的 UI 界面源代码文件及其对应的 UI 控制器类。文件夹及其功能如下表所列。

Browser		
文件夹	文件	描述
Coordinators	BrowserCoordinator.swift	浏览器协调器
	ScanQRCodeCoordinator.swift	负责跳转二维码扫描的协调器
Factory	WKWebViewConfiguration.swift	网页控件配置模型,注入 js
Protocols	URLViewModel.swift	路由视图模型协议

续表

文件夹	文件	描述
Storage	BookmarksStore.swift	书签存储工具
	CookiesStore.swift	cookie 存储工具
	HistoryStore.swift	浏览历史存储工具
Types	Bookmark.swift	书签模型
	BrowserAction.swift	浏览器动作枚举
	BrowserURLParser.swift	浏览器 URL 分析工具
	DAppError.swift	DApp 错误枚举
	DappAction.swift	DApp 操作枚举和扩展,包括信息签名、交易签名、发送交易等
	DappCommand.swift	DApp 命令模型、回调模型
	Favicon.swift	快捷图标模型
	History.swift	浏览历史模型
	Method.swift	方法枚举,包括发送交易、签名交易等
	SendTransaction.swift	发送交易的模型
ViewControllers	BookmarkViewController.swift	书签控制器
	BrowserViewController.swift	浏览器控制器
	HistoryViewController.swift	浏览历史控制器
	MasterBrowserViewController.swift	包含书签控制器、浏览器控制器、浏览历史控制器的控制器
ViewModel	BookmarkViewModel.swift	书单个签视图模型
	BookmarksViewModel.swift	书签列表视图模型
	HistoriesViewModel.swift	浏览历史列表视图模型
	HistoryViewModel.swift	单个浏览历史视图模型
Views	BookmarkViewCell.swift	书签表格行视图
	BookmarkViewCell.xib	书签表格行视图可视化文件
	BrowserErrorView.swift	浏览器页面出错控件
	BrowserNavigationBar.swift	浏览器导航条控件

核心功能模块,包括网络请求等:

提供基本的工具功能,如货币格式、设备检查、数据迁移;货币数量、代币余额、钱包余额、交易发起等。

提供一般网络服务器数据请求。网络请求是使用 Moya 进行数据请求的封装,

Moya 做了足够多的工作,包括交付给业务层封装成对象的数据、网络层的各种优化工作等。

本模块主要提供功能调用,没有 UI 视图的组件。文件夹及其功能如下表所列。

Core 文件夹	文件	描述
Coordinators	BranchCoordinator.swift	Deeplink 协调器
	CheckDeviceCoordinator.swift	跳转设备越狱提示协调器
	LocalSchemeCoordinator.swift	交易处理协调器
	URLNavigatorCoordinator.swift	路由协调器,内部使用 Deeplink 协调器
Formatters	CurrencyFormatter.swift	货币格式
	ImageURLFormatter.swift	图片路径格式
Helpers	DeviceChecker.swift	设备检查
	JailbreakChecker.swift	设备越狱检查协议
	ScriptMessageProxy.swift	网页消息回调的封装
Initializers	Initializer.swift	初始化协议
	MirgrationInitializer.swift	特定钱包数据库迁移
	SharedMigrationInitializer.swift	通用数据库迁移
	SkipBackupFilesInitializer.swift	忽略备份初始化设置
Migration	MultiCoinMigration.swift	多种代币迁移
Network/Balance	BalanceNetworkProvider.swift	余额协议
	CoinNetworkProvider.swift	货币数量查询工具
	TokenNetworkProvider.swift	代币数量查询工具
	WalletBalanceProvider.swift	钱包余额查询工具
Network/Transactions	EthereumTransactionsProvider.swift	交易工具
	TransactionsNetworkProvider.swift	交易协议
Network	TrustNetwork.swift	网络请求工具
Types	AppTracker.swift	App 跟踪模型,包括启动次数、当前版本启动次数等
	BranchEvent.swift	Deeplink 事件,包括 openURL 和 new-Token
	BranchEventParser.swift	Deeplink 事件解析
	FeesCalculations.swift	费用计算器
	Tabs.swift	网页标签
	TrustRealmConfiguration.swift	Trust 数据库配置
	TrustRequestFormatter.swift	Trust 请求格式工具
	URLNavigable.swift	路由协议

续表

文件夹	文件	描述
ViewModels	GasViewModel.swift	交易费用视图模型
	InCoordinatorViewModel.swift	主协调器的视图模型

以太坊模块：

以太坊客户端功能实现模块，也就是 Web3 请求及响应封装和状态处理，包括失败状态、交易 nonce 值获取、请求数量 eth_getBalance、获得区块数量 eth_blockNumber、与代币交互 eth_call、获得交易 eth_getTransactionByHash、获得交易收据 eth_getTransactionReceipt 等功能。

对 Web3 的访问是通过"JSONRPCKit + APIKit"的框架去请求数据统一使用 xxxRequest 的命名方式来封装 JSONRPCKit 的应用组件。其中定义了 method、parameters 和 response 的转化等，这里的 method 就是调用以太坊 Web3 JSON RPC 接口名称；统一使用 xxxProvider 的命名方式，按功能对 APIKit 的请求组件进行封装。

钱包底层模型及算法主要是在 EtherClient 模块中。其中一个最为重要的类 EtherKeystore，就是算法的核心业务的处理类，它提供了创建钱包、钱包删除、钱包导入、钱包导出、助记词转化、签名工作和私钥管理等管理功能。

EtherKeystore 中使用了 Trust Wallet 独立出来单独开源的两个库：TrustKeystore 是一个用于管理钱包的通用以太坊密钥库，TrustCore 是一个区块链核心的数据结构和算法；另外一个第三方开源库 CryptoSwift 是一个标准的安全加密算法集合的库。

该模块的文件夹及其功能如下表所列。

EtherClient		
文件夹	文件	描述
	CastError.swift	请求失败回调的封装
	ChainState.swift	链路状态模型
	EtherKeystore.swift	以太坊密钥库，包含获取钱包列表、主钱包、导入钱包等功能
	EtherServiceRequest.swift	RPC 请求封装
	ImportType.swift	导入钱包类型枚举
	KeyStoreError.swift	密钥库相关的错误枚举
	Keystore.swift	密钥库协议，包含所有 EtherKeystore 对外方法的声明
	PasswordGenerator.swift	密钥生成工具

续表

文件夹	文件	描述
	TransactionSigning.swift	交易签名工具
Providers/Protocols	NonceProvider.swift	获取交易的 nonce 的请求封装
Providers/Providers	GetNonceProvider.swift	获取交易的 nonce 的请求协议
Types	EthTypedData.swift	以太坊数据处理模型，包含将 Json 可靠解码到 Swift 原始类型等
	WalletType.swift	导入钱包类型枚举
Requests	BalanceRequest.swift	"eth_getBalance"获取数量的请求封装
	BlockNumber.swift	"eth_blockNumber"获取区块树的请求封装
	CallRequest.swift	"eth_call"获取代币余额的请求封装
	EstimateGasRequest.swift	"eth_estimateGas"估计调用需要耗费的 Gas 量的请求封装
	GasPriceRequest.swift	"eth_gasPrice"获取当前 Gas 价格的请求封装
	GetTransactionCountRequest.swift	"eth_getTransactionCount"获取交易数量的请求封装
	GetTransactionReceiptRequest.swift	"eth_getTransactionReceipt"获取交易的收据的请求封装
	GetTransactionRequest.swift	"eth_getTransactionByHash"根据哈希获取交易的请求封装
	SendRawTransactionRequest.swift	"eth_sendRawTransaction"发送交易的请求封装
TrustClient/Models	ArrayResponse.swift	响应数组结构体
	ERC20Contract.swift	ERC20 合约结构体
	OperationType.swift	操作类型枚举
	TokensPrice.swift	代币价格结构体
TrustClient	TrustAPI.swift	TrustAPI 的网络请求封装

钱包导出模块：

主要是钱包导出功能的实现，包括助记词及私钥导出功能。文件夹及其功能如下表所列。

Export 文件夹	文件	描述
Coordinators	BackupCoordinator.swift	keystore 备份协调器
	ExportPhraseCoordinator.swift	助记词备份协调器
	ExportPrivateKeyCoordinator.swift	私钥备份协调器
dViewControllers	ExportPrivateKeyViewController.swift	私钥备份控制器
ViewModels	ExportPhraseViewModel.swift	助记词备份视图模型
	ExportPrivateKeyViewModel.swift	私钥备份视图模型

基类，通用模块：

本模块提供常用的基础功能类，包括 Coordingator 基类、地址验证基类、以太坊数据格式化基类、二维码生成及解释器基类、字符串格式化基类和网络协议等实用方法工具基类。文件及其功能如下表所列。

Foundation 文件夹	文件	描述
	Coordinator.swift	控制器协调器的基础类
	CryptoAddressValidator.swift	地址验证基础类
	DecimalFormatter.swift	精确数值的基础类
	EtherNumberFormatter.swift	以太坊数据的基础类
	QRGenerator.swift	二维码生成器
	QRURLParser.swift	二维码解析器
	StringFormatter.swift	字符串格式化基础类
	Subscribable.swift	订阅类
	TrustNetworkProtocol.swift	网络请求协议
	TrustOperation.swift	多线程基础类

通用数据模型：

通用数据类型对象定义，数量、以太币单位和交易类型等。文件及其功能如下表所列。

Models 文件夹	文件	描述
	Balance.swift	数量模型
	BalanceProtocol.swift	数量协议

续表

文件夹	文件	描述
	EthereumUnit.swift	价值单位模型（wei，Kwei，Gwei，Ether）
	PendingTransaction.swift	正在处理的交易模型
	PushDevice.swift	推送设备模型
	SignTransaction.swift	签名交易模型
	Token.swift	代币模型

设置模块：

设置模块的数据类型、UI视图、控制器组件、业务逻辑及数据模型。

该模块主要是App三个Tab中最右边的一个Setting菜单里面的功能所设计的类对象协调器及UI界面等。文件夹及其功能如下表所列。

Settings 文件夹	文件	描述
Controllers	PreferencesController.swift	偏好设置控制，UserDefaults控制
Coordinators	AddCustomNetworkCoordinator.swift	自定义网络协调器
	HelpUsCoordinator.swift	帮助中心协调器
	PushNotificationsRegistrar.swift	推送通知协调器
	SettingsCoordinator.swift	设置协调器
Types	Analitics.swift	分析枚举
	AutoLock.swift	自动锁屏枚举
	BiometryAuthenticationType.swift	解锁枚举，包括FaceID和TouchID
	Config.swift	App配置模型
	ConfigExplorer.swift	跳转交易详情模型
	Constants.swift	常量集合
	Currency.swift	货币单位模型
	CustomRPC.swift	自定义RPC模型
	PreferenceOption.swift	其他偏好设置模型
	Preferences.swift	偏好设置模型
	RPCServer.swift	RPC服务器模型
	SearchEngine.swift	搜索引擎模型
	SendInputErrors.swift	发送交易错误模型

续表

文件夹	文件	描述
Types	ServiceProvider.swift	一些请求的封装，包括 Twitter、Facebook 等
	SettingsAction.swift	设置操作枚举
	SettingsError.swift	设置错误枚举
	SplashError.swift	密码验证错误枚举
	SplashState.swift	密码输入弹出类型枚举
ViewControllers	AboutViewController.swift	关于控制器
	AddCustomNetworkViewController.swift	增加自定义网络控制器
	BrowserConfigurationViewController.swift	浏览器设置控制器
	DeveloperViewController.swift	开发人员设置控制器
	NetworksViewController.swift	网络设置控制器
	NotificationsViewController.swift	通知设置控制器
	PrivacyViewController.swift	隐私界面控制器
	SettingsViewController.swift	设置界面控制器
	WalletViewController.swift	钱包列表页面控制器
	WellDoneViewController.swift	帮助中心控制器
ViewModels	AboutViewModel.swift	关于界面的界面模型
	AddCustomNetworkViewModel.swift	增加自定义网络界面的界面模型
	AnaliticsViewModel.swift	分析界面的界面模型
	BrowserConfigurationViewModel.swift	浏览器设置界面的界面模型
	HelpUsViewModel.swift	帮助中心界面的界面模型
	NotificationsViewModel.swift	通知设置界面的界面模型
	SettingsViewModel.swift	设置的界面模型

样式：

通用样式的定义。文件及其功能如下表所列。

Style		
文件夹	文件	描述
	AppStyle.swift	App 样式枚举
	Colors.swift	通用颜色模型
	Styles.swift	通用样式模型

交易记录模块：

提供历史交易记录的本地存储、交易状态更新的机制，交易模块 UI 视图展示及控制器的实现。

主要以表格方式展示历史记录，并以天为单位，以时间先后顺序来显示交易记录结果。文件夹及其功能如下表所列。

Transactions 文件夹	文　件	描　述
Coordinators	TransactionsCoordinator.swift	交易协调器
	TrustProvider.swift	App 请求对象工厂
Layout	TransactionsLayout.swift	交易界面布局模型
Storage	Session.swift	交易会话工具
	Transaction.swift	交易模型
	TransactionsStorage.swift	交易存储工具
Types	LocalizedOperationObject.swift	本地交易操作对象模型
	TokenTransfer.swift	代币转移模型
	TransactionDirection.swift	交易去向模型
	TransactionItemState.swift	交易状态模型
	TransactionValue.swift	交易数据模型
ViewControllers	TransactionViewController.swift	交易界面控制器
	TransactionsViewController.swift	交易列表界面控制器
ViewModels	TransactionCellViewModel.swift	交易单元格界面模型
	TransactionDetailsViewModel.swift	交易详情界面模型
	TransactionViewModel.swift	交易界面模型
	TransactionsViewModel.swift	交易列表界面模型
Views	ButtonsFooterView.swift	交易列表头部按钮界面
	TransactionHeaderView.swift	交易列表头部界面
	TransactionViewCell.swift	交易页面单元格
	TransactionsEmptyView.swift	交易空内容界面
	TransactionsTableView.swift	交易列表表格界面

发起交易模块：

提供关于交易发起功能的模块，包括发起交易信息选择与填写、交易详细信息确认、交易参数 Gas 及 Limit 设置等。也包含收款界面显示。文件夹及其功能如下表所列。

Transfer 文件夹	文件	描述
Controllers	TransactionConfigurator.swift	交易配置模型
Coordinators	ConfirmCoordinator.swift	交易确认协调器
	RequestCoordinator.swift	收款协调器
	SendCoordinator.swift	发送交易协调器
	SendTransactionCoordinator.swift	发送交易处理协调器
	SignMessageCoordinator.swift	信息签名协调器
Types	BalanceStatus.swift	数量状态模型
	ConfigureTransaction.swift	交易配置模型
	ConfigureTransactionError.swift	交易配置错误模型
	DAppRequster.swift	DApp 请求模型
	GasLimitConfiguration.swift	Gas 限制配置模型
	GasPriceConfiguration.swift	Gas 价格配置模型
	InCoordinatorError.swift	协调器错误模型
	PaymentFlow.swift	付款流程模型
	SentTransaction.swift	发送交易模型
	TransactionConfiguration.swift	交易配置模型
	TransferType.swift	交易类型模型
	UnconfirmedTransaction.swift	非确认交易模型
ViewControllers	ConfigureTransactionViewController.swift	交易配置界面控制器
	ConfirmPaymentViewController.swift	交易账单界面控制器
	RequestViewController.swift	收款界面控制器
	SendViewController.swift	发送交易界面控制器
ViewModels	ConfigureTransactionViewModel.swift	交易配置界面模型
	ConfirmPaymentDetailsViewModel.swift	交易账单详情界面模型
	ConfirmPaymentViewModel.swift	交易账单界面模型
	MonetaryAmountViewModel.swift	货币数量界面模型
	Pair.swift	发送交易界面模型的交易对模型,代表 ETH-USD 或者 USD-ETH
	RequestViewModel.swift	收款界面模型
	SendViewModel.swift	发送交易界面模型

通用 UI 模块：

提供符合整体风格的常用 UI 功能组件，方便各个模块快速创建及使用。文件夹及其功能如下表所列。

UI 文件夹	文件	描述
	Button.swift	自定义按钮控件
	ContainerView.swift	自定义包含界面控件
	DynamicCollectionView.swift	动态集合视图
	EmptyView.swift	空内容控件
	ErrorView.swift	错误提示控件
	FloatLabelCell.swift	小数标签单元格
	FloatLabelTextField.swift	小数输入框
	FormAppearance.swift	基于 Eureka 封装的静态表格单元格
	LoadingView.swift	正在加载提示控件
	NavigationController.swift	导航控制器
	Scrollable.swift	滚动到顶部协议
	SectionHeader.swift	组头控件
	Size.swift	根据屏幕分辨率返回大小
	StateViewModel.swift	状态视图模型
	TabBarController.swift	标签栏控制器
	TokenImageView.swift	代币图标控件
Form	AddressFieldView.swift	地址栏控件
	EthereumAddressRule.swift	地址规则
	InfoHeaderView.swift	信息头部控件
	PrivateKeyRule.swift	私钥规则
	SliderTextFieldRow.swift	带滚动条的输入框单元格
	TransactionAppearance.swift	交易通用界面的封装

钱包模块：

提供钱包地址的管理功能，私钥、助记词、Keystore 文件等。文件夹及其功能如下表所列。

Wallet 文件夹	文件	描述
Coordinators	InitialWalletCreationCoordinator.swift	创建钱包协调器
	WalletCoordinator.swift	钱包协调器
	WalletsCoordinator.swift	钱包列表协调器

续表

文件夹	文件	描述
Storage	WalletStorage.swift	钱包存储工具
Types	ImportSelectionType.swift	导入钱包选择模型
	WalletAddress.swift	钱包地址模型
	WalletEntryPoint.swift	导入钱包方式枚举
	WalletInfo.swift	钱包信息模型
	WalletInfoType.swift	钱包类型模型
	WalletObject.swift	钱包对象模型
	WalletValueOperation.swift	钱包数值操作模型
ViewControllers	EnterPasswordCoordinator.swift	输入密码协调器
	EnterPasswordViewController.swift	输入密码界面控制器
	ImportMainWalletViewController.swift	导入主钱包界面控制器
	ImportWalletViewController.swift	导入钱包界面控制器
	PassphraseViewController.swift	助记词界面控制器
	SelectCoinViewController.swift	选择货币界面控制器
	TrustDocumentPickerViewController.swift	文件分享界面控制器
	VerifyPassphraseViewController.swift	验证助记词界面控制器
	WalletCreatedController.swift	创建钱包界面控制器
	WalletInfoViewController.swift	钱包信息界面控制器
	WalletsViewController.swift	钱包列表界面控制器
ViewModels	CoinViewModel.swift	货币界面模型
	CreateWalletViewModel.swift	创建钱包界面模型
	EnterPasswordViewModel.swift	输入密码界面模型
	ImportWalletViewModel.swift	导入钱包界面模型
	PassphraseViewModel.swift	助记词界面模型
	SelectCoinsViewModel.swift	选择货币界面模型
	WalletAccountViewModel.swift	钱包账号界面模型
	WalletCreatedViewModel.swift	创建钱包界面模型
	WalletInfoViewModel.swift	钱包信息界面模型
	WalletsViewModel.swift	钱包列表界面模型

续表

文件夹	文件	描述
Views	CoinViewCell.swift	货币单元格界面
	CoinViewCell.xib	货币单元格界面可视化控件
	PassphraseBackgroundShadow.swift	助记词阴影背景界面
	PassphraseView.swift	助记词界面
	WalletViewCell.swift	钱包单元格界面
	WalletViewCell.xib	钱包单元格界面可视化控件
	WordCollectionViewCell.swift	助记词集合单元格界面
	WordCollectionViewCell.xib	助记词集合单元格界面可视化控件

引导页模块：

文件夹及其功能如下表所列。

Welcome 文件夹	文件	描述
ViewControllers	OnboardingCollectionViewController.swift	欢迎介绍页面控制器
	WelcomeViewController.swift	欢迎页面控制器
ViewModels	OnboardingPageViewModel.swift	欢迎介绍界面模型
	WelcomeViewModel.swift	欢迎界面模型
Views	OnboardingPage.swift	介绍页面控件
	OnboardingPageStyle.swift	介绍页面样式

16.3 创建钱包

　　创建钱包就相当于生成一对密钥：公钥(PublicKey)和私钥(PrivateKey)。公钥相当于用户账户在区块链中的地址(Address)；私钥相当于用户钱包的账号密码，它是证明用户是钱包主人的唯一证明，一旦丢失就不可找回。当然，公钥并不完全等于地址，地址是由公钥经过一系列的算法生成的，需要经过 SHA3-256(Keccak)哈希然后转化为符合 EIP55 规则的字符串。

　　私钥通常以非常安全的方式保存，并用来签名对以太坊发起交易消息；公钥是人人都可以找到的，通过公钥就可以验证你的签名。TrustCore 中对以太坊私钥和地址的 keysize 定义为：私钥是 32 字节，公钥地址是 20 字节，所以十六进制字符串的私钥长度为 64 位，而公钥地址长度为 40 位。

　　具体来说，创建公钥和私钥的功能是通过 TrustCore 开源库中的 PrivateKey 对象的相应方法来达成的。当然,TrustCore 底层实现也是通过苹果官方的 Security 框架组件来实现的,其中包括创建公钥和私钥的功能。

接下来看下创建钱包的功能涉及了哪些相关的类关系图,如图 16-5 所示。

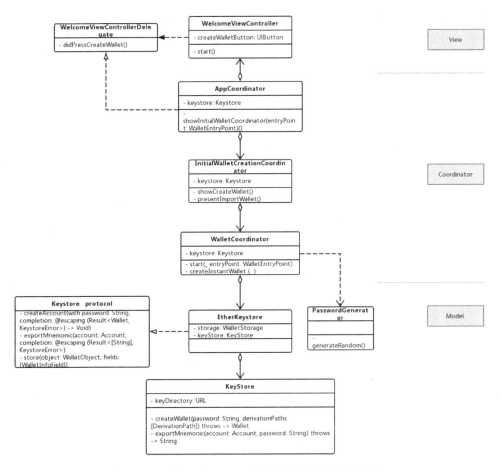

图 16-5 Trust Wallet iOS 版创建钱包重要类关系图

1. 创建钱包所涉及的业务逻辑功能类

Wallet 模块:包括 View 视图类及 Coordinator 视图控制器类,相关界面显示、用户事件响应以及底层核心算法的协调调用。

EtherClient 模块:钱包的底层模型及核心算法,其中一个最为重要的类——EtherKeystore,是算法的核心业务的处理类,它除了提供创建钱包,还有钱包删除、钱包导入、钱包导出、助记词转化、签名工作私钥管理等管理功能。其中 EtherKeystore 使用了 Trust Wallet 单独开源的两个库。

TrustKeystore:用于管理钱包的通用以太坊密钥库;Trust Wallet 是单独开源的一个库。

TrustCore：区块链核心的数据结构和算法，是 Trust Wallet 单独开源的一个库。
CryptoSwift：一个标准的安全加密算法集合的第三方开源库。

2. 代码详解

下面对涉及创建钱包的主要相关类和源代码进行详细解说。

首先来看 EtherClient 模块里面一个名称为 PasswordGenerator.swift 的文件，它专门负责输出一个密钥，该密钥用于加密即将随机产生的以太坊账户所对应的私钥。其相应关键代码如下：

Trust/EtherClient/PasswordGenerator.swift

```swift
static func generateRandom() -> String {
    return PasswordGenerator.generateRandomString(bytesCount: 32)
}

static func generateRandomString(bytesCount: Int) -> String {
    var randomBytes = [UInt8](repeating: 0, count: bytesCount)
    let _ = SecRandomCopyBytes(kSecRandomDefault, bytesCount, &randomBytes)
    return randomBytes.map({ String(format: "%02hhx", $0) }).joined(separator: "")
}
```

接下来看 EtherClient 模块里面一个名称为 EtherKeystore.swift 的文件，它有一个方法 createAccount 是负责创建钱包账户的私钥。

createAccount 通过上一个步骤生成的密码传入 KeyStore 对象创建账号的方法，生成一个以太坊账号。密码是用来加密账号私钥的，后续如果要使用该账号对应的私钥进行签名交易消息，则需要用到这个密码，所以要通过 setPassword 方法来保存账号及对应的密码。

KeyStore 是 TrustKeystore 库里面一个创建账号的方法，通过继续调用在相同库里面另外一个类文件 KeystoreKey.swift 来实现具体的创建私钥的方法。

Trust/EtherClient/EtherKeystore.swift

```swift
func createAccount(with password: String, completion: @escaping (Result<Account, KeystoreError>) -> Void) {
    DispatchQueue.global(qos: .userInitiated).async {
        let account = self.createAccout(password: password)
        DispatchQueue.main.async {
            completion(.success(account))
        }
    }
}
```

```swift
func createAccout(password: String) -> Account {
    let account = try! keyStore.createAccount(password: password, type: .hierarchicalDeterministicWallet)
    let _ = setPassword(password, for: account)
    return account
}
```

通过 createAccount 方法创建账户私钥成功后,对用户来说并没有完成流程,还需要立刻把相应的助记词导出来,给用户确认备份完毕后,创建钱包的流程才算是完成了。

同样是在 EtherKeystore.swift 文件中名为 exportMnemonic 的方法,专门用于导出账户的助记词。该方法是管理密码和账号的关系,具体导出助记词方法的实现也是调用 KeySotre 以及类来实现的。

```swift
func exportMnemonic(account: Account, completion: @escaping (Result<[String], KeystoreError>) -> Void) {
    guard let password = getPassword(for: account) else {
        return completion(.failure(KeystoreError.accountNotFound))
    }
    DispatchQueue.global(qos: .userInitiated).async {
        do {
            let mnemonic = try self.keyStore.exportMnemonic(account: account, password: password)
            let words = mnemonic.components(separatedBy: " ")
            DispatchQueue.main.async {
                completion(.success(words))
            }
        } catch {
            DispatchQueue.main.async {
                completion(.failure(KeystoreError.accountNotFound))
            }
        }
    }
}
```

接下来稍加深入地看一下 TrustKeystore 库的 Keystore.swift 类的导出助记词方法的实现,代码如下:

Pods/Trustkeystore/Keystore.swift

```swift
public func exportMnemonic(account: Account, password: String) throws -> String {
    guard let key = keysByAddress[account.address] else {
        fatalError("Missing account key")
```

```
        }
        var privateKey = try key.decrypt(password: password)
        defer {
            privateKey.resetBytes(in: 0..< privateKey.count)
        }

        switch key.type {
        case .encryptedKey:
            throw EncryptError.invalidMnemonic
        case .hierarchicalDeterministicWallet:
            guard let string = String(data: privateKey, encoding: .ascii) else {
                throw EncryptError.invalidMnemonic
            }
            if string.hasSuffix("\0") {
                return String(string.dropLast())
            } else {
                return string
            }
        }
    }
```

创建钱包功能的流程总结：

首先用 Wallet 模块中 WalletCoordinator 的 createInstantWallet 方法捕获用户触发需创建钱包的事件后，就会协调进行钱包的创建功能的调用；在该方法中，先通过 EtherClient 模块的 PasswordGenerator 类生成一个 32 字节长度的随机密钥；随后，EtherKeystore 使用该密钥调用 KeyStore 等类方法创建 Account 钱包对象，并记录密码与该钱包的对应关系；至此，技术上来看，钱包创建完毕。

在用户流程方面，接下来需要利用该 Account 钱包对象调用 EtherKeystore 的 exportMnemonic 方法导出助记词，以供用户确认备份。

可以看到，创建钱包功能底层主要是使用 TrustKeystore 库的 Keystore 和 KeystoreKey 类的相应方法来实现底层算法功能，包括 createAccount 以及 exportMnemonic(account: Account, password: String)方法，实现创建账号及其私钥，并可以根据密码和钱包账户的关系导出助记词。

16.4 导入钱包

钱包导入就是用户提供现成的密钥数据，钱包 App 通过对密钥数据进行解密或者运算，从而恢复并获得对私钥的使用权。导入钱包主要有三种方式：Keystore、私钥和助记词。

由于钱包地址是公开的,我们也将地址导入钱包 App 中,但是由于无法恢复生成私钥,所以也无法获得对该账号的使用权,只能查看这个钱包的相关公开数据,例如账号余额、交易记录、代币余额及转发记录等。

由于导入地址这种方式不可以通过该地址进行签名或者发起任何写入区块链消息的操作,所以就不需要通过调用 KeyStore 组件进行私钥的操作了,只需要 Ether-Keystore 进行本地操作,将其放入本地的 Realm 数据库中,称导入地址的钱包为观察钱包。在钱包 App 查看钱包列表的过程中,会整合有使用权的钱包以及观察钱包,两者组成的数据为本地钱包列表。

也可以说导入钱包有四种方式,包括 Keystore、私钥、助记词以及地址,导入钱包的重要类关系如图 16-6 所示。

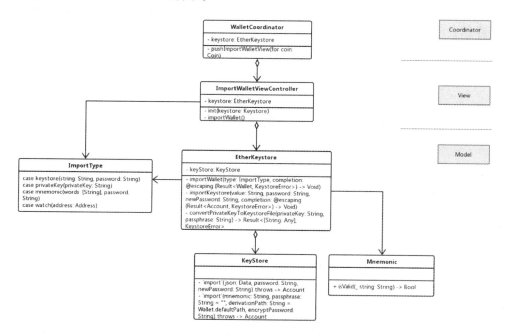

图 16-6　Trust Wallet iOS 版导入钱包重要类关系图

导入钱包所涉及的业务逻辑功能类与创建钱包所设计的类是一样的,区别在于它们里面的调用方法不同。

代码详解

接下来对涉及导入钱包的主要相关类和源代码进行详细解说。

首先来看 EtherClient 模块里名称为 ImportType.swift 的文件,它定义了导入钱包的类型。其相应关键代码如下:

Trust/EtherClient/ImportType.swift

```
enum ImportType {
```

```
case keystore(string: String, password: String)
case privateKey(privateKey: String)
case mnemonic(words: [String], password: String)
case watch(address: Address)
}
```

Wallet 模块中的 ImportWalletViewController 是导入钱包的界面呈现类。

当用户通过界面触发导入钱包功能事件时,通过 EtherClient 模块的 EtherKeystore 类的 importWallet 方法来导入钱包。然后通过代理方法 didImportAccount (account、fields、viewController)传出钱包信息对象和钱包名称数组到 WalletCoordinator 类中。

最后通过 EtherKeystore 类使用导出的钱包信息对象和钱包名称通过 store 方法存储钱包信息到数据库中,代码如下:

Trust/EtherClient/EtherKeystore.swift

```
func importWallet(type: ImportType, completion: @escaping (Result <Wallet, KeystoreError>) -> Void) {
    let newPassword = PasswordGenerator.generateRandom()
    switch type {
    case .keystore(let string, let password):
        importKeystore(
            value: string,
            password: password,
            newPassword: newPassword
        ) { result in
            switch result {
            case .success(let account):
                completion(.success(Wallet(type: .privateKey(account))))
            case .failure(let error):
                completion(.failure(error))
            }
        }
    case .privateKey(let privateKey):
        keystore(for: privateKey, password: newPassword) { result in
            switch result {
            case .success(let value):
                self.importKeystore(
                    value: value,
                    password: newPassword,
                    newPassword: newPassword
                ) { result in
                    switch result {
```

```swift
            case .success(let account):
                completion(.success(Wallet(type: .privateKey(account))))
            case .failure(let error):
                completion(.failure(error))
            }
        }
    case .failure(let error):
        completion(.failure(error))
    }
}

case .mnemonic(let words, let passphrase):
    let string = words.map { String($0) }.joined(separator: " ")
    if !Mnemonic.isValid(string) {
        return completion(.failure(KeystoreError.invalidMnemonicPhrase))
    }
    do {
        let account = try keyStore.import(mnemonic: string, passphrase: passphrase, encryptPassword: newPassword)
        setPassword(newPassword, for: account)
        completion(.success(Wallet(type: .hd(account))))
    } catch {
        return completion(.failure(KeystoreError.duplicateAccount))
    }

case .watch(let address):
    let addressString = address.description
    guard !watchAddresses.contains(addressString) else {
        return completion(.failure(.duplicateAccount))
    }
    self.watchAddresses = [watchAddresses, [addressString]].flatMap { $0 }
    completion(.success(Wallet(type: .address(address))))
}
```

Trust/Wallet/Coordinators/WalletCoordinator.swift

```swift
extension WalletCoordinator: ImportWalletViewControllerDelegate {
    func didImportAccount(account: WalletInfo, fields: [WalletInfoField], in viewController: ImportWalletViewController) {
        keystore.store(object: account.info, fields: fields)
        didCreateAccount(account: account)
    }
}
```

钱包导入主要是通过 EtherKeystore.swift 文件及 TrustKeystore 库的 KeyStore.swift 文件,主要流程如下:

① 判断导入类型 ImportType,并根据不同类型执行相应处理流程。

keystore 方式导入:通过用户提供的密码对 keystore 的 Json 文本进行解密,获得私钥;然后通过 TrustKeystore 库 KeystoreKey 类方法,封装私钥生成账户地址等,并用随机生成的新密码加密实现导入钱包;

私钥方式导入:将私钥用一个随机生成的密码,加密形成一个 keystore 文件 Json 文本,然后使用 keystore 方式导入(同上);

助记词方式导入:首先通过 Mnemonic 验证助记词是否正确,然后通过 Keystore 模型封装助记词生成账户地址等,并使用随机生成的密码对其加密,实现导入钱包;

地址导入。

② 在 Keystore 模型中存储钱包,并保存随机密码与钱包地址关系。

16.5 导出钱包

钱包导出分三种方式:Keystore、私钥和助记忆词。在 keychain 中将密码取出,然后通过 KeystoreKey 解密获得私钥或者助记词,从而实现导出,如图 16-7 所示。

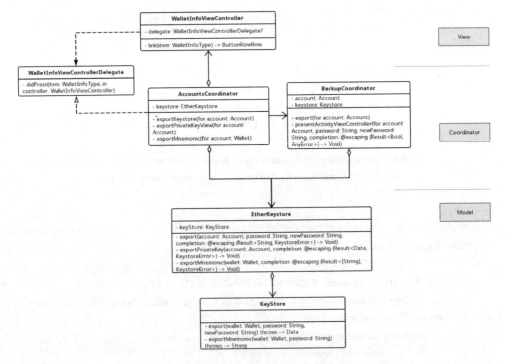

图 16-7 Trust Wallet iOS 版导出钱包重要类关系图

第16章 iOS钱包项目

1. 导出钱包所涉及的业务逻辑功能类

Wallet 和 Accounts 模块：包括 View 视图类及 Coordinator 视图控制器类、相关界面显示、用户事件响应，以及对底层核心算法的协调调用。

EtherClient 模块：钱包的底层模型及核心算法，其中一个最为重要的类——EtherKeystore，是算法的核心业务的处理类，它除了提供导入钱包，还有钱包删除、钱包创建、钱包导出、助记词转化、签名工作和私钥管理等管理功能。

TrustKeystore：用于管理钱包的通用以太坊密钥库，是单独开源的一个库。

Wallet 模块中的 WalletInfoViewController 是导出钱包的界面呈现类，而钱包的导出是通过 EtherClient 模块的 EtherKeystore 类的导出方法来实现的，包括 exportPrivateKey 导出私钥方法和 exportMnemonic 导出助记词等方法。这些导出方法是通过调用第三方库 TrustKeystore 的 Keystore 类的响应方法来实现钱包的导出功能。

2. 代码详解

接下来对涉及导出钱包的主要相关类和源代码进行详细解说。

主要看 EtherClient 模块里名称为 EtherKeystore.swift 的文件中的三个导出方法，他们分别是：export、exportPrivateKey 和 exportMnemonic。

Trust/EtherClient/EtherKeystore.swift

```
func export(account: Account, password: String, newPassword: String, completion: @escaping (Result <String, KeystoreError> ) -> Void) {
    DispatchQueue.global(qos: .userInitiated).async {
        let result = self.export(account: account, password: password, newPassword: newPassword)
        DispatchQueue.main.async {
            completion(result)
        }
    }
}

func export(account: Account, password: String, newPassword: String) -> Result <String, KeystoreError> {
    let result = self.exportData(account: account, password: password, newPassword: newPassword)
    switch result {
    case .success(let data):
        let string = String(data: data, encoding: .utf8) ?? ""
        return .success(string)
    case .failure(let error):
        return .failure(error)
```

```swift
        }
    }
    
    func exportPrivateKey(account: Account, completion: @escaping (Result <Data, KeystoreError>) -> Void) {
        guard let password = getPassword(for: account) else {
            return completion(.failure(KeystoreError.accountNotFound))
        }
        DispatchQueue.global(qos: .userInitiated).async {
            do {
                let privateKey = try self.keyStore.exportPrivateKey(account: account,
                                password: password)
                DispatchQueue.main.async {
                    completion(.success(privateKey))
                }
            } catch {
                DispatchQueue.main.async {
                    completion(.failure(KeystoreError.failedToDecryptKey))
                }
            }
        }
    }
    
    func exportMnemonic(account: Account, completion: @escaping (Result <[String], KeystoreError>) -> Void) {
        guard let password = getPassword(for: account) else {
            return completion(.failure(KeystoreError.accountNotFound))
        }
        DispatchQueue.global(qos: .userInitiated).async {
            do {
                let mnemonic = try self.keyStore.exportMnemonic(account: account, password: password)
                let words = mnemonic.components(separatedBy: " ")
                DispatchQueue.main.async {
                    completion(.success(words))
                }
            } catch {
                DispatchQueue.main.async {
                    completion(.failure(KeystoreError.accountNotFound))
                }
            }
        }
    }
}
```

钱包导出的核心是文件 EtherKeystore 及 TrustKeystore 库的 KeyStore.swift 文件。

导出方式：

① 导出 keystore，通过 Keystore 模型获得指定账户 Account 封装的对象，然后使用用户设置的密码加密私钥并导出 keystore 的 Json 字符串；

② 导出私钥，先从 keychain 查看是否存在钱包密钥，再通过 Account 模型根据密钥导出钱包的私钥数据；

③ 导出助记词，先从 keychain 查看是否存在钱包密钥，然后通过 Keystore 模型根据密钥和钱包生成助记词字符串，再将该字符串转换成字符串数组。

导出形式：

① 将 keystore 字符串写成文件，通过系统分享组件输出该文件；

② 将私钥字符串呈现在页面上；

③ 将助记词的字符串数组呈现到页面上。

16.6 发起交易

发起交易所涉及的业务逻辑功能类以及发起交易的核心算法均在 Transfer 模块中，主要包括相关界面显示、用户事件响应以及底层核心算法的实现，如图 16-8 所示。

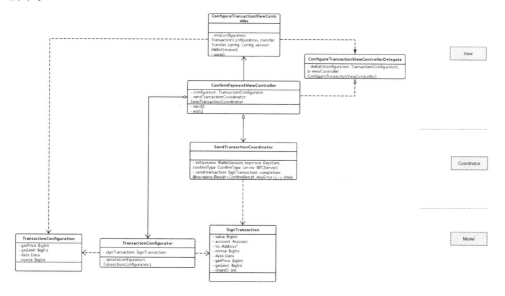

图 16-8 Trust Wallet iOS 版发起交易重要类关系图

Transfer 模块的 ConfirmPaymentViewController 是一个交易确认的界面控制器，单击界面上的发送按钮，将会创建一个 SendTransactionCoordinator 交易协调器，并使用其发起交易。发起交易的主要代码如下：

Trust/Transfer/Coordinators/SendTransactionCoordinator.swift

```swift
func send(transaction: SignTransaction, completion: @escaping (Result <ConfirmResult, AnyError>) -> Void) {
    if transaction.nonce >= 0 {
        signAndSend(transaction: transaction, completion: completion)
    } else {
        let request = EtherServiceRequest(for: server, batch: BatchFactory().create
                    (GetTransactionCountRequest(
            address: transaction.account.address.description,
            state: "latest"
        )))
        Session.send(request) { [weak self] result in
            guard let 'self' = self else { return }
            switch result {
            case .success(let count):
                let transaction = self.appendNonce(to: transaction, currentNonce: count)
                self.signAndSend(transaction: transaction, completion: completion)
            case .failure(let error):
                completion(.failure(AnyError(error)))
            }
        }
    }
}

private func appendNonce(to: SignTransaction, currentNonce: BigInt) -> SignTransaction {
    return SignTransaction(
        value: to.value,
        account: to.account,
        to: to.to,
        nonce: currentNonce,
        data: to.data,
        gasPrice: to.gasPrice,
        gasLimit: to.gasLimit,
        chainID: to.chainID,
        localizedObject: to.localizedObject
    )
}
```

```swift
private func signAndSend(
    transaction: SignTransaction,
    completion: @escaping (Result <ConfirmResult, AnyError> ) -> Void
) {
    let signedTransaction = keystore.signTransaction(transaction)

    switch signedTransaction {
    case .success(let data):
        approve(confirmType: confirmType, transaction: transaction, data: data, completion: completion)
    case .failure(let error):
        completion(.failure(AnyError(error)))
    }
}


private func approve(confirmType: ConfirmType, transaction: SignTransaction, data: Data, completion: @escaping (Result <ConfirmResult, AnyError> ) -> Void) {
    let id = data.sha3(.keccak256).hexEncoded
    let sentTransaction = SentTransaction(
        id: id,
        original: transaction,
        data: data
    )
    let dataHex = data.hexEncoded
    switch confirmType {
    case .sign:
        completion(.success(.sentTransaction(sentTransaction)))
    case .signThenSend:
        let request = EtherServiceRequest(for: server, batch: BatchFactory().create(SendRawTransactionRequest(signedTransaction: dataHex)))
        Session.send(request) { result in
            switch result {
            case .success:
                completion(.success(.sentTransaction(sentTransaction)))
            case .failure(let error):
                completion(.failure(AnyError(error)))
            }
        }
    }
}
```

发起交易的核心是文件 SendTransactionCoordinator,主要流程如下:

① 设置交易配置参数，更新交易模型；
② 通过 SendTransactionCoordinator 以交易模型为参数发送交易请求；
③ 展示交易结果。

16.7 交易记录

Trust Wallet 是通过第三方服务节点拉取指定地址的交易列表。Trust Wallet 将拉取到的交易信息通过 Realm 存储到本地数据库中，每次以分页形式拉取最新的交易信息，同时后台运行了一个刷新线程，通过 eth_getTransactionByHash 方法更新交易状态，如图 16-9 所示。

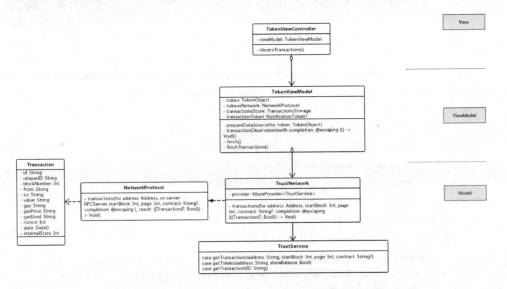

图 16-9 Trust Wallet iOS 版交易记录重要类关系图

交易记录所涉及的业务逻辑功能类均在 Token 模块中，主要包括相关界面显示、用户事件响应以及底层核心算法的协调调用。

具体获取交易记录的核心算法是在 Core 模块中。一个重要的类 TrustNetwork 是该算法核心业务的处理类，有获取交易、获取代币列表、获取交易收据等功能。

Token 模块的 TokenViewModel 通过 fetchTransactions 方法来获取交易数据，其中通过 TrustNetwork 网络请求封装类的 transactions 方法，根据账号地址、RPC 地址、区块数、页码等参数进行交易数据的网络请求，代码如下：

/Trust/Core/Network/TrustNetwork.swift

```
func transactions(for address: Address, startBlock: Int, page: Int, contract: String?, completion: @escaping (([Transaction]?, Bool)) -> Void) {
```

```
                provider.request(.getTransactions(address: address.description, startBlock:
startBlock, page: page, contract: contract)) { result in
            switch result {
            case .success(let response):
                do {
                    let transactions: [Transaction] = try response.map(ArrayResponse<
                                    Transaction>.self).docs
                    completion((transactions, true))
                } catch {
                    completion((nil, false))
                }
            case .failure:
                completion((nil, false))
            }
        }
    }
}
```

交易记录的核心是文件 TokenViewModel，主要流程如下：

① TokenViewModel 初始化时，调用 prepareDataSource()方法获取数据库的交易数据；

② 页面创建时，通过 TokenViewModel 的 fetch 方法里的 fetchTransactions 方法获取交易记录；

③ 在 fetchTransactions 方法中，通过网络工具 tokensNetwork 根据当前账号地址、数据块、页数和合约地址（如果是主币就传空）请求交易记录；

④ 将获取到的交易数据更新到数据库中；

⑤ TokenViewController 通过监听交易数据 transactionObservation，当数据发生变化时，更新表格界面。

16.8 账户查询

1. 账户余额查询

获取余额所涉及的业务逻辑功能类主要在 Token 模块中，主要包括相关界面显示、用户事件响应以及底层核心算法的协调调用。余额查询功能中总要的类及其关系如图 16-10 所示。

具体获取余额的核心算法是在 Tokens 模块中。一个重要的类 TokensBalanceService 是该算法核心业务的处理类，具有获取余额的功能。

Token 模块中的 TokenViewModel 视图模型通过 balance 方法获取余额并通知页面更新数据。其中通过 TokensBalanceService 余额请求的封装类，根据账号地址

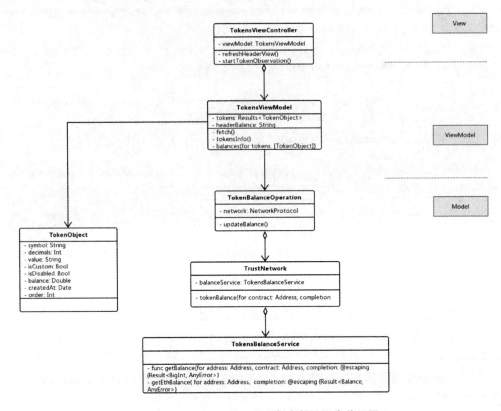

图 16-10 Trust Wallet iOS 版余额重要类关系图

等参数发起余额请求,代码如下:

Trust/Core/Network/TrustNetwork.swift

```
func tokenBalance(for contract: Address, completion: @escaping (_ result: Balance?) -> Void) {
    if contract == TokensDataStore.etherToken(for: config).address {
        balanceService.getEthBalance(for: account.address) { result in
            switch result {
            case .success(let balance):
                completion(balance)
            case .failure:
                completion(nil)
            }
        }
    } else {
        balanceService.getBalance(for: account.address, contract: contract) { result in
```

```swift
            switch result {
            case .success(let balance):
                completion(Balance(value: balance))
            case .failure:
                completion(nil)
            }
        }
    }
}
```

Trust/Tokens/Coordinators/TokensBalanceService.swift

```swift
public class TokensBalanceService {
    func getBalance(
        for address: Address,
        contract: Address,
        completion: @escaping (Result <BigInt, AnyError>) -> Void
    ) {
        let encoded = ERC20Encoder.encodeBalanceOf(address: address)
        let request = EtherServiceRequest(
            batch: BatchFactory().create(CallRequest(to: contract.description, data: encoded.hexEncoded))
        )
        Session.send(request) { result in
            switch result {
            case .success(let balance):
                let biguint = BigUInt(Data(hex: balance))
                completion(.success(BigInt(sign: .plus, magnitude: biguint)))
            case .failure(let error):
                completion(.failure(AnyError(error)))
            }
        }
    }

    func getEthBalance(
        for address: Address,
        completion: @escaping (Result <Balance, AnyError>) -> Void
    ) {
        let request = EtherServiceRequest(batch: BatchFactory().create(BalanceRequest(address: address.description)))
        Session.send(request) { result in
            switch result {
```

```
            case .success(let balance):
                completion(.success(balance))
            case .failure(let error):
                completion(.failure(AnyError(error)))
            }
        }
    }
}
```

余额的核心是文件 TrustNetwork.swift,其主要流程如下:

① 页面创建时,通过 TokensViewModel 的 fetch 方法中的 tokenInfo 方法获取所有代币列表;

② 获取代币列表后,同时通过 TokensViewModel 的 prices 方法获取所有代币的价格,通过 balances 方法获取所有代币的余额;

③ 其中 balances 方法将所有代币模型(TokenObject)转换成 TokenBalanceOperation 对象,并将所有生成的 TokenBalanceOperation 对象添加至一个队列中并进行请求;

④ TokenBalanceOperation 类中调用 updateBalance 方法获取余额,其中要通过 TrustNetwork 网络请求对象的 tokenBalance 方法发起余额的网络请求;

⑤ 当队列中所有 TokenBalanceOperation 对象的余额请求完成后,将通过代理告知并刷新界面。

2. 价格查询

获取价格所涉及的业务逻辑功能类主要在 Token 模块里面,主要包括相关界面显示、用户事件响应以及底层核心算法的协调调用。价格查询功能中总要的类及其关系如图 16-11 所示。

具体获取价格的核心算法是在 Core 模块中。一个重要的类 TrustNetwork 是该算法核心业务的处理类,有获取价格的功能。

Token 模块的 TokenViewModel 调用 price 方法来获取代币价格,通过 TrustNetwork 网络请求封装类的 tickers 方法。其中通过 APIProvider 一个 Moya 封装的请求对象,根据代币数组对价格进行网络请求,代码如下:

Trust/Core/Network/TrustNetwork.swift

```
func tickers(with tokenPrices: [TokenPrice], completion: @escaping (_ tickers: [CoinTicker]?) -> Void) {
    let tokensPriceToFetch = TokensPrice(
        currency: config.currency.rawValue,
        tokens: tokenPrices
    )
```

第 16 章 iOS 钱包项目

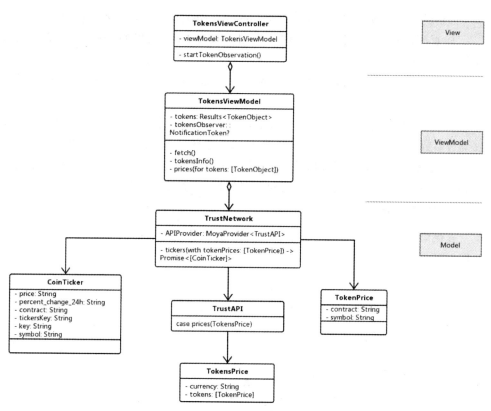

图 16-11 Trust Wallet iOS 版价格重要类关系图

```
APIProvider.request(.prices(tokensPriceToFetch)) { result in
    guard case .success(let response) = result else {
        completion(nil)
        return
    }
    do {
        let rawTickers = try response.map([CoinTicker].self, atKeyPath: "response", using: JSONDecoder())
        let tickers = rawTickers.map {rawTicker in
            return self.getTickerFrom(rawTicker: rawTicker, withKey: CoinTickerKeyMaker.makeCurrencyKey(for: self.config))
        }
        completion(tickers)
    } catch {
        completion(nil)
    }
}
```

价格的核心是文件 TokensViewModel 和 TrustNetwork，主要流程如下：

① 页面创建时，通过 TokensViewModel 的 fetch 方法里的 tokenInfo 方法获取所有代币列表；

② 获取代币列表后，通过 TokensViewModel 的 prices 方法获取所有代币的价格；

③ TrustNetwork 通过 tickers 方法，以 tokens 数组转换成的 TokenPrice 对象数组为参数，发起请求，请求成功后会将请求结果转换为 CoinTicker 对象数组；

④ 更新数据库中对应代币的价格，TokenViewController 通过对交易数据的监听 tokenObservation，当数据发生变化的时候，更新界面中的价格标签文字。

3. 代币查询

提供添加代币并保存到本地数据库的功能。主要存储信息包括合约地址、代币名称、代币符号以及精确位数，方便用户查看，如图 16-12 所示。

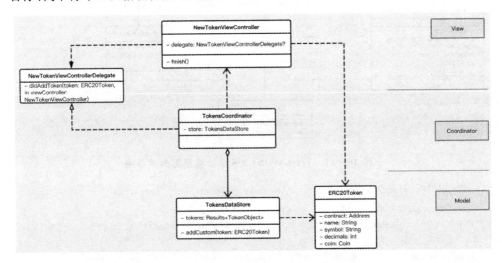

图 16-12 Trust Wallet iOS 版代币重要类关系图

代币所涉及的业务逻辑功能类和核心算法主要在 Token 模块中，主要包括相关界面显示、用户事件响应以及底层核心算法的实现。

Token 模块的 NewTokenViewController 是添加代币的视图控制器，单击完成按钮会触发 finish 方法，并创建一个 ERC20 代币传递给 TokensCoordinator 代币协调器，然后再通过 TokensDataStore 的 addCustom 方法来添加 ERC20 格式的代币到数据库中，代码如下：

Trust/Tokens/Storagte/TokensDataStore.swift

```
func addCustom(token: ERC20Token) {
    let newToken = TokenObject(
```

```
            contract: token.contract.description,
            name: token.name,
            symbol: token.symbol,
            decimals: token.decimals,
            value: "0",
            isCustom: true
        )
        add(tokens: [newToken])
    }

    func add(tokens: [Object]) {
        try? realm.write {
            if let tokenObjects = tokens as? [TokenObject] {
                let tokenObjectsWithBalance = tokenObjects.map { tokenObject -> TokenOb-
                                              ject in
                    tokenObject.balance = self.getBalance(for: tokenObject, with: self.
                                          tickers())
                    return tokenObject
                }
                realm.add(tokenObjectsWithBalance, update: true)
            } else {
                realm.add(tokens, update: true)
            }
        }
    }
```

添加代币的核心是文件 TokensDataStore，主要流程如下：

① 在创建代币页面 NewTokenViewController 中，输入合约地址、代币名称、代币符号以及精确位数；

② 单击完成按钮，先判断输入信息是否正确，如果正确就创建 ERC20Token 代币模型对象；

③ 在 TokensCoordinator 中的 TokensDataSource 代币数据对象中添加 ERC20-Token 代币。

16.9 DApp 浏览器

Trust Wallet 的一个模块是 Web3 浏览器，它支持许多 DApp 分布式应用，支持基于以太坊的货币交易和游戏的 DApps。当然，它也具备普通浏览器的功能，访问其他网址、添加书签和查看历史记录等。

DApp 的交易是通过一个 Web3 浏览器来进行的。在 Web3 浏览器中的 DApp

中，可以发起转账交易，发起方式就是 JS 调用原生 iOS。通过传入的数据，在 BrowserCoordinator 模块中将数据进行解析，如图 16-13 所示。

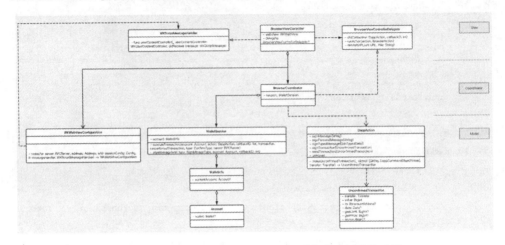

图 16-13　Trust Wallet iOS 版 DApp 浏览器重要类关系图

DApp 的核心是文件 BrowserCoordinator，主要流程如下：

① 页面 BrowserViewController 创建时，设置 WKWebViewConfiguration 代理，监听浏览器与 JavaScript 的交互；

② 当发生 JavaScript 交互时，创建回调和事件 DAppAction 模型；

③ BrowserCoordinator 解析 DAppAction 模型，并分别执行交易和签名信息；

④ 跳转确认交易页面；

⑤ 发起交易，并执行回调。

Trust/Browser/Coordinators/BrowserCoordinator.swift

```
private func executeTransaction(account: Account, action: DappAction, callbackID: Int, transaction: UnconfirmedTransaction, type: ConfirmType, server: RPCServer) {
    let configurator = TransactionConfigurator(
        session: session,
        account: account,
        transaction: transaction,
        server: server,
        chainState: ChainState(server: server)
    )
    let coordinator = ConfirmCoordinator(
        session: session,
        configurator: configurator,
        keystore: keystore,
        account: account,
        type: type,
```

```swift
            server: server
        )
        addCoordinator(coordinator)
        coordinator.didCompleted = { [unowned self] result in
            switch result {
            case .success(let type):
                switch type {
                case .signedTransaction(let transaction):
                    // on signing we pass signed hex of the transaction
                    let callback = DappCallback(id: callbackID, value: .signTransaction(transaction.data))
                    self.rootViewController.browserViewController.notifyFinish(callbackID: callbackID, value: .success(callback))
                    self.delegate?.didSentTransaction(transaction: transaction, in: self)

                case .sentTransaction(let transaction):
                    // on send transaction we pass transaction ID only.
                    let data = Data(hex: transaction.id)
                    let callback = DappCallback(id: callbackID, value: .sentTransaction(data))
                    self.rootViewController.browserViewController.notifyFinish(callbackID: callbackID, value: .success(callback))
                    self.delegate?.didSentTransaction(transaction: transaction, in: self)
                }
            case .failure:
                self.rootViewController.browserViewController.notifyFinish(
                    callbackID: callbackID,
                    value: .failure(DAppError.cancelled)
                )
            }
            coordinator.didCompleted = nil
            self.removeCoordinator(coordinator)
            self.navigationController.dismiss(animated: true, completion: nil)
        }
        coordinator.start()
        navigationController.present(coordinator.navigationController, animated: true, completion: nil)
    }
```

至此,Trust Wallet iOS DApp 模块的主要代码及流程讲解完毕。

第 17 章

附 录

17.1 Android 国内各大应用商店

对于打包好的 APK，国内市场可以发布到各大应用商店，例如 360 手机助手、腾讯应用宝、小米商店、华为应用市场、OPPO 应用商店和 vivo 应用商店等平台。国外市场可以发布到谷歌应用市场。

应用上传基本流程如下：

① 在各个应用市场注册自己的账号（企业账号需要准备企业相关的证书）；

② 应用市场审核通过之后，上传自己的应用进行审核；

③ 应用审核通过就可以在应用市场下载。

需要准备的资料有：企业的营业执照扫描件、法人的身份证件、邮箱和手机号码等。每个市场的要求不同，具体准备工作按照注册流程就可以。

上传应用时需要准备的资料包括：应用的 APK 文件、应用 Logo 图、应用截图（一般最少四张）、应用描述、关键词、软件著作权证书和应用权限等，但每个市场的具体要求不同，提交时一定要按要求去填写，不明白的地方可以单击后面的问号，或者前往网站的文档去查阅，否则会因为某一个细节问题而导致审核不通过。提交时最好附带上一个测试账号和密码，这样做有利于通过审核。提交完成后，等待审核结果就可以了，一般 3~5 天都能收到审核结果。

各大应用商店的具体资料如下：

(1) 腾讯应用宝

腾讯开放平台地址：http://open.qq.com；

注册开发者账号地址：https://ssl.zc.qq.com/v3/index-chs.html。

重要提示：开发者 QQ 号码一旦注册则不能变更，建议使用公司老板或法人代表的 QQ 号码，不要使用员工私人号码注册，以免遇到员工离职等情况造成不必要的麻烦。2017 年 9 月 18 日以后，应用上架要提交软件著作权证明（原件的扫描件）或者应用 PC 官网 ICP 备案截图、官网地址和两个以上在应用宝以外的市场上线成功后的相应管理后台状态截图。如果 App 在应用宝搜索不到（不能外显），则必须提供软著和版号。

注册开发者账号方法请见：http：//wiki．open．qq．com/wiki/％E6％B3％A8％E5％86％8C％E5％BC％80％E5％8F％91％E8％80％85％E5％B8％90％E5％8F％B7；

应用提交方法请见：http：//wiki．open．qq．com/wiki/％E5％88％9B％E5％BB％BA％E6％96％B0％E5％BA％94％E7％94％A8。

（2）360手机助手

360开放平台地址：http：//dev．360．cn；

注册开发者账号地址：http：//dev．360．cn。

重要提示：开发者账号建议使用公司老板或法人代表的邮箱或手机。企业操作人要进行实名认证，要提供身份证号、银行卡号及预留的手机验证码验证。应用上架必须要提交360的保证函。

注册开发者账号方法请见：http：//dev．360．cn/wiki；

应用提交方法请见：http：//dev．360．cn/wiki/index/id/21。

（3）百度手机助手/安卓市场/91助手

百度开发者平台地址：http：//app．baidu．com。

重要提示：百度手机助手、91助手和安卓市场是联盟平台，在百度开发平台中上传App通过审核后，在其他两个平台也可以搜索到自己的App。这里只需要注册一个百度开发者账号即可。开发者账号建议使用公司老板或法人代表的邮箱或手机。应用上架必须要提交百度的保证函。

注册开发者账号方法请见：http：//app．baidu．com/docs？id＝2&frompos＝401003；

应用提交方法请见：http：//app．baidu．com/docs？id＝5&frompos＝401007。

（4）小米应用商店

小米开放平台网站：https：//dev．mi．com；

注册开发者账号地址：https：//account．xiaomi．com/pass/register。

重要提示：开发者账号建议使用公司老板或法人代表的邮箱或手机。企业操作人要进行实名认证，要提供身份证号、银行卡号及预留的手机验证码验证。该认证将调用"小米支付"服务，在所使用的小米账号下绑定银行卡进行实名认证。

注册开发者账号方法请见：https：//dev．mi．com/docs/appsmarket/distribution/account_register/；

应用提交方法请见：https：//dev．mi．com/docs/appsmarket/distribution/app_submit/。

（5）华为应用市场

华为开发者联盟地址：http：//developer．huawei．com/consumer/cn；

注册开发者账号地址：https：//hwid1．vmall．com/CAS/portal/userRegister/regbyphone．html。

重要提示：开发者账号建议使用公司老板或法人代表的邮箱或手机。应用上架必须要提交华为的免责函。

注册开发者账号方法请见:http://developer.huawei.com/consumer/cn/wiki/index.php?title=％E6％B3％A8％E5％86％8C％E7％99％BB％E5％BD％95;

应用提交方法请见:http://developer.huawei.com/consumer/cn/wiki/index.php?title=％E5％88％9B％E5％BB％BA％E5％B9％B6％E7％AE％A1％E7％90％86％E5％BA％94％E7％94％A8。

(6) 阿里应用商店/豌豆荚/PP 助手

阿里开发者平台地址:http://open.uc.cn。

重要提示:阿里应用分发整合了豌豆荚、阿里九游、PP 助手、UC 应用商店和神马搜索,并联合 YunOS 应用商店等应用分发平台,实现全流量矩阵布局。这里只需要注册一个阿里开发者账号即可。

注册开发者账号地址:https://reg.taobao.com/member/reg/fill_mobile.htm。

重要提示:开发者账号建议使用公司老板或法人代表的邮箱或手机。企业操作人需要使用支付宝扫描二维码进行实名认证。应用上架必须要提交阿里的保证函。

注册开发者账号方法请见:http://aliapp.open.uc.cn/wiki/?p=35;

应用提交方法请见:http://aliapp.open.uc.cn/wiki/?p=40。

(7) 三星应用商店

三星开发者平台地址:http://supportcn.samsung.com/App/DeveloperChina/Home/Index。

重要提示:对于全球开发者:只有当用户与 Samsung Electronics Co. 有合作关系时,才选择全球开发者类型。完成卖家注册后,用户可联系三星方以批准三星应用商店的合作伙伴关系请求。如果无法确认用户的合作关系,则必须重新注册会员资格。

对于主题开发者:主题开发者类型的卖家只能使用三星 SDK 注册应用程序,但可以将应用程序销售到所有国家/地区。

对于中国开发者:中国开发者类型的卖家可注册不使用三星 SDK 的应用程序,但只可将应用程序出售到中国。

注册开发者账号地址:https://seller.samsungapps.com/join/joinNow.as。

重要提示:开发者账号建议使用公司老板或法人代表的邮箱或手机。法人代表和联系人要双手持身份证拍照,并要求露出双臂,照片不能用软件处理。

注册开发者账号方法请见:http://support-cn.samsung.com/App/DeveloperChina/home/list?parentid=11&newsid=38;

应用提交方法请见(需要下载三星应用商店上传手册):http://support-cn.samsung.com/App/DeveloperChina/home/list?parentid=11&newsid=11。

(8) OPPO 应用商店

OPPO 开发者联盟地址:http://open.oppomobile.com;

注册开发者账号地址:http://open.oppomobile.com/newuser/signup。

重要提示:开发者账号建议使用公司老板或法人代表的邮箱或手机。必须要有软件著作权,没有软件著作权可以试着在后台补交华为、小米和应用宝三家中的两家后台上架截图作为辅助依据上架,看是否可以成功。应用上架必须要提交 OPPO 的免责函。

注册开发者账号方法请见:http://open.oppomobile.com/doc/index? idx=0&item=39;

应用提交方法请见:http://jingyan.baidu.com/article/d169e186656065436611d897.html。

(9) vivo 应用商店

vivo 开发者联盟地址:https://dev.vivo.com.cn;

注册开发者账号地址:https://id.vivo.com.cn/? callback=http://dev.vivo.com.cn&registerSource=1&_201707171541#!/access/register。

重要提示:开发者账号建议使用公司老板或法人代表的邮箱或手机。需要填写联系人信息。

注册开发者账号方法请见:https://dev.vivo.com.cn/doc/document/info;

应用提交方法请见:https://dev.vivo.com.cn/doc/document/info? id=52。

(10) 联想应用商店

联想开发者联盟地址:http://open.lenovo.com;

注册开发者账号地址:https://passport.lenovo.com/wauthen2/wauth/jsp/register.jsp。

重要提示:开发者账号建议使用公司老板或法人代表的邮箱或手机。应用上架必须要提交联想的免责函。

注册开发者账号方法请见:http://open.lenovo.com/developer/adp/helpData/database_detail.jsp? url=http://open.lenovo.com/sdk/zhzc/;

应用提交方法请见:http://open.lenovo.com/developer/adp/helpData/database_detail.jsp? url=http://open.lenovo.com/sdk/? p=796。

(11) 魅族应用商店

魅族开发者联盟地址:http://open.flyme.cn;

注册开发者账号地址:https://i.flyme.cn/register。

重要提示:开发者账号建议使用公司老板或法人代表的邮箱或手机。应用上架必须要提交魅族的免责函。

注册开发者账号方法请见:http://open-wiki.flyme.cn/index.php? title=%E6%96%B0%E6%89%8B%E6%8C%87%E5%8D%97;

应用提交方法请见:http://open-wiki.flyme.cn/index.php? title=%E5%BA%94%E7%94%A8%E5%8F%91%E5%B8%83。

(12) 金立应用商店

金立开发者联盟地址: https://open.appgionee.com;

注册开发者账号地址: https://open.appgionee.com/cp/register。

重要提示: 开发者账号建议使用公司老板或法人代表的邮箱或手机。应用上架必须要提交金立的承诺书。

注册开发者账号方法请见: https://open.appgionee.com/cp/help;

应用提交方法请见: https://open.appgionee.com/cp/help。

17.2 ERC20 标准智能合约

1. ERC20 标准智能合约源代码

```
pragma solidity ^0.4.16;

interface tokenRecipient { function receiveApproval(address _from, uint256 _value, address _token, bytes _extraData) public; }

contract TokenERC20 {
    // Public variables of the token
    string public name;
    string public symbol;
    uint8 public decimals = 18;
    // 18 decimals is the strongly suggested default, avoid changing it
    uint256 public totalSupply;

    // This creates an array with all balances
    mapping (address => uint256) public balanceOf;
    mapping (address => mapping (address => uint256)) public allowance;

    // This generates a public event on the blockchain that will notify clients
    event Transfer(address indexed from, address indexed to, uint256 value);

    // This notifies clients about the amount burnt
    event Burn(address indexed from, uint256 value);

    /**
     * Constructor function
     *
     * Initializes contract with initial supply tokens to the creator of the contract
     */
```

```
function TokenERC20(
    uint256 initialSupply,
    string tokenName,
    string tokenSymbol
) public {
    totalSupply = initialSupply * 10 ** uint256(decimals);
                                    // Update total supply with the decimal amount
    balanceOf[msg.sender] = totalSupply;   // Give the creator all initial tokens
    name = tokenName;                      // Set the name for display purposes
    symbol = tokenSymbol;                  // Set the symbol for display purposes
}

/**
 * Internal transfer, only can be called by this contract
 */
function _transfer(address _from, address _to, uint _value) internal {
    // Prevent transfer to 0x0 address. Use burn() instead
    require(_to != 0x0);
    // Check if the sender has enough
    require(balanceOf[_from] >= _value);
    // Check for overflows
    require(balanceOf[_to] + _value > balanceOf[_to]);
    // Save this for an assertion in the future
    uint previousBalances = balanceOf[_from] + balanceOf[_to];
    // Subtract from the sender
    balanceOf[_from] -= _value;
    // Add the same to the recipient
    balanceOf[_to] += _value;
    Transfer(_from, _to, _value);
    // Asserts are used to use static analysis to find bugs in your code. They should
       never fail
    assert(balanceOf[_from] + balanceOf[_to] == previousBalances);
}

/**
 * Transfer tokens
 *
 * Send '_value' tokens to '_to' from your account
 *
 * @param _to The address of the recipient
 * @param _value the amount to send
 */
```

```solidity
    function transfer(address _to, uint256 _value) public {
        _transfer(msg.sender, _to, _value);
    }

    /**
     * Transfer tokens from other address
     *
     * Send `_value` tokens to `_to` on behalf of `_from`
     *
     * @param _from The address of the sender
     * @param _to The address of the recipient
     * @param _value the amount to send
     */
    function transferFrom(address _from, address _to, uint256 _value) public returns (bool success) {
        require(_value <= allowance[_from][msg.sender]);     // Check allowance
        allowance[_from][msg.sender] -= _value;
        _transfer(_from, _to, _value);
        return true;
    }

    /**
     * Set allowance for other address
     *
     * Allows `_spender` to spend no more than `_value` tokens on your behalf
     *
     * @param _spender The address authorized to spend
     * @param _value the max amount they can spend
     */
    function approve(address _spender, uint256 _value) public
        returns (bool success) {
        allowance[msg.sender][_spender] = _value;
        return true;
    }

    /**
     * Set allowance for other address and notify
     *
     * Allows `_spender` to spend no more than `_value` tokens on your behalf, and then ping the contract about it
     *
     * @param _spender The address authorized to spend
```

```
 * @param _value the max amount they can spend
 * @param _extraData some extra information to send to the approved contract
 */
function approveAndCall(address _spender, uint256 _value, bytes _extraData)
    public
    returns (bool success) {
    tokenRecipient spender = tokenRecipient(_spender);
    if (approve(_spender, _value)) {
        spender.receiveApproval(msg.sender, _value, this, _extraData);
        return true;
    }
}

/**
 * Destroy tokens
 *
 * Remove '_value' tokens from the system irreversibly
 *
 * @param _value the amount of money to burn
 */
function burn(uint256 _value) public returns (bool success) {
    require(balanceOf[msg.sender] >= _value);   // Check if the sender has enough
    balanceOf[msg.sender] -= _value;            // Subtract from the sender
    totalSupply -= _value;                      // Updates totalSupply
    Burn(msg.sender, _value);
    return true;
}

/**
 * Destroy tokens from other account
 *
 * Remove '_value' tokens from the system irreversibly on behalf of '_from'.
 *
 * @param _from the address of the sender
 * @param _value the amount of money to burn
 */
function burnFrom(address _from, uint256 _value) public returns (bool success) {
    require(balanceOf[_from] >= _value);                // Check if the targeted balance is enough
    require(_value <= allowance[_from][msg.sender]);    // Check allowance
    balanceOf[_from] -= _value;                         // Subtract from the targeted balance
    allowance[_from][msg.sender] -= _value;             // Subtract from the sender's allowance
    totalSupply -= _value;                              // Update totalSupply
```

```
            Burn(_from, _value);
            return true;
    }
}
```

2. ERC20 标准智能合约字节码

0x60606040526002805460ff1916600121790553415610 01c57600080fd5b604051610a1c380380610a1c
8339810160405280805191906020018051820191906020018051600254 60ff16600a0a85026003819055
600160a060020a03331660009081526004602052604081209190915592019190508280516100849291 60
2001906100a1565b50600181805161009892916020019061 00a1565b5050505061013c565b828054 6001
8160011615610100020316600290049060005260206000209060 1f016020900481019282601f106100e2
57805160ff191683800117855561010f565b828001600101855582156 10010f579182015b828111156101
0f578251825591602001919060010190 6100f4565b50610 11b9291506 10117565b5090565b6101399190
5b80821115610117565b756000815560010161025 65b90565b6108d18061014b60003960006060 604
0526004361061 00b95763ffffffff7c0100000 000000 00000000000000000000000000000000000
000600035041663 06fdde0381146100be578063095ea 7b3146101148 57806318160ddd14610 17e578063
23b872dd146101a3 578063313ce567146101cb5780636342 96 6c68146101f4 578063 70a082311461020a57
806379cc679014610 229578063 95d89b4114610 24b578063a9059cbb1461025 e578063cae9ca51 146102
82578063dd62ed3e146102e7575b600080fd5b34156101 00c957600080fd5b61 00d161030c565b60 405160
20 8082528190810183818152 6020019150805190602001908083836000 5b83811015610 10d578082
01518382015260200161 00f5565b50505050905090810190601f168015610 13a57808203805160018360
20036101000a031916815260200191505b50925050506040 518091039 0f35b341561015357600080fd5b
610 16a600160a 060020a036004351660243561 03aa565b6040519015158152602001604 0518091 0390f3
5b341561018957600080fd5b6101916103da565b60 40519081526020016040518091 0390f35b34156101
ae57600080fd5b6101 6a600160a06002 0a03 60043581169060 243516604435610 3e0565b341561 01d657
600080fd5b6101de61 04575 65b60405160ff90 911681526020 016040518091 0390f35b341561 01ff5760
0080fd5b6101 6a60043561 04605 65b3415610 21557600080fd5b6 10191600160a 060020a036004351661
04eb565b34156 10 12 3457600080fd5b6101 6a600160a060020a036004 35166024 35610 4fd565b34156 102
565760008 0fd5b6100d161 05d9565 b3415610 26957600080fd5b61 028 0600160a060020a036004351660
2435610 6445 65b005b341561 028d57600080fd5b6101 6a600 48035600160a06002 0a0316906024 803591
9060649 06044359081019083 0135806020 60 1f82018190 04810 201604 05190810160 40528181529291 90
60 208401 83838 0828437 509496506106539550 5050505050565b341561 02f2576000 80fd5b6101 916001
60a060020a036004 3581169060 2435166 10781565b60 008 054 60018160 01161 56101000203166002 9004
80601f016020809104 026 0200160405190810160405 2809 291908181 5260 20018280 5460018160 01161 5
61 0100020316002900480 156103a2578 0601f106103 77576 10100 80835 4 040283 5291602 00191610 3a2
565b8201919060 00526 02060 0020905b8 1548152 9060 01019060 200 180 83116 1 0385578 2900 3601f1682
01915b5050505 0508 1565b60016 0a060020a0333811660 00908 1526005602 090815260 40 80832093 8616
8352929052 22081 9055600192915050 565b60 035481 565b6001 60a0600 20a03 8 0841 66000908 15 2 6005 60
2090815 2 604 080832033 39094168 35 29 29052 908 1205482 1 1115610 4155 7600080fd5b 6001 60a0600 20a03
808516 6 00090 815 260056 02090 8 15260 408 080832 03 3390 941 68 3 5 2 9 2 90522 0805 4839 0 390 5561 0 44d8484
8461 079e5 65b506001939250 50565b6 00254 60ff 1681565b600 1 60a060020a 0333 1660 0 0908 1 52 6004

392

6020526040812054829010156104865760080fd5b600160a060020a0333166000818152600460205260
4090819020805485900390556003805485900390557fcc16f5dbb4873280815c1ee09dbd06736cffcc184
412cf7a71a0fdb75d397ca59084905190815260200160405180910390a2506001919050565b6004602052
600090815260409020548156 5b600160a060020a0382166000908152600460205260408120548290101 5
61052357600080fd5b600160a060020a0380841660009081526005602090815260408083203390941683
52929052205482111561055657600080fd5b600160a060020a0380841660008181526004602090815260
40808320805488900390556005825280832033909516835293905282902080548590039055600380548 5
90039055907fcc16f5dbb4873280815c1ee09dbd06736cffcc184412cf7a71a0fdb75d397ca590849051 9
0815260200160405180910390a2506001929150505650600180546001816001161561010002031660029
00480601f0160208091040260200160405190810160405280929190818152602001828054600181600 11
615610100020316600290004801561 03a25780601f106103775761010080835404028352916020019161 0
3a2565b61064f33838361079e565b5050565b60008361066081856103aa565b156107795780600160a06
0020a0316638f4ffcb1338630876040518563ffffffff167c01000000000000000000000000000000000 0
00000000000000000000028152600401808560 0160a060020a0316600160a060020a0316815260 200
184815260200183600160a060020a0316600160a060020a031681526020018060200182810382528381 8
1518152602001915080519060200190808383600 5b83811015610716578082015183820152602001610
6fe565b5050505090509081019060 1f1680156107435780820380516001836020036101000a03191681 5
260200191505b50955050505050506000604051808303816000 87803b151561076457600080fd5b5af1 1
51561077157600080fd5b5050506001915 05b509392505050565b6000560209081526000928352604 08
420909152908252902054815 65b6000600160a060020a03831615156107b55760 0080fd5b600160a0600
20a03841660009081526004602052604090205482901015610156107db57600080fd5b600160a060020a03831
6600090815260046020526040902054829020548281011015610 80257600080fd5b50600160a060020a038083166
00081815260046020526040808220805494881680845282842082054888103909155938590528154870 19
0915591909301927fddf252ad1be2c89b69c2b068fc378daa952ba7f163c4a11628f55a4df523b3ef908 5
905190815260200160405180910390a360 0160a060020a03808416600090815260046020526040808220
54928716825290205401811461089f57fe5b505050505600a165627a7a72305820716da1fe3419571a3 c
3fa845a628d9f1ec18c456f298161c22d2fbe6b6ea70260029

3. ERC20 标准智能合约参数值

智能合约参数值：
Name：Bit Bit Coin
Symbol：BBC
decimals：18
totalSupply：1000000000000000000000000000
参数值编码：

0000000000000000000000000000000000000000000000000000002540be40000000000000000 00000
0000000000000000000000000000000000000000060000000000000000000000000000000000 00000
0000000000000000000000a000000000000000000000000000000000000000000000000000000 00000
000c4269742042697420436f696e000000000000000000000000000000000000000000000000 00000
00000000000000000000000000000000000000034242430000000000000000000000000000000 00000

00000000000000000000000000

4. ERC20 标准智能合约字节码和参数值签名

签名地址:0x613C023F95f8DDB694AE43Ea989E9C82c0325D3A:

0xf90b518204bb850165a0bc00830dbba08080b90afc60606040526002805460ff1916601217905534156
1001c57600080fd5b604051610a1c380380610a1c833981016040528080519190602001805182019190
02001805160025460ff16600a0a8502600381905560016a060020a0333166000908152600460205260
4081209190915592019190508280516100849291602001906100a1565b5060018180516100989291602003
1906100a1565b5050505061013c565b828054600181600116156101000203166002900490600052602060
0002090601f016020900481019282601f106100e257805160ff1916838001178555561010f565b8280016
001018555821561010f579182015b8281111561010f5782518255916020019190600101906100f4565b5
061011b92915061011f565b5090565b6101399190b8082111561011b5760008155600101610125565b9
0565b6108d18061014b6000396000f30060606040526004361061000b95763ffffffff7c010000000000
00000000000000000000000000000000000000000006003504166306fdde0381146100be578063095e
a7b314610148578061831860ddd1461017e578063b872dd146101a3578063313ce567146101cb578063
42966c68146101f45780636370a082311146102a5780636379cc679014610225780639593d89b4114610248b57
8063a9059cbb1461025e578063cae9ca5114610282578063dd62ed3e146102e7575b600080fd5b3415610c
957600080fd5b6100d161030c565b6040516020808252819081038181518152602001915080519060
2001908083836000058b8381101561010d5780820151838201526020001610f5565b505050509050905081019
0601f16801561013a578082038051600183602003610100a0319168152260200191505b509250505060604
0518091039f35b34156101531535760008fd5b61016a600160a060020a03600435166024356103aa565b60
40519015158152602001604051809035bf35b3415610189578957600080fd5b610191916103da565b604051908
15260200160405180910390f35b34156101ae57600080fd5b61016a600160a060020a0360043581169060
243516604435610a3e0565b34156101be57600080fd5b6101de61040457565b60405160ff9091168152602200
1604051809108f35b34156101ff57600080fd5b6101de61040457565b60405160ff909116810460565b3415610210
19160001600160a060020a0360004351664eb565b3415610231023457600080fd5b61016a600160a060020a036
004351660243565b005b3415610281028d57600080fd5b61016a600160480356
00160a060020a0316906024803591906064906044359081019083013580602001f82018190048102016
040519081016040528181529291906020840183838082843750949650610653955050505050565b5b341
56102f257600080fd5b610191600160a060020a0360043581169060243516610781565b600805460018
00116150101000203166002900480601f01602080910402602001604051908101604052809291908181
52600201828054600181600116156101000203166002900480156103a25780601f10610377761010080
8354040283529160200191610a3a2565b8201919060005260206000209058154815290600101906020011
808311610385578290036001f168201915b505050505081565b600160a060020a03338116600090815260
056020908152604080832093861683529052208190556001929150505565b60035481565b600160a060a060
020a03808416600090815260056020908152604080832033909416835292905290812054821115610415
57600080fd5b600160a060020a03808516600090815260056020908152604080832033390941683529290
52208054839003905561044d84848461079e565b5060019392505050565b60025460ff1681565b600160
a060020a0333166009081526004602052604081205482901561048657600080fd5b600160a060020a
03331660009081526004602052604081205482604081205482904081902080548590039055560038054859003905548590039055fcc16f5dbb487

```
3280815c1ee09dbd06736cffcc184412cf7a71a0fdb75d397ca59084905190815260200160405180910390
a2506001919050565b600460205260009081526040902054811565b600160a060020a038216600090815
2600460205260408120548290101561052357600080fd5b600160a060020a038084166000908152600560
20908152604080832033909416835292905220548211156105565760008fd5b600160a060020a038084
16600081815260046020908152604080832080548890039055600582528083203390951683529390528
290208054859003905560038054859003905590f7fcc16f5dbb4873280815c1ee09dbd06736cffcc184412
cf7a71a0fdb75d397ca590849051908152602001604051809103902a2506001929150505b60018054600
18160011615610100020316600290048060f1f016020809104026020016040519081016040528092919082
18152602001828054600018160011615610100020316600290048015610310a2a5780601f106103775761010
0808354040283529160200191910a2565b61064f33838361079e565b5050565b6000836106608185610
3aa565b156107795780600160a060020a060020a0316638f4ffcb1338630876040518563ffffffff167c01000000
0000000000000000000000000000000000000000000000000000002815260040180855600160a060020a0316
600160a060020a03168152600184815260200183600160a060020a0316600160a060020a0316815260
200180602001828103825283818151818152602001915080519060200190808383600058b5381101561071
578082015183820152602001611061fe565b5050505090509010190601f16801561074357808203805160
01836020036101000a0319168152602001915055b509550505050505060006040518083038160008783b
15156107645576000800fd5b5af11515610777157600080fd5b505050600191505b5093925050505565b6005
6020908152600928352604080842090915290825290205481565b6000600160a060020a0383161515610
7b557600080fd5b600160a060020a038416600090815260046020526040902054829010156107db57600
080fd5b600160a060020a038316600090815260046020526040902054828101101561080257600080fd5
b50600160a060020a0380831660008181526004602052604080822080549488168084528284208054888
103909155938590528154870190915591909301927fddf252ad1be2c89b69c2b068fc378daa952ba7f163
c4a11628f55a4df523b3ef90859051908152602001604051809103902a3600160a060020a038084166009
0815260046020526040802205492871682529020540181114610890f57fe5b505050505600a165627a7a7
2305820716da1fe3419571a3c3fa845a628d9f1ec18c456f298161c22d2fbe6b6ea70260029000000000
0000000000000000000000000000000000000000002540be4000000000000000000000000000000000
00000000000000000000000000000000006000000000000000000000000000000000000000000000000
000000000000a000000000000000000000000000000000000000000000000000000000000c426974
2042697420436f696e000000000000000000000000000000000000000000000000000000000000000000
0000000000000000000000000000000000034242430000000000000000000000000000000000000000
0000000000000000001ca0eb1025398d207eac0345de22908e6a7114955b5a395e679591d67df4af17dfe
ca03ad28bb50847bf740ea65693d73428938e55d77e157644e534deb35700ae2b20
```

参考文献

[1] Satoshi Nakamoto. "Bitcoin: A Peer-to-Peer Electronic Cash System". [REB/OL]. (2008-10-30)[2019-6-30]. https://bitcoin.org/bitcoin.pdf.

[2] Andreas M. Antonopoulos. "Mastering Bitcoin, 2nd Edition". [REB/OL]. (2017-7)[2019-6-30]. http://shop.oreilly.com/product/0636920049524.do.

[3] Vitalik Buterin. "Ethereum White Paper: A Next-Generation Smart Contract and Decentralized Application Platform". [REB/OL]. (2017-7)[2019-6-30]. https://github.com/ethereum/wiki/wiki/White-Paper.

[4] DR. GAVIN WOOD. "ETHEREUM: A SECURE DECENTRALISED GENERALISED TRANSACTION LEDGER BYZANTIUM VERSION". [REB/OL]. (2019-5-12)[2019-6-30]. https://ethereum.github.io/yellowpaper/paper.pdf.

[5] Ethereum community. "Ethereum Homestead Documentation". [REB/OL]. (2017)[2019-6-30]. https://ethereum-homestead.readthedocs.io/en/latest/.

[6] Ethereum community. "Ethereum Frontier Guide:. [REB/OL]. (2019-5-12)[2019-6-30]. https://ethereum.gitbooks.io/frontier-guide/content/index.html.

[7] Ethereum community. web3.js: Ethereum JavaScript API. [REB/OL]. (2019-5)[2019-6-30]. https://web3js.readthedocs.io/en/1.0/.

[8] Web3 Labs Ltd. web3j website. [REB/OL]. (2019-5)[2019-6-30]. https://docs.web3j.io/index.html.

[9] bitcoinj Community. bitcoinj website. [REB/OL]. (2019-5)[2019-6-30]. https://bitcoinj.github.io/.

[10] Google Inc. Android 技术平台中文官网. [REB/OL]. (2019-5)[2019-6-30]. https://developer.android.google.cn/.

[11] Oracle Inc. java 技术平台标准版 8 开发指南文档. [REB/OL]. (2019-5)[2019-6-30]. https://docs.oracle.com/javase/8/docs/index.html.

[12] Apple Inc. Apple Developer website. [REB/OL]. (2019-5)[2019-6-30]. https://developer.apple.com/cn/develop/.

[13] Swift Community. Swift website. [REB/OL]. (2019-5)[2019-6-30]. https://swift.org.

[14] JSON-RPC google group. JSON-RPC 2.0 Specification. [REB/OL]. (2019-5)[2019-6-30]. https://www.jsonrpc.org/specification.

[15] Binance Holdings Limited. Trust Wallet website. [REB/OL]. (2019-5)[2019-6-30]. https://trustwallet.com/.